多肉植物 图鉴

SUCCULENTS ENCYCLOPEDIA

收录 17 科 380 余种常见多肉植物，
引领您认识它们的百变造型及各种变异。

梁群健　著

河南科学技术出版社
·郑州·

目录 CONTENTS

3

苦苣苔科 304

风信子科 313

如何使用本书

学名
由拉丁文组成，常以二名法表示。由属名及种名构成；属名与种名需用斜体或不用斜体以加注底线的方式表示，以界定物种在植物分类上的定位及层次。

中文名称
常用的中文名。

别名
亚洲地区惯称的中文别名。

物种基本信息
包含学名由来、生长栖息地简介以及繁殖方式等信息。

生长型
物种栽培环境条件说明。相关居家管理要点建议，包含浇水、换盆、介质更新等作业说明。

冬型种

芦荟科

Haworthia bayeri

克雷克大

异 名	*Haworthia correcta*
别 名	贝叶寿
繁 殖	叶插、分株

克雷克大原产自南非。贝叶寿音译自种名 *bayeri*，种名为纪念 M.B. Bayer 先生而来。克雷克大音译自异名之种名 *correcta*（近似种 *Haworthia emelyae*，早期克雷克大被归纳在 *Haworthia emelyae* 之下）。不易增生侧芽，可叶插繁殖；或去除茎顶促进侧芽发生后，再分株繁殖。

↑克雷克大最美丽的地方在于其叶片上有不规则条纹，有些看似电路板，有些又像是文字。叶窗的质地变化也多，有透明感十足的，也有像是毛玻璃的。品种间具有差异。

形态特征

克雷克大茎不明显。叶片浅绿色至墨绿色，螺旋状丛生于茎节上，每株有 15～20 枚三角形叶。株径 8～10 厘米，有些品种会更大。叶序及叶面平展，叶末端具有半透明的窗结构，具有不规则条纹或网纹。叶尖较圆，叶缘及三角形叶脊处有不明显的缘刺。花期集中于冬、春季，花序长约 30 厘米，不分枝。

生长型

克雷克大生长较缓慢且不易增生侧芽。使用透气性及排水性佳的介质，至少每 2 年应更新介质一次，秋、冬季为适期。冬、春季生长期间可施用缓效肥促进生长。对光线适应性佳，但半日照至遮阴处皆可栽培。

↑克雷克大的栽培品种很多，但平展的叶面及上面的条纹是其最大特征。

120

冬型种

Haworthia emelyae var. *comptoniana*

康平寿

异　名	Haworthia comptoniana
繁　殖	叶插、分株

芦荟科

康平寿原产自南非，仅小区域
分布，在原地并不常见。喜好生长
在富含石英的地区，常见生长在岩石
缝隙中、枯草丛或灌木丛下方。

康平寿音译自变种名。在较新的分
类中，康平寿应是白银的变种。原生地康
平寿的寿命不长，为 15 ~ 20 年。叶片扦
插繁殖；或以去除茎顶的方式促进侧芽生长
后，再分株繁殖。偶见花梗芽，待芽体成熟
后，切取繁殖。

↑康平寿的叶窗大，具有白
色斑点及网状条纹。叶形饱
满，具有向上微翘的尾尖。

形态特征

康平寿茎不明显，单株叶片 15 ~ 20 枚。深绿色、三角形的叶片螺旋状丛生，
叶序饱满且平展，株径可达 12 厘米以上。虽与白银亲缘较近，但白银的株径较
小，叶色以红褐色和紫红色为主。康平寿的叶窗大、透亮，质地光滑，具有白
色斑点及细网状的纹路。叶末端具长尾尖，会向上翘。

生长型

康平寿的栽培管理方式与克雷克大相同。

←以康平寿为亲本
杂交的后代株形及
叶窗会明显变大，
保留康平寿叶窗透
亮、具有特殊的网
状条纹的特征。

121

9

推荐序

　　和群健相识是在大约十年前协会和台大农场合办的多肉植物展上，当时他负责和热心的态度给我留下了深刻印象。之后有机会参与他介绍多肉植物的演讲活动，我对他风趣、幽默又亲和的介绍风格更是折服！举办活动时，只要是他的讲座一定是秒杀级的大爆满。群健有很丰富的种植经验，除了单品种植得好外，他的多肉植物组合盆栽也是一绝，连盆器都可以自制！另外他在芦荟科的育种方面也很有建树。他在出版了两本有关多肉植物繁殖的书后，总算出版了这本多肉植物的专书。

　　看到初稿时，我很惊讶的是他愿意花相当大的篇幅介绍什么是多肉植物，也解释了多肉植物的分类与学名的运用，更适时地加入属、种拉丁原文的字义解释，让读者对多肉植物有更深一层的认识。因为学者持续的研究，所以多肉植物分类一直都在变化中，群健很用心地列出相关的异名供读者参考，并解释学名的变迁。比对异名是一件相当耗时的工作，但对读者后续的延伸阅读却有很大的帮助。内容不特别介绍昂贵或少见的品种，而是以较易购得的多肉植物为主轴；还特别收录较少被介绍的秋海棠科和凤梨科的多肉植物，每种多肉植物都有详尽的介绍，不是三言两语或一张图片就简单带过。以上几点都是其他图书很少能做到的，这都让人感受到群健在内容编排上的用心。

　　种植多肉植物这么多年，我对最近几年因为社交网站和一些博客的介绍，多肉植物在市场上宛如明星植物般越来越受喜爱的现象非常高兴，不仅多了许多花友可以聊天，花市或网上也多了许多卖家，大家也有了更多样的选购对象。在这一股风潮下，陆续有介绍多肉植物的图书出版。多肉植物因为比一般植物耐干旱，一向有"懒人植物"的称号，但品种多且杂，又分布在不同的气候环境中，所以在种植上也要顾及品种间的差异性。群健不仅从他专业的角度出发向读者介绍什么是多肉植物，也利用自己丰富的种植经验解说如何种好多肉植物。相信这本书可以让读者对多肉植物有更深的认识，种植方面也更能得心应手。

自小就喜爱植物，总是在乡间漫步时，低头察看那些不知名的野花野草，看着枝丫与叶片上的脉络去向，相当有趣。对于多肉植物的认识，现在回想起来，应是开始于牙牙学语的孩提时代吧！

黑白照片里记录了我和阿姨栽植的那盆比我还高的琼花。年纪再大些时，更忆及父亲栽植的螃蟹兰（蟹爪仙人掌）和门前那株大苦楝树上蔓生着的三角柱仙人掌（当时也称为琼花）。每当三角柱仙人掌花开时节来临，父亲和母亲总是在夜里用竹竿绑上弯弯的镰刀，取下那初放的花朵，隔日与瘦肉炖煮，成就一道风味淡雅的退火良方，给总是动不动就上火、流鼻血的我食用，以缓解这奇怪的症状。

犹记童年时，在东部乡下小镇，每到周末总有一位妇人在市场面店转角边上摆着纸箱，里面装着红红黄黄嫁接过的仙人掌，1株30元，2株50元。有次我省下口袋里的部分早餐钱，购买了人生中的第一株仙人掌来种植，看着它时心中觉得相当新奇有趣。我也曾在大舅家顶楼的空心砖墙上，放上一枚又一枚的风车草叶片，不知不觉中，这一枚枚的叶片竟形成了满墙的美丽。长大后求学，选择园艺科系，一路由高职、二专、大学念到研究生，或许这一切的因缘，都是从种了多肉植物后开始的吧！

与多肉植物的再次结缘，是因为大学时的好友BJ陈。从他口中我认识了二叶树，一种名为"奇想天外"的多肉植物，一生只有两枚叶子，是一种生长在非洲纳米比亚沙漠中的植物；除此之外，还有眉刷毛万年青、兜和乌羽玉等。而大苍角殿更记录了我们的友谊，每当春来，在状如洋葱的翠绿色球茎上，总会长出之字形绿色藤蔓，展现生机。进入社会之后，我在职场上也办过不少场推广多肉植物的赏花会，还一度担任台湾仙人掌与多肉植物协会的理事，为推广栽种多肉植物而努力着。近年来多肉植物日渐受到欢迎，还登上了主流新闻媒体的页面，不禁心中感慨万千。

感谢晨星出版社给了我一个机会，出书分享了多年来栽种多肉植物及在肉海中沉浮的心情。多肉植物将近50个科，大约15 000种，挑选出近400种来讲述，的确不太容易，可以说是左右为难，最终也只能在有限版面中完成使命，把至少自己栽种过的、好养的、较另类的多肉植物，给大家介绍一番。在此要感谢台大农艺系黄文达老师、晨星出版社许裕苗小姐，让我实现了为多肉植物做记录的梦想。

写书期间，谢谢花友们和肉友们的支持，让书中提到的科系品种记录得更为周全，谨以此书与你们共享这小小的喜悦。最后还是要说，多肉植物有如旱地里的苦行僧，只要耐得住、禁得起烈日与干旱的考验，都有生存下去的机会，挑战一如从前，只有向阳，才能开出灿烂的花朵，祝福大家。

总论

多肉植物的定义

多肉植物（succulents）又名多浆植物、多汁植物或肉质植物。这群形态特殊的植物，它们的根、茎、叶特化成为储水器官，以适应降水量稀少的干旱环境，如海滨、高山、荒漠等环境。植物生态学也以耐旱植物或旱生植物（xerophytes）来称呼它们。严谨地看待这些耐旱植物，并不能完全称呼它们为多肉植物。为适应特殊的干旱环境，除了根、茎、叶特化成为储水组织外，维持植物生长的光合作用，也有别于一般的植物。

荒漠日夜温差大，日间温度高、相对湿度低，为避免水分散失，多肉植物关闭气孔减少水分的散失；当夜间温度变低、相对湿度较高时，再将气孔开启，吸入二氧化碳储存成有机酸。翌日再以有机酸进行光合作用，形成植物生长所需的养分。这样特殊的光合作用最早发现在景天科的植物中，特称为景天酸代谢（crassulacean acid metabolism, CAM）。

多肉植物种类涵盖了草本植物、木本植物及一、二年生的耐旱植物，但还需要符合以下几个要件：

一、生长在特殊的环境中

生长于荒漠等干燥地域，如高山、海岸等。此外，还包括降水较少及季风强烈的干燥区域，土壤不易保留的岩砾地，低温冻结造成的生理性干燥的区域。

二、特化的部分植物构造

根、茎、叶的一部分或全部特化成储水组织。

三、特殊的生理反应

除进行 CAM 的光合作用外，还具备休眠的特性，以适应特殊的环境和气候。通过特殊的休眠行为越过不良环境或季节，休眠期的多肉植物会伴随着落叶、生长迟缓或几乎停滞的状态。

因此，台湾海岸的马鞍藤、滨刺麦等也能适应干旱的特殊生长环境，并具有耐旱及耐盐的特性，只能以旱生或耐盐植物称呼它们。但同样生长在海岸环境中的番杏及岩壁上的佛甲草，因特化的叶片组织与特殊的光合作用，故被称为多肉植物。

四、休眠型

根据原生地降水情形及气候环境，多肉植物可简易分成冬型种、夏型种两大类。

但其实部分多肉植物喜好在春、秋季气候冷凉且温度较为稳定的季节生长，在夏季高温或冬季低温时反而进入休眠期。

冬型种 winter growing succulents	夏型种 summer growing succulents
为夏季休眠的种类，即冬季生长的多肉植物。概指在秋、冬季之间及冬、春季之间生长的多肉植物类型。	为冬季休眠的种类，即夏季生长的多肉植物。概指在春、夏季之间及夏、秋季之间生长的多肉植物类型。
菊科、胡椒科、番杏科、酢浆草科、荨麻科、部分景天科、部分芦荟科、部分夹竹桃科、部分马齿苋科、部分龙舌兰科等。	仙人掌科、大戟科、龙树科、桑科、木棉科、风信子科、石蒜科、苦苣苔科、部分马齿苋科、部分夹竹桃科、部分龙舌兰科、部分景天科、部分芦荟科等。

1 小米星（*Crassula rupestris* 'Tom Thumb'），景天科植物是夏季休眠植物的代表
2 明星（*Mammillaria schiedeana*），仙人掌科是冬季休眠植物的代表

多肉植物的种类

广义的多肉植物，包含近50科、330属，共计约15 000种。根据不同特化的组织，可分为根茎型多肉植物、茎多肉植物及叶多肉植物等三大类。

一、根茎型多肉植物(root succulents，caudex succulents)

常见下胚轴肥大，特化成为水分及养分的储存器官。代表科别有木棉科、风信子科、夹竹桃科、旋花科、薯蓣科、葫芦科、漆树科、石蒜科、苦苣苔科等。

1 葫芦科笑布袋（*Ibervillea sonorae*）
2 西番莲科刺腺蔓（*Adenia glauca*），又称徐福之酒瓮
3 薯蓣科南非龟甲龙（*Dioscorea elephantipes*）
4 夹竹桃科惠比须笑（*Pachypodium brevicauie*）

二、茎多肉植物 (stem succulents)

茎肥大特化成水分、养分的储存器官。代表科别有仙人掌科、夹竹桃科、大戟科、龙树科、菊科等。

1 仙人掌科白鸟帽子（*Opuntia microdasys* var. *albispina*）
2 大戟科魁伟玉（*Euphorbia horrida*）
3 夹竹桃科缟马（*Huernia zebrina*），原为萝藦科，后并入夹竹桃科
4 龙树科魔针地狱（*Alluaudia montagnacii*）

三、叶多肉植物 (leaf succulents)

叶片肥大特化成储存水分、养分的器官。代表科别有龙舌兰科、番杏科、景天科、芦荟科、胡椒科、菊科、马齿苋科、鸭跖草科等。

1 龙舌兰科王妃雷神锦（*Agave potatorum* 'Shoji-Raijin' Variegata）
2 番杏科石头玉（*Lithops* sp.）
3 景天科桃太郎（*Echeveria* 'Momotarou'）
4 芦荟科鹰爪草属软叶系 KJ's 冰玫瑰（*Haworthia* 'KJ's Ice Rose'）

多肉植物的名字

多肉植物常有一物多名的情形。台湾的多肉植物栽培为小众市场，近年栽培人数略有增加，但起步较欧美、日本等地区晚。台湾常用的名字多半沿用日本俗名。又因栽培者或玩家会因为销售或个人喜好，再给予不同的名字，如景天科翡翠木（*Crassula ovata*），英文名 jade plant，台湾俗名为发财树，另外还有玉树或燕子掌等名。一物多名的状况，给多肉植物的识别及栽培管理造成了困扰。看懂多肉植物的名字，有利于搜寻及建立所需要的背景资料，如原生地的环境、生长习性及各地栽培管理的方式与原则等，都有助于栽种时参考，更能直接与世界其他地区栽培者进行交流。

植物学名表示中，最常用的为三名法。植物学名（*属名 种名 命名者*）的属名与种名需用斜体，或不用斜体以加注底线的方式表示，命名者则不用斜体。引用植物学名时，命名者可缩写，或为印刷及便于阅读时，可省略不标注。例如：鹅銮鼻灯笼草（三名法：*Kalanchoe garambiensis* Kudo；二名法：*Kalanchoe garambiensis*）属名第一个字母大写，种名全小写。属名与种名多源自拉丁名、希腊名或拉丁文字化的用词。

■属名（generic name）

表示本种植物重要的特征、产地或人名，如台湾杉（*Taiwania cryptomerioides* Hayata）是台湾最高大的乔木，成株高达 90 米。台湾杉属是全球杉科植物中唯一一个以台湾命名的属别，说明其产地。

■种名（trivial name，specific epithet）

常表示本种植物的形态特征、生长环境、原产地、用途或特定的具有功绩的人等。如台湾二叶松（*Pinus taiwanensis*）、枫香（*Liquidambar formosana*），种名以 "taiwanensis" 及 "formosana" 等说明台湾为其产地。

多肉植物种类众多，常以二名法表示后，再标注上亚种（subspecies，ssp.）、变种（varietas，var.）、型（forma，f.）、园艺种名（cultivarietas，cv.）或杂交种（hybrid，hyb.）等，表示其在种以下的分类层次及类群，目的在于区别或便于未来的鉴别与认定。

以景天科的扇雀（*Kalanchoe rhombopilosa*）、碧灵芝（*Kalanchoe rhombopilosa* var. *argentea*）和绿扇

雀（*Kalanchoe rhombopilosa* var. *viridifolia*）为例，如在没有学名标示的前提下，只以中文名表示，容易误认为是三种无关联的植物，但在学名的标示下，可以知道这三种植物原为一家亲。这三种植物归于扇雀的种群，碧灵芝与绿扇雀为扇雀的变种。

扇雀
Kalanchoe rhombopilosa

碧灵芝
Kalanchoe rhombopilosa
var. *argentea*

绿扇雀
Kalanchoe rhombopilosa
var. *viridifolia*

月兔耳、月兔耳锦及黑兔耳，就学名上来看，可知这三种植物在分类上均归纳在月兔耳种群中，但在外部形态上具有不同的特征，因此黑兔耳以型（forma，f.）的方式表示。此外，月兔耳经过人为选择，另有栽培种及杂交种等不同的品种。

月兔耳
Kalanchoe tomentosa

月兔耳锦
Kalanchoe tomentosa
'Variegata'

黑兔耳
Kalanchoe tomentosa f.
nigromarginatas

闪光月兔耳（*Kalanchoe tomentosa* 'Laui'）学名上标示为月兔耳的栽培种。本种叶片上长毛的特征鲜明，与月兔耳的外部形态已有明显差异，则以变种或直接列为栽培种的方式标注。月之光在学名上则以杂交种表示。

闪光月兔耳
Kalanchoe tomentosa 'Laui'

月之光
Kalanchoe tomentosa × *dinklagei*

一、栽培种学名表示法

黄金月兔耳是人为选拔栽培的品种，以 *Kalanchoe tomentosa* cv. Golden Girl 表示，栽培种名不用斜体；或在二名法后以单引号加注"栽培种名"的方法表示，如 *Kalanchoe tomentosa* 'Golden Girl'。

黄金月兔耳
Kalanchoe tomentosa 'Golden Girl'

■锦斑变异（'Variegata'）

Variegata 源自拉丁文 variego，意为不同颜色。盆花或观赏植物则以斑叶或金叶等方式称呼，在多肉植物中以锦斑表示。形容植物体具绿色以外的叶色变化，可能是因为失去叶绿素或含不同色素的组织，与含叶绿素的组织互相嵌合而成的变异。有些锦斑在生长期间表现鲜明，在观赏及栽培上饶富趣味。

拉丁文具有阴性、阳性及中性的表示方法。阴性以 -a 结尾，阳性以 -s 结尾，中性则以 -um 结尾。有时以 'Variegatus' 或 'Variegatum' 表示。多肉植物具特殊锦斑的个体，常以变种 varietas 或型 forma 的方式标注。经长期人工栽培固定下来的锦斑变异也会以栽培种的方式表示，例如初绿锦（Agave attenuata 'Variegata'）。

1 黑王子锦（Echeveria 'Black Prince' f. variegata）
2 熊童子锦黄斑（Cotyledon tomentosa var. variegata）
3 初绿锦（Agave attenuata 'Variegata'）
4 绯牡丹锦（Gymnocalycium mihanovichii 'Variegata'）

■缀化变异（'Cristata'）

缀化变异指茎顶的生长点由点状向上生长，变成横向线状或带状生长的现象。缀化变异以 'Cristatus' 或 'Cristatum' 表示，源自拉丁文 cristatus，词义为鸡冠状突起。仙人掌若出现缀化变异时，英文俗名常以 brain cactus 来统称这类型的变异。金刚纂锦缀化（*Euphorbia neriifolia* 'Cristata Variegata'）同时存在两种变异时，栽培种名以 'Cristata Variegata' 表示。

1 黑象牙丸缀化（*Coryphantha elephantidens* 'Cristata'）
2 金手指缀化（*Mammillaria elongata* 'Cristata'）
3 帝锦缀化（*Euphorbia lactea* f. *cristata variegata*）
4 金刚纂锦缀化（*Euphorbia neriifolia* 'Cristata Variegata'）

■石化变异（'Monstrose'）

　　石化变异为生长点立体状的变异，即原来一个生长点的植株，变异出多个生长点。石化变异常与缀化变异同时发生，以'Monstrosus' 或 'Monstrosum' 表示，源自拉丁文 monstrous，有巨大、畸形与怪异的意思。如美乳柱为龙神木的石化品种，英文名以 blue candle monstrose 称之，学名以 *Myrtillocactus geometrizans* f. *monstrose* 表示，另有栽培种名为 'Fukurokuryuzinboku'。神仙堡锦学名为 *Cereus tetragonus* var. *variegata* f. *monstrose cristata*，因园艺化栽培的结果，以栽培种 *Cereus* 'Fairy Castle' Variegata 表示，本种同时存在缀化与石化的品种。明日香姬为石化品种，学名以 *Mammillaria gracilis* f. *monstruosa* 表示，或以栽培种 *Mammillaria* 'Arizona Snowcap' 表示。

1 美乳柱（ *Myrtillocactus geometrizans* f. *monstrose* ）
2 残雪之峰（ *Monvillea spegazzinii* f. *cristata monstrosus* ）
3 神仙堡锦（ *Cereus tetragonus* var. *variegata* f. *monstrose cristata* ）
4 明日香姬（ *Mammillaria gracilis* f. *monstruosa* ）

二、杂交种学名表示法

在学名中以符号"×"来表示杂交。

■种间杂交

如月之光为种间杂交品种，学名以母本（种子亲）× 父本（花粉亲）的方式表示，为 *Kalanchoe tomentosa* × *Kalanchoe dinklagei*。如为同属时可省略父本属名，以 *Kalanchoe tomentosa* × *dinklagei* 表示。

■属间杂交

以景天科胧月属的属间杂交为例，胧月属、拟石莲花属及景天属的亲缘关系较为接近，这三属间的植物可进行跨属的远缘杂交。若与拟石莲花属进行属间杂交，属名则以 × *Graptoveria*（由胧月属属名 ***Grapto**petalum* 与拟石莲花属属名 *Eche**veria*** 的各一部分组成）表示；若与景天属进行属间杂交，属名则以 × *Graptosedum*（由胧月属属名 ***Grapto**petalum* 的一部分与景天属属名 ***Sedum*** 组成）表示。

三、异学名（synonym）

多肉植物在学名上仍有一物多名的情况，主要是因为不同的分类方式及系统仍有争议，学名未能在全球共同使用。目前最大的多肉植物组织协会为 International Organisation for Succulent Plant Study（IOS，暂译为"多肉植物国际研究组织"），还有 The International Cactaceae Systematics Group（ICSG，暂译为"国际仙人掌系统学组织"）。异学名指的是 1998 年 IOS 分类命名的学名以外的学名，或是不同组织依分类方式而有不同认定的学名，因此在各类多肉植物的图书中，常见同时列出异学名以供参考的情况。

←秋丽（× *Graptosedum* 'Francesco Baldi'），亲本极可能是胧月属的胧月与景天属的乙女心（*Graptopetalum paraguayense* × *Sedum pachyphyllum*）的属间杂交种。属名以 × *Graptosedum* 表示，在其后代中选拔名为 'Francesco Baldi' 的栽培种。

多肉植物的栽培管理

一、判别生长期

栽培多肉植物成功的要点，首先是能够判别多肉植物的生长期与休眠期。虽然多肉植物可简易区分为冬型种与夏型种两大类，但极可能因为居家栽培环境的不同而略有差别。虽然大部分的仙人掌科、夹竹桃科、大戟科等多肉植物为夏型种的多肉植物，而多数的芦荟科、番杏科、景天科多肉植物为冬型种的多肉植物，但还是要通过观察才能够判定栽培的多肉植物是否正值生长期或休眠期。

以仙人掌科的子吹乌羽玉为例，其应为夏型种，喜好在夏季或夏、秋季之间温度较高的季节生长，以下可由外观判别生长期与休眠期的不同。

→生长期
在夏季高温生长期，球体恢复光泽，明显因生长而膨大，外观呈现绿色。

←休眠期
在冬季低温期进入休眠状态，球体缩小、失去光泽且生长停滞，外观略呈银灰色。

二、适当的水分管理

栽培成败关键在于水分的管理是否得当。生长期的水分供给要充足，给水次数可以多一些，以介质表层干燥后再给水为宜。生长期可每周给水一次。浇水应充分，以让介质吸饱水分为原则。若无法判定介质是否干燥，可利用竹筷或竹签插入盆土中，3～5分钟后取出观察，再决定是否浇水。

休眠期或非生长期的水分管理十分重要，以节水为主。节水并非全面停水，而是减少给水次数，如调整到每月给水一次。但还是需视不同的品种再进行调整。少数多肉植物在休眠期十分耐旱，根系对水分敏感，一旦给水则易发生烂根现象，这时则应以断水方式控制水分，待新芽抽梢后或进入生长期后，再开始充分给水。

给水方式以浇灌在栽培介质的表面为宜，若心部有水分暂留或蓄积，在高湿的季节或日照充足时，易引发细菌性病害或其他伤害。浇水时间以早晨或傍晚为佳，避免中午时给水。夏型种在夏季生长时，可调整在黄昏或夜间给水，以浇水的方式降低微环境温度，营造日夜温差

有利于植物生长。冬型种在冬季低温期生长，可于日间给水。

三、充足的日照

多肉植物多数喜欢日照充足至半日照环境，光线越是充足，株形及叶序的展现越佳。全日照下，有些品种会因光照过强而黄化或晒伤，因此在夏季时，全日照或是东西向阳台，应加设 30% ~ 50% 的遮阳网以减少夏日艳阳的伤害。移入室内欣赏时，应节水，能减缓植株发生徒长。部分多肉植物能适应室内光线不足的环境，如椒草科及龙舌兰科虎尾兰属的多肉植物，能在室内明亮处生长良好。

四、判断植株是否徒长

徒长现象是植物适应不良的指标。多肉植物一旦开始徒长，虽看似生长迅速，但其实茎节拉长、叶片变薄等并不是健康的生长。徒长的植株生长势弱化、抵抗力变差，若又遇气候不稳定及管理不当，如水分过多或介质不透气，多肉植物最终会无法忍受而死亡。

唯有通过不断的观察及悉心照料，我们才能察觉所栽培的植物是否开始徒长。辨别是否徒长，是栽培多肉植物的重要技巧。

徒长初发生时，将植株移至光线更充足的环境下栽培，植株会恢复原本健康的面貌。但若是已经严重徒长的植株，则建议通过重新扦插的方式，让植株再长回原来的样子。徒长并非全然没有益处，为了繁殖，将植株适度移至光照不足处，徒长会让植株的叶序节间变长，便于胴切，以利于生长点移除。

↑景天科的女王花笠，因光线不足严重徒长，叶形变长，叶色变浅，叶序间隙变大，节间拉长。

←仙人掌科的仙女阁仙人掌，在展柜中严重徒长变形。

多肉植物种类繁多，栽植上每一个科、属就有一个喜好，并无绝对的要领和秘诀，只有观察，选对品种并调整出适合的环境，才能将收集到的多肉植物栽植好。以下总结几项要点：

1. 适地适栽

"适地适栽"是栽种多肉植物最重要的原则。在进行多肉植物栽培时，一定要挑选出适合自家环境的品种，一旦品种适合居家环境，管理时便能体验到所谓的"懒人植物"的优点。若环境不适当，多肉植物发生徒长，变得娇弱，管理不当很快地就"香消玉殒"。

↑蝴蝶之舞锦适应力强，在各种环境下皆能生长。但光线充足时生长表现较佳。

2. 季节交替时，给水不过度并保持通风

管理上需注意，季节交替时，多肉植物进入生长期或渐渐进入休眠期，在外观上会有明显的变化。例如外观变得鲜绿、丰腴，在心部展开新叶或展现出生长的活力，这即表示将开始进入生长季；若外观渐渐失去光泽，出现明显的落叶现象，多半是已开始进入休眠期。但因环境变迁，在季节交替时常会出现突然的高温或低温，打乱植物原有的生长节奏。因此季节交替时，应给各类植物实施持续性节水，以休眠期的方式管理，等到季节稳定后再恢复生长期的管理，减少伤害和损失。

3. 营造日夜温差

多肉植物在原生环境中，生长地日夜温差极大。以番杏科及芦荟科等许多多肉植物的故乡南非开普敦来说，白天30℃左右，夜间12～15℃，日夜温差极大，有些地方的夜温因海拔高的关系，温度可能会更低。栽培多肉植物的环境除通风外，适度地营造出日夜温差，对于多肉植物的生长期或休眠期的维护管理都有益处。生长期调整夜间给水，利用浇水降温的方式，制造微环境的温差以利于生长；或是休眠期于夜间开启通风设备，让夜温降低，有助于越过休眠期。

■几个常见误解

1. 全部的多肉植物都是仙人掌

虽然仙人掌属于多肉植物中的一类，但由于仙人掌的种类多样，

生理、形态较其他多肉植物更特殊，所以通常会把它们与其他多肉植物分开称呼与讨论。

2. 所有仙人掌都生长在全日照环境中

并非全然如此。仙人掌的确需要大量阳光，然而太多的阳光反而会使它们受伤。因此有些仙人掌在原生地生长在树荫下、草丛中或是岩石裂缝中，减少过量的阳光照射。若原生地环境严酷，仙人掌通常会以长出浓密的刺或毛（如老乐柱属、强刺球属等），茎表皮变成深色（如某些丽花球属等），深藏在土表中、只外露部分植株（如岩牡丹属、乌羽玉属），茎表皮具白色蜡质反射光线等方式，降低植株暴露在烈日下的伤害。

↑即便是仙人掌也有较耐阴的品种，如迷你圆盘玉、部分裸萼属及乳突球属的仙人掌。

3. 所有的多肉植物都生长在荒漠中

虽然全世界的荒漠中生长着大量且多样的多肉植物，但其实它们也分布于高山、丛林中以及海岸边。仙人掌品种多，能适应不同环境；以仙人掌的故乡美洲来看，低海拔温暖山谷的热带雨林地区、多石且干燥的高山斜坡及温度变化极端的安第斯山等环境，都有仙人掌科植物的分布。

4. 所有多肉植物都能生长在纯沙中

没有什么植物能生长在纯沙中，纯沙毫无养分可供植物生长。仙人掌以及其他多肉植物大多生长在养分充足的环境中，大部分荒漠地区的土壤一样含有各种养分，只是降水量较少。

5. 多肉植物整年都不需要太多水

生物都需要水分维持生长，即便是多肉植物也一样，它们只是平时对水分的需求比其他植物来得少一些。处于适当季节、旺盛生长期时，它们同样需要供应充足的水分以维持生长与发育。

6. 仙人掌可吸收辐射

不只是仙人掌，所有的生物都可吸收辐射，不过仙人掌吸收辐射的能力并不佳。换句话说，环境中的辐射源，例如电视、电脑等电器，不会因摆放了仙人掌就可以阻挡它们的辐射。阻挡辐射最有效的方式是放置铅板。

多肉植物的栽培介质

最好用什么来栽植多肉植物呢？没有一定的答案。可以先观察一下从花市采购的多肉植物盆栽用了哪些培养上及介质来栽培它们。您会发现，每家惯用的介质不太一样，有些用的是泥炭土，有些用的是沙土，到底什么介质配方最为适宜呢？

大原则是以排水性及透气性佳的介质为主，但却没有最好的培养土配方，只有最适合个人居家环境及浇水习惯的配方。不论介质如何选择，掌握住排水性及透气性佳的原则就行了。种植多肉植物之前，先想想自己的浇水习惯，再观察栽种的环境以及栽植的种类，调配出适合的培养土配方。

影响调配介质的因素如下：

1. 浇水习惯

对于爱浇水的朋友来说，要先思考多肉植物是不是适合自己。多肉植物为旱生植物，对水分的需求相对于一般花草及观叶植物来说少很多。爱浇水的朋友在调配培养土时，更应注重介质的排水性与透气性。专业大量栽培多肉植物时，苗圃会使用以泥炭土为主的培养土，因为其保水性佳，可延长浇水时间，减少浇水次数，进而节省管理人力。

2. 栽培环境

风向、温度以及光照条件等也影响到培养土的调配。露天环境，如顶楼、露台及东西向阳台，日照充足，环境温度较高；或大楼环境造成风口：调配培养土时重在保水。南北向或室内窗台及不通风的位置，则应注意排水性与透气性。

3. 盆器的种类与大小

盆器的材质与大小都会影响培养土的调配。陶盆或小盆器，因透气性佳及盆器容积较小等因素，较不易保水，应注意培养土的保水性。塑料盆或大盆器则透气性差、容积大，相对较易保水，培养土则注意排水性与透气性。

喜欢浇水的朋友，建议使用陶盆或小盆器来栽种多肉植物；工作忙碌或浇水时间较少的朋友，建议使用塑料盆栽植。初次栽植多肉植物的朋友，因不谙植物特性，易因浇水过度而栽植失败，使用相对较小的盆器栽植多肉植物较易成功。小盆器因为容积小，使用的培养土少，含水量也少，自然就有利于多肉植物的生长。

初学者不论使用哪种材质的盆器，都应选择有排水孔的。

↑栽植多肉植物时，不论盆器的材质、深浅，建议初学者选用具有排水孔的盆器。

↑塑料盆质轻方便，但透气性不佳，栽植多肉植物时，应注意介质的透气性或使用较浅的盆器。

↑造型盆器的材质具有多样化选择。趣味栽植时可以选用，但介质应注意保水性的维持。

↑装饰性盆器，如铝盆等，多数没有排水孔，仅能装饰使用。栽植多肉植物时，要注意水分的控制。

4. 植物的需求

多肉植物种类繁多，排水性及透气性佳为培养土调配的原则，但仍需依不同的科别及种类稍做调整。如景天科的多肉植物应使用颗粒较细的介质，以利于细根及须根的生长；芦荟科的多肉植物多数具有肥大的根系，可使用颗粒较大的介质，以利于根系生长及透气性的维持。

一、无机介质种类

源自矿物或以矿物加工产出的介质，园艺栽培上最常使用的为珍珠石、蛭石两种。无机介质的特点是多数为颗粒性介质，具有多孔隙的特征，作为培养土的成分时，可增加培养土的排水性及透气性，也可以增加介质的重量，承载较大的植物体。

赤玉土
常用于盆景栽培，以黏土经煅烧烘烤而成。具多孔性，保肥性及透气性均佳。品质不佳的赤玉土产品使用一段时间后易发生崩解现象，造成介质透气性降低。

蛭石
为云母岩矿，经1000℃以上的高温加工，矿石颗粒膨胀后，由平行的薄片所形成。质地疏松，具多孔性，保肥性及保水性良好。

珍珠石
与蛭石相似，天然矿物经800℃以上的高温加热，因矿物颗粒膨胀形成。具多孔性，质轻的颗粒状介质，透气性良好。

发泡炼石
由黏土经造粒后烧结而成，外观多为圆形颗粒，呈红色或黑褐色。质轻，具砾石状外观，保水性和透气性良好，可用于底部排水层及表土覆盖。

唐山石
又称摩金石，与发泡炼石相似，人工烧制而成，外观为不规则颗粒，呈砖红色。质地坚硬，孔隙度高，排水性佳，但颗粒易吸湿气，混入培养土后可适度保湿。

兰石
以土烧成之后再经过250℃热处理而成。透气性、排水性非常好，硬度高，不容易碎化，适度添加可提高介质的透气性。

火山岩
产自东南亚一带，采集自印度尼西亚，另有黑火山岩。质轻、坚硬且具有多孔隙的特征，长时间栽培不易崩解。

砾石
为岩石碎裂而成的产品。质较重，作为底部排水使用，并增加培养土的重量，以承载植株。

矾沙
河沙的一种，颗粒较大，经淘洗、筛选后的岩石小颗粒，适用于表土覆盖。

二、有机介质种类

有机介质源自有机体或以植物材料为来源,园艺栽培上最常使用的为泥炭土及椰纤两种。有机介质的特性为保水与保肥的能力佳,可作为培养土中有机质的来源,长期使用易分解消失或产生酸化问题。部分块状或粗纤维状产品,可增加介质的透气性及排水性,还具有保湿效果,延长给水时间。

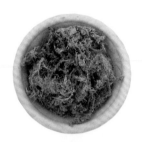

水苔

泥炭藓类,以其干燥的植物体作为介质。泥炭藓的构造特殊,质轻,吸水力及保水力极佳。偏酸性介质,使用前应充分浸水。多肉植物并不常以水苔作为栽培介质,仅于特殊的板植或吊挂时使用。使用时宜以松散状填入盆中,有利于透气。

泥炭土

产自欧陆地区泥炭湿原,由各类泥炭藓及其伴生植物经分解及多年沉积而成,质轻,保水性佳。与水苔一样性质偏酸,市售产品已将 pH 值调整至近中性。可视栽培管理需求,适度加入泥炭土介质,增加保水力,延长浇水时间。

椰纤

为干燥椰壳的纤维状产品,可作为泥炭土的替代品。质轻,保水性及透气性佳。因天然泥炭土蓄积量减少,且其较泥炭土取得容易,故价钱也较为经济实惠。常见压制成椰砖的产品出售,使用前需先充分泡水 1～2 天,让椰纤充分吸水,并去除可能过多的盐分。

椰块

与椰纤同样由椰壳干燥制成,椰块为块状产品,比纤维状产品具有更好的透气性及排水性。

炭化稻壳

农业副产品,由稻壳炭化而成,质轻,排水性及透气性佳。适量使用;如量过多时,可能造成培养土电导度过高的问题,给植物生长造成障碍。

树皮

常见用棕榈树皮或各种热带雨林树木的树皮制成。为块状产品,放置于盆底作为排水层及透气层使用。功能与椰块相似,另外具有保湿效果,但使用时限较长。

三、定期换盆与换土

建议至少每 2 ～ 3 年应换土或换盆一次。长期使用，部分介质因分解而消失，造成介质量变少；又因为浇水的重力影响，培养土会紧实不透气。由于浇水、施肥或根部代谢的关系，介质逐渐酸化，不利于植物生长。

换土作业除了添补流失的介质，还能恢复透气性，恢复土壤的酸碱度，有利于各类养分的平衡与吸收，同时可以去除老化根系，让生机恢复。换土能去除盆土内不良的微生物，减少植株感染病虫害的机会。在调配新的栽培介质时，适度加入消过毒的培养土 1 ～ 2 份，节省部分新培养土的支出。

使用过的介质经过消毒处理，可以重复使用。培养土消毒的方法有以下几种：

1. 日晒法

将使用过的培养土平铺成 2 ～ 3 厘米厚，放置于阳光下曝晒一周。其间应适度翻土 1 ～ 2 次，以均匀曝晒。

2. 闷热法

使用黑色塑料袋装填回收旧介质后，略微喷水使培养土微湿，放置于阳光下曝晒 3 ～ 5 天，利用塑料袋蓄热的原理，当袋内的温度提升至 60 ～ 70℃时，可以除去常见的不良微生物及杂草种子等。

3. 小家电消毒法

使用小家电如电饭锅、烤箱及微波炉等，能以高温的方式去除旧介质内的病原菌、害虫及杂草种子。

消毒处理能减少培养土中的杂草种子及病原菌，却无法改变介质酸化的现象。酸化会影响可溶性养分的释放，导致土壤肥力下降。调整培养土的 pH 值，接近中性时，培养土中各类养分的含量及分布状况最有利于植物的吸收与运用。pH 值调整方法为，消毒后的培养土每升加入 3 克的苦土石灰。

← 回收的旧介质经消毒后，使用苦土石灰（含镁成分的石灰），以每升介质 3 克苦土石灰的比例进行 pH 值调整。

← 经苦土石灰调整过的旧介质，可依栽种的多肉植物种类，加入适当比例的新介质：如为增加透气性，可添加兰石及赤玉土；如为增加保水性，可以加入适量的泥炭土。

多肉植物的病虫害管理

一、细菌性病害

在热带与亚热带地区，环境湿度高，细菌性病害一旦发生，防治常为时已晚。若能保持环境的清洁及干燥通风，定期喷布杀菌剂，将能有效避免细菌性病害的发生。

细菌性病害常发生在不良的生长季节及季节交替时。一旦发现病征时，细菌已由根部入侵，导致全株软腐，染病的患部呈现黄褐色、黑褐色及水浸状病征。部分感染在仙人掌上会出现植物体内缩、内凹或轮状病斑。

↑夏季发生细菌性病害（青玉帘）。

↑因细菌性病害全株已腐烂，仅留下坚硬的外皮（岩牡丹）。

↑一旦发现细菌性病害，防治多半为时已晚。

↑因细菌性病害，全株发黑，软腐而亡（卷绢）。

↑心部已遭受细菌性病害的感染，部分生长点生长受阻（拉威雪莲）。

↑夏季休眠，环境不通风及管理不当，细菌性病害入侵后，全株发黑腐烂（罗密欧）。

←因细菌性病害，严重时全株死亡（梦殿）。

→细菌性病害发生时的病征（贵青玉）。

对应措施

初期感染时，多数由根部入侵，不易察觉。细菌性病害发生时常伴随特殊的异味产生，在春夏季交替及好发的季节，可利用嗅觉协助判断是否染病。若发现得早，可去除患部，将染病的根部及其他部分清除干净，静置数日待伤口干燥后，再植入干净的介质中。若发生在心部，则可去除心部，将软腐部分剔除干净，并在患部涂抹杀菌剂或喷布 1% 的漂白水杀菌。待伤口干燥后，植株如够强健，于叶腋间会再萌发新芽。

Step1
将染病的植株拔起，清除介质后，将下半部的腐叶清除干净。

Step2
利用大量清水清洗，必要时可在患部喷布 1% 的漂白水协助杀菌。

Step3
将下半部的茎基切除干净，避免细菌残留在茎基组织中。必要时可在基部涂抹杀菌剂，防止细菌再度入侵。

Step4
放置于通风处阴干伤口，视环境条件可放置 1～2 周不等。待伤口结痂并收口后，再重新定植。

二、真菌性病害

真菌性病害发生在多肉植物上，通常不会造成即刻性死亡，也不会严重至全株软腐死亡。该种病害常发生在不良的生长环境下，在叶片上或植株体表上会产生各类不同的产孢构造（斑点或斑块），如神刀叶片上的锈色斑点，极可能是锈病的产孢构造。

真菌性病害防治较为容易，即便不喷布杀菌剂，于生长季以重新扦插的方式，剪取健康无病的枝条，更新植株即可。但若发生在仙人掌体表上，造成的斑点或结痂状的病征，可能就无法复原。

尽可能保持通风及日照充足的生长环境，定期喷布杀菌剂，杜绝真菌性病原菌，该病害将会得到良好的控制。

↑水车因夏季未进行适当遮阴，曝晒造成叶片晒伤。

↑神刀叶片锈色斑点为真菌性病害。

三、生理性病害

非病菌造成叶片或植株外表伤害，又称生理性病害。最常见的原因是环境改变过大，或不谙多肉植物的生长习性，栽培环境变化剧烈。以叶片晒伤的情况最多。

↑不当浇水，心部积水，景天科多肉植物心部因水珠聚光造成晒伤。

↑卧牛未经驯化及适应过程，因环境改变剧烈，叶片发生晒伤。

↑花月夜于夏季同时发生晒伤与细菌性病害的情形。

四、虫害

中国的昆虫为数众多，多肉植物发生虫害的机会并不少，可通过定期的防治及加设防护措施来应对。食性较复杂的斜纹夜盗蛾（*Spodoptera litura*）较为常见，还有取食夹竹桃科植物的夹竹桃天蛾（*Daphnis nerii*）。夹竹桃天蛾的幼虫食性较专一，只取食夹竹桃科的多肉植物。

斜纹夜盗蛾又名黑肚虫、土虫及行军虫，是鳞翅目、夜蛾科的昆虫。1年可发生好几代。蛾类的幼虫常有群集性，1龄的幼虫为灰绿色，3龄后体色转黑，开始出现避光行为，昼伏夜出。人们曾观察到它们取食仙人掌科植物的实生苗及其幼嫩部的情形。

防治方法

若昆虫数量不多，直接清除即可。捕捉斜纹夜盗蛾的幼虫需用心观察，发现群集的幼虫时要迅速清除。当龄期较大后，斜纹夜盗蛾的幼虫昼伏夜出，喜好躲藏在盆土表面、盆底或叶背等处，可轻敲花盆惊扰后，再观察、清除。在好发季节，定期喷布苏力菌1000倍稀释液防治。

↑斜纹夜盗蛾体色转黑的3龄幼虫，遇惊吓或避敌时，身体会呈蜷缩状。

↑成虫除于土表变态、化成蛹外，偶见于叶序紧密处变态、化蛹。

↑景天科丽娜莲遭斜纹夜盗蛾的幼虫危害状。

↑景天科曝日遭斜纹夜盗蛾的幼虫危害状。

1. 介壳虫

介壳虫是居家栽培最常见的植物害虫，种类很多，长度为 1 ~ 2 毫米，部分可以长到 0.5 ~ 1 厘米。大多具有一层角质的甲壳或是由粉状的蜡质所包覆，鳞片状外观黏附在植物体表上，吸食植物汁液。防治介壳虫应减少与其共生的蚂蚁的入侵，才能大大降低介壳虫的发生率。

少量介壳虫用棉花棒蘸醋或稀释的米酒（米酒：水 =1∶2）清除。量大时用毛笔或水彩笔蘸上稀释的肥皂液后，在介壳虫聚集处涂抹，肥皂液覆盖介壳虫体表后，虫体会因缺氧窒息而亡。好发在根部的根粉介壳虫，于植物生长期间，利用浸水方式减少其数量。为了有效防治，居家栽培时可定期喷布含除虫菊酯的水性杀虫剂，于距离植株 1 米以外的地方喷洒，让药剂能平均覆盖在植株上，切记使用前先浇水，避免药害的发生。

←象牙丸初发生硬介壳虫危害。

↑小圆刀受硬介壳虫危害。

→卷绢遭粉介壳虫危害的情形。

2.蜗牛

好发生在潮湿多雨的季节，以非洲大蜗牛及扁蜗牛较多。非洲大蜗牛的危害较为严重，观察景天科、芦荟科、仙人掌科、龙舌兰科等多肉植物，都有非洲大蜗牛危害的情况。蜗牛取食直接造成植株体表的外伤，还可能造成病害的发生。

防治的方式除直接清除外，保持栽培环境清洁、通风与地面干燥，可降低蜗牛入侵的机会。此外，避免盆面及栽培环境中有落叶、枯草等有机物堆积，减少蜗牛食物来源及躲藏空间。

定期施用安全的蜗牛用药是最有效的方式。较友善的方式，可以在栽培架支柱上绑上铜条或铜线，铜氧化产生的离子对蜗牛产生忌避效果。在环境周围使用硅藻土、石灰、苦茶粕、咖啡渣等物质，都能有效趋避，降低蜗牛造访的机会。

↑非洲大蜗牛（*Achatina fulica*）个头大，其所造成的危害很惊人。

↑遭非洲大蜗牛取食后的食痕。

↑质地较为柔软的多肉植株遭非洲大蜗牛危害的情形。

↑银波锦叶遭非洲大蜗牛危害。

→象牙丸幼嫩的侧芽已遭非洲大蜗牛危害。

五、鸟害与鼠害

1. 鸟害

除了上述危害外，还有鸟害。以白头翁、斑鸠等较为常见，它们会啄取景天科多肉植物的叶片，造成植物体表机械性伤害。简易的防治方式有放置风车、吊挂风铃等。另外，放置猫头鹰饰品或张贴老鹰图像的海报，都可以减少鸟害的发生。

2. 鼠害

老鼠除取食外，还会胡乱啃食各类多肉植物的体表，造成严重的伤害。

要保持居家环境卫生，定期投药，减少老鼠入侵的机会。

→白头翁取食造成的啄伤。

↑士童遭老鼠啃食造成的伤害。

↑子吹乌羽玉遭老鼠啃食的痕迹。

龙舌兰科
Agavaceae

龙舌兰科植物广泛分布在世界各地的热带、亚热带和暖温带地区，包括多种生长在沙漠或其他干旱地区的多肉植物。常见的龙舌兰科植物分为龙舌兰属（*Agave*）、酒瓶兰属（*Nolina*）、虎尾兰属（*Sansevieria*）及丝兰属（*Yuccaece*）等。

依据不同的分类方式，本科有18～23属，550～640种。在不同的分类依据及法则下，虎尾兰属归类在龙血树科（Dracaenaceae）中，酒瓶兰属归类在酒瓶兰科（Nolinaceae）中，然而也有虎尾兰属及酒瓶兰属均归类在假叶树科（Ruscaceae）中的说法。

本科植物多半为灌木或多年生草本植物，具有木质化的地下茎。叶片常丛生或呈莲座状排列。花序为总状圆锥花序或密圆锥花序。花性较为复杂，具有两性、杂性或雌雄异株等分别。花被以6枚合生，具有短花筒或长花筒；雄蕊6枚，花药2室；雌蕊3枚合生心皮，子房上位或下位，3室，中轴胎座。果实蒴果或浆果。

■龙舌兰属 *Agave*

本属包含近150种植物，为多年生常绿灌木，外形与产自非洲的芦荟科芦荟属的植物相似，台湾南部及海岸常见的琼麻即为本属植物。

本属植物广泛分布于墨西哥，北美洲西南部，中南美洲的巴拿马、巴西、秘鲁、玻利维亚、哥伦比亚及加勒比海沿岸等地，为叶片肉质化的多肉植物，除用来兴趣栽培外，不少品种常用作庭园的景观植物。成排栽种时能作为海岸防风或定沙的围篱植物。因其尖刺及汁液具有毒性，常作为军事用地御敌及警戒植物。龙舌兰又名龙舌掌、番麻、万年兰、百年草等，但常统称本属植物为龙舌兰。由于植物叶片中含有强韧的纤维，也可作为绳索或织物材料。

↑大型的圆锥花序，花被6枚，具有短花筒，雄蕊6枚，花药2室。

↑本属植物叶片特殊的排列方式、纹理、叶缘及叶末端的尖刺虽令人生惧，却又有种豪迈、粗犷、强韧的美感。

外形特征

龙舌兰属植物品种间差异大，小型种株径不到20厘米，而大型种株径则可达5米。对温度的适应性佳，耐热也耐寒，可以忍受日夜温差达50℃的变化。耐干旱，管理可粗放，但应栽植于日光充足之处。多数在台湾可露天栽培，但仍以排水性良好的环境为佳。

本属植物在新芽包覆期间，叶面或叶背除具有银白色粉末外，叶片上常可见到叶片互相包覆时所遗留下来的痕迹，因此龙舌兰属植物多半具有叶痕（leaf imprinting）。茎短缩或不明显，植株主要由螺旋状或呈莲座状排列的叶片构成，叶缘及叶末端具有尖锐的刺。

龙舌兰科植物素有世纪植物（century plant）的雅称，但其实开花并不需等待上百年，仅形容龙舌兰科植物栽培到开花需较长的时间。部分龙舌兰科植物具有只开一次花的特性，开花后即死亡。花期常见于春、夏季。成株在适当环境条件下，自心部抽出粗壮的花序，花序经1～2年的发育、成熟，待花朵开放结果后，植株渐渐死亡。

龙舌兰科植物号称具有全世界最长的花序。大型种的圆锥花序达5～6米高，有些能长到10米左右；小型种也有1～2米高。特别的是，圆锥花序的花梗处会产生大量的不定芽，待小苗茁壮后，会自花序上脱落，以似胎生的方式大量散播并繁衍新的生命。

↑万年兰（*Agave americana*）又名美国龙舌兰等，为大型景观植物，株高达2米左右，株径约1.5米。

↑龙舌兰科植物叶片上具有叶痕。

具有毒性的植物

龙舌兰为有毒植物，其叶片汁液中含有具有毒性的甾体皂苷成分，体质敏感的人若皮肤误触，会出现轻微的灼热或发痒，严重时会产生红肿或水疱。若长期误食，会产生厌食、呆滞或四肢麻痹等症状，严重的可造成胃充血、肝脏伤害或死亡。然而在原生地，部分品种短缩茎干中的淀粉经烹煮后可食用。某些品种的叶片、花丝经烹煮料理后可为佳肴。有些品种心部含有大量淀粉，发酵后可制成各种含酒精的饮料，像著名的龙舌兰酒。

繁殖方式

分株、播种。龙舌兰属植物在成株前，较易产生侧芽，成株或至特定株龄后反而不易增生侧芽。也可使用种子繁殖。

部分品种易产生走茎，于母株附近产生小芽，可待小芽够大后，

自母株上分离进行繁殖。另外，为了促进叶腋下的侧芽发生，常见用去除顶芽的方式来刺激，待侧芽株形够大后，再自母株上分离下来。

另外有部分品种可采收种子，利用种子播种，以实生方式取得大

↑王妃吉祥天
易产生走茎，于母株四周产生大量小芽，待小芽够大后，再自母株上分离。

↑王妃雷神白中斑
利用去除顶芽（胴切）的方式，促进叶腋间的侧芽发生，待侧芽产生后再进行分株。

量小苗；或直接栽种其花序上脱落的不定芽进行繁殖。

生长型

夏型种。在台湾并无明显的休眠现象，但以夏、秋季时生长较为旺盛。

本属植物十分强健，管理可粗放，多数品种在台湾可露地栽培，但一旦露地栽培后，便无法以根域控制植株大小。居家栽培建议栽培在小盆中或以限盆方式来控制植株大小。冬季低温时期应减少给水，避免烂根。

↑狭叶龙舌兰的圆锥花序，其花梗下方会形成不定芽。上方圆球状物为果实。

↑自母株上分离下来的侧芽，应先晾1～2天，待伤口干燥或收口后再植入盆中。

延伸阅读

http://www.agavaceae.com/agavaceae/agavhome_en.asp

http://en.wikipedia.org/wiki/Agavoideae

http://www.britannica.com/EBchecked/topic/8859/Agavaceae

http://www.cactus-art.biz/schede/AGAVE/

http://albino.sub.jp/html/g/Agave.html

http://davesgarden.com/guides/articles/view/3740/

夏型种

Agave angustifolia 'Marginata'
狭叶龙舌兰

英 文 名	variegated caribbean agave
别 名	白闪光、白缘龙舌兰、白边龙舌兰
繁 殖	分株、播种

狭叶龙舌兰原产自墨西哥。繁殖以分株为主。自基部将较大的侧芽从母株上分离，或取花序上的不定芽进行繁殖。播种亦可，但实际上较少采取此方式。

形态特征

狭叶龙舌兰幼株茎短、较不明显，成株具有短直立茎。叶肉质、剑形，具有细锯叶及暗褐色缘刺，长45～60厘米，宽约7.5厘米，灰绿色，叶末端具有暗褐色尖刺。花期为夏、秋两季。圆锥花序直立、粗壮，高5～6米；花色浅绿。

↑本种常用于庭园栽植，为常见的景观植物之一。

↑圆锥花序上可观察到花梗发生大量的不定芽，待芽体成熟后，会往母株四周拓展新生的植株。

↑圆形的果实为子房下位花，因此可于果实末端看见"喙"的构造，但实为花瓣着生的位置。

Agave attenuata
翡翠盘

英 文 名	foxtail, lion's tail, swan's neck, elephant's trunk, spineless century plant and soft leaved agave
别 名	初绿
繁 殖	分株

翡翠盘分布在墨西哥中部及东部海拔 1900 ～ 2500 米的高原。中文名沿用日本俗名。为少数叶片质地柔软，不具尖刺的品种。密生的穗状花序形似狐狸尾巴，英文俗名称为 foxtail。

↑ 1834 年，探险家 Galeotti 先生将其引入英国皇家植物园中栽种。因其叶片不具有刺而成为著名的景观植物。

形态特征

翡翠盘茎干因老叶脱落，明显可见木质化的茎，长度 50 ～ 150 厘米，常呈一侧倾斜生长。叶长卵形或披针形，长 50 ～ 70 厘米，宽 12 ～ 16 厘米，以莲座状排列生长在茎干上。叶呈灰绿色或灰蓝色，亦有锦斑变异品种，叶末端及叶缘不具尖刺。花期为冬、春季，需栽植 10 年以上才会开花。黄绿色的小花密生在穗状花序上，长达 3 米左右。翡翠盘较喜好生长于保湿性较好的土壤中。盛夏时叶片亦会发生晒伤情况，此时应注意并提供适度的遮阴。

↑黄边斑个体。

45

↑黄中斑个体。

↑翡翠盘叶片质地薄且细致、叶缘无刺，使它多了分柔美。

变　种

Agave attenuata 'Nerva'
皇冠龙舌兰

别　名 大叶翡翠盘、大翡翠盘

　　本种学名常以翡翠盘栽培种学名 *Agave attenuata* 'Nerva' 标注，但两者花序存在着明显的差异，极有可能为两种不同的植物。外形状如皇冠而得名，叶缘及叶末端均具有细小的尖刺。常用于庭园布置，在台湾常见开花，若栽植在寒冷地区，可能需 40～60 年才能开花。以分株繁殖或取花序上的不定芽繁殖为主。

↑茎短或不明显。叶肥厚，革质，广披针形，以莲座状或放射状丛生于茎干上，叶缘及末端具红褐色锐刺。花期为冬、春季，大型圆锥花序，花黄绿色。

Agave lophantha 'Quadricolor'
五色万代

异 名	*Agave* 'Goshiki Bandai'
繁 殖	分株

　　五色万代为园艺选拔栽培种。中文名沿用日本名。夏季栽培时建议提供遮阴。本种耐寒性佳，在干燥条件下，可忍受 –12℃ 低温。本种易生侧芽，繁殖以分株为主，将够大或够壮的侧芽自母体上分离下来后，待基部伤口约略干燥，上盆即可。

↑五色万代为花市中常见的平价又美观的锦斑品种。

形态特征

　　本种为中小型种植株，高约 40 厘米，株径约 60 厘米。叶片多彩，具美丽的锦斑叶片。

↑五色万代栽培容易，适合光线充足的环境。若栽植于大盆中，株形会较大，上图为 24 厘米盆。

↑光线不足时，叶形较为狭长。

夏型种

Agave parryi 'Variegata'
王妃吉祥天锦

异 名	*Agave parryi* var. *patonii*
	'Variegata'/*Agave parryi* 'Cream Spike'
繁 殖	分株

　　王妃吉祥天锦为园艺选拔出来的栽培品种，可以用其品种名 'Cream Spike' 代称。王妃吉祥天锦的中文名沿用日本俗名，王妃二字用于形容小型种。本种成株后易自基部产生大量侧芽，自母株上分离较大的侧芽来繁殖即可。

↑成株。

形态特征

　　王妃吉祥天锦成株株径 15 ～ 20 厘米。成株叶缘具黑色尖刺，叶片末端黑刺较粗且长。幼株外观与成株略微不同，其叶姿较柔美，叶缘及末端的刺不明显。

→幼苗。

Agave potatorum
雷神

异　　名	*Agave potatorum* var. *verschaffeltii*
别　　名	雷光、赖光
繁　　殖	播种、分株

　　雷神的中文名沿用日本俗名。原产自墨西哥中南部海拔 1200 ~ 2250 米的半干旱高地，本种形态变异多。种名 *potatorum*，与马铃薯一点关系也没有，源自拉丁文 potator，英文词义为 of the drinkers，可译为"饮酒者"。种名极可能是因本种可作为酒类饮品的材料而来。在墨西哥，去除雷神叶片，留下茎部或中心部分，蒸煮后可发酵做成一种名为 Pulque 的酒品，经蒸馏后则称为 Bacanora。

↑叶缘上的刺生长在疣状突起的末端，为雷神的主要特征。叶片上可见美丽的叶痕。

形态特征

　　雷神为中小型种龙舌兰，以单株或一小簇方式生长。叶序从紧致到开张形态都有，本种具许多形态和变种。单株直径 10 ~ 90 厘米；中型种株高约 40 厘米，株径 40 厘米；常见的株径为 20 ~ 30 厘米。茎不明显，短缩。叶片蓝绿色或灰绿色，每株 30 ~ 80 枚，以莲座状或螺旋状排列。叶椭圆形、短披针形或卵形，长 20 ~ 40 厘米，宽 9 ~ 18 厘米。叶缘非锯齿状，长有疣状突起。花期集中在冬季，9 ~ 12 月为开花高峰期。致密的圆锥花序达 3 ~ 6 米高，花绿色，具红色萼片。在台湾并不常见雷神开花。

↑雷神覆轮的锦斑变异品种。易自基部产生大量侧芽，呈群生姿态。

龙舌兰科

Agave potatorum var. *verschaffeltii*
甲蟹

异　名 | *Agave verschaffeltii*

　　甲蟹为雷神著名的变种之一。栽培时应提供适当遮光，叶片上才会出现较佳的银白色蜡粉。

↑其特色为叶缘的疣状突起较鲜明。

↑全日照下叶色偏黄。

Agave potatorum 'Kishoukan'
吉祥冠

异　名 | *Kishoukan* agave

　　吉祥冠又称红刺，是由雷神经园艺选拔而产生的中大型栽培品种。中文名沿用日本俗名，另有锦斑品种。为雷神中大型种、红刺的变异个体。叶缘与雷神一样具有疣状突起。

↑与雷神相似，但叶缘的刺及叶末端的刺为红褐色的变种。成株株径约30厘米。

↑吉祥冠锦

Agave potatorum 'Kishoukan' variegata 为吉祥冠的锦斑变异品种。图中为覆轮锦斑变异，另有中斑栽培品种。

Agave potatorum 'Shoji-Raijin' Variegata
王妃雷神锦

异　　名	*Agave isthmensis* 'Shoji-Raijin' Variegata
英文名	sliver star, blue rose

　　王妃雷神锦为雷神园艺选拔的迷你栽培种，单株直径 10 厘米左右。栽培管理容易，与雷神相似，可栽植在全日照至半日照环境下；夏季可定期给水，如叶片出现皱缩，多半表示水分严重不足，应充分给水。本种较不耐霜冻，如未加以保护，植株易受伤害。繁殖以分株为主，王妃雷神成株后，易自基部叶腋上产生侧芽，可将侧芽分离后定植。

↑叶呈灰绿色或灰蓝色。叶形肥厚短胖，近似五边形；叶缘的刺不明显。未具有锦斑特性的品种称为王妃雷神。

白中斑

覆轮

黄中斑

淡中斑／浅中斑

注
王妃雷神锦会有不同的锦斑表现，可能是生长点细胞与组织产生特殊变异，不同特性的细胞组织互相嵌合所造成的。这类斑叶或锦斑现象称为"嵌合体"（chimera）。

Agave pumila
姬龙舌兰

异　　名	*Agave pumila* 'Nana'
英 文 名	dwarf century plant
别　　名	普米拉
繁　　殖	分株

　　姬龙舌兰为中小型的龙舌兰，生长十分缓慢。夏季栽培时应提供部分遮阴，以在半日照或光线充足的环境下栽培为宜。本种怕冷，冬季低温会有霜冻的气候环境，应注意保暖。

形态特征

　　灰蓝色的叶呈三角形，叶缘无刺，叶末端具短而坚硬的黑刺 1 枚，具高度的异叶形态。幼株外观紧致，易生侧芽，但成株后株形较开张，不产生侧芽。需经 8 ~ 12 年的栽培后才能由幼株进入成株。成株后不易自基部形成侧芽。

←别名"普米拉"乃以种名音译而来，种名 *pumila* 意为小型。

Agave schidigera
丝龙舌兰

异　　名	*Agave filifera* ssp. *schidigera*
英 文 名	maguey
别　　名	泷之白丝
繁　　殖	分株

　　丝龙舌兰原产自墨西哥海拔900 ~ 2500 米的山区，常见生长于岩壁开放地区或橡树林的林缘处。以分株繁殖为主。本种易自基部产生侧芽。适合盆植欣赏。

　　叶缘无尖刺，着生卷曲状的白色纤维，作用可能是反射过强的光线，避免植株受强光危害。叶末端仍具有质地坚硬的尖刺，栽植时需小心。

形态特征

　　丝龙舌兰为中小型种龙舌兰，茎不明显，株高 60 ~ 90 厘米。叶深绿色至黄绿色都有。花期为冬、春季，但不常见开花，需栽培 30 ~ 40 年后才具备开花条件；小花黄绿色至深紫色，圆锥花序长达 3 ~ 3.5 米。另有姬泷之白丝的品种，与本种相似，但叶片较宽。叶片具有向内微弯的特征。

↑叶片具白色叶痕（white bud imprints）。

↑丝龙舌兰黄边斑的栽培品种。

Agave schidigera 'Shira Ito No Ohi'
白丝王妃乱雪锦

异　名 | *Agave filifera* ssp. *schidigera* 'Shira Ito No Ohi'

　　白丝王妃乱雪锦是日本园艺栽培的选拔品种。中文名沿用日本俗名，其品种名为 'Shira Ito No Ohi'；另有学名表示为 *Agave schidigera* 'Compacta Marginata' 或 *Agave filifera* 'Compacta Marginata'，可知白丝王妃乱雪锦为丝龙舌兰小型种姬乱雪（*Agave schidigera* 'Compacta'）的锦斑变异品种。

↑白丝王妃乱雪锦为美丽的小型品种。

↑由边斑转变成黄中斑的个体。

↑黄中斑的个体。

Agave titanota 'NO. 1'
严龙 NO. 1

异　　名	*Agave* sp. 'NO.1'
繁　　殖	分株

　　严龙 NO. 1 为园艺选拔栽培种。本种中有许多不同的选拔品系。本种易生侧芽，分株为主要繁殖方式。

↑严龙 NO.1 有许多不同的栽培品系。

形态特征

　　严龙 NO. 1 为中小型品种。叶缘的缘刺下方呈角质化，有如刺的延伸，包覆在叶缘上。叶缘颜色与叶末端及缘刺颜色相同，视品种不同而有些微灰白色、红褐色或黑褐色。

↑光线充足时，叶片包覆紧密，株形会更紧致。

↑有特殊的角质化叶缘。

夏型种

Agave toumeyana 'Bella'
树冰

异　　名	*Agave toumeyana* var. *bella*
英 文 名	toumey agave, miniature century plant, fairy-ring agave, silver dollar
繁　　殖	分株

　　树冰原产自美国亚利桑那州中部海拔 800 ~ 1700 米的山区。常见生长在岩屑地、岩壁边上及沙漠、高原的灌木丛中等。

形态特征

　　树冰为小型变种，株高约 25 厘米，株径约 20 厘米。叶长 9 ~ 20 厘米，叶宽 0.6 ~ 2 厘米。叶绿色，表面有白色斑纹；叶缘白色或褐色，具有白色的丝状附属物。花期为春、夏季之间；大型总状花序，于茎顶上开放，花黄绿色。

↓与丝龙舌兰一样，当气候较干燥时，白色的丝状附属物会卷曲。

Agave victoriae-reginae 'Complex'
笹之雪

英 文 名	queen victoria agave
别　　名	厚叶龙舌兰、维多利亚女王龙舌兰、女王龙舌兰、鬼脚掌、箭山积雪、雪簧草
繁　　殖	播种、分株

　　笹之雪原产自墨西哥东北部与南部的干旱、低海拔地区及山谷。常见生长在石灰岩的峡谷坡壁上，与凤梨科华烛之典属（*Hechtia*）的沙漠凤梨及仙人掌混生。在原生地虽不常见，但园艺栽培已广泛，有不少的栽培品种。笹之雪在原生地除作为制作纤维及酒的材料外，叶片可供鲜食、

↑种名 *victoriae-reginae* 是英国植物学家 Thomas Moore 为纪念维多利亚女王而起的。笹之雪中文名沿用日本俗名。

炒食，花丝经烧烤或烹煮后亦可食用。播种及分株繁殖均可，但常见以分株为主，将基部较大的侧芽自母株上分离即可。

形态特征

　　笹之雪是多年生肉质叶的草本植物，茎不明显。三角形的肉质叶以莲座状排列丛生于短缩的茎干上，成株株径约 40 厘米；大型的栽培种叶片可达上百枚。叶缘无刺，生于叶片末端短而坚硬的刺呈黑色或灰黑色。叶背有突起；叶呈绿色，叶片上有特殊的不规则白色花纹；叶缘及叶背突起上有特殊的白色角质膜状物或丝状物。在台湾罕见开花，需栽培 2~30 年后才会达到开花的条件。花期为夏季；花序为松散的圆锥花序，长约 4 米；花浅绿色；开花后结果、产生种子，然后逐渐凋萎死亡。

↑丸叶笹之雪（*Agave victoriae-reginae* ssp. *swobodae*, *Agave victoriae-reginae* 'Compacta'）为叶末端较浑圆的栽培品种。

↑ *Agave victoriae-reginae* 'Super Wide'，特殊叶形的栽培品种。

↑ 笹之雪幼株时，叶末端的刺较为狭长。

变 种

Agave victoriae-reginae ssp. *victoriae-reginae* 'Aureo Marginata'
笹之雪黄覆轮

笹之雪黄覆轮又称笹之雪锦，为常见的锦斑变异品种，与笹之雪一样生长缓慢。栽培种学名以'Aureo Marginata' 统称这类具有黄色覆轮斑的品种。叶斑的特性让它们生长缓慢，栽培至成株更耗时。日本依叶斑颜色及表现方式细分成不同类型，如雪山、黄覆轮及辉山等栽培品系。它喜好稳定的光照条件，栽培在半日照处或提供适当遮阴，有利于株形及叶片的美观。易生侧芽，可用分株法繁殖。冬季低温期保持介质干燥可忍受 −4℃的低温。

↑ 雪山 'Yukiyama'，乳白色覆轮斑。

× *Mangave* 'Blood Spot'
血雨

繁　殖	分株

　　血雨为 *Agave macroacantha* 与 *Manfreda maculosa* 的属间杂交品种。人工栽培杂交选育而成的品种，学名以 × *Mangave* 表示。易生侧芽，常见以分株繁殖为主。不同的血雨杂交后，其后代有品种间的差异，叶片的斑点及外形表现不同。

↑在光线充足的环境下，紫色的叶斑表现良好。

形态特征

　　血雨兼具了亲本的特色，叶片上特殊的紫色斑点，源自 *Manfreda maculosa* 的叶色。与常见的龙舌兰相似，叶缘及叶末端均有刺。易生侧芽。

↑光线不足时叶形较狭长，叶斑表现不佳。

↑以侧芽分株的后代。

芦荟科
Aloaceae

芦荟科在植物分类中原为归类在百合科下的一属，但因百合科的物种数量太庞大，所以又自百合科中独立出来。近年来以基因亲缘关系的分类方式，被归类在独尾草科。台湾仍多沿袭旧有的分类，常以百合科或芦荟科来通称本科下的多肉植物。

芦荟科中，趣味栽培以芦荟属（*Aloe*）、厚舌草属（*Gasteria*）、鹰爪草属（*Haworthia*）三个属为主。其花朵、花序构造区分如下：

|芦荟属|
花瓣6枚，向下开放，花瓣不明显开放。开花当天6枚雄蕊会先成熟，释出花粉。开花后2～3天雌蕊成熟，柱头会升出花瓣外。花色以橘红色及黄色为主。

|厚舌草属|
开花方式与芦荟属一样，但花瓣基部会膨大，构造类似牛胃状。

|鹰爪草属|
部分硬叶系的品种花序分枝。花白色，花朵侧开，花瓣末端会向外卷曲。开花时花瓣微开张，不似百合花花瓣开放明显。

> **注　独尾草科** Asphodelaceae
> 独尾草科又称日光兰科、芦荟科或阿福花科，共计15属785种，主要分布在非洲、地中海沿岸和中亚地区。本科植物多为分布在南非的多肉植物。旧有的分类法将本科大部分的属归类在百合科内，1998年据基因亲缘关系分类的APG分类法将其单独列为一个科，属于天门冬目。

■芦荟属 *Aloe*

芦荟属植物主要分布在非洲，约300种，为叶肉质的多年生草本植物。芦荟是属名 *Aloe* 的译音；*Aloe* 源自希伯来语原文 halal，即苦味的意思。其中被人类使用最多、最广为人知、栽培最多的为唐芦荟（*Aloe vera*）。芦荟含有天然的抑菌成分，具有清洁伤口等功能，是居家必备的救伤用品，自古便有"急救之树""火伤之树"等称号，可用来治疗刀伤、烧伤、烫伤、冻伤、皮肤炎等。近年的研究指出，芦荟具有调节人体免疫力、排出毒素、促进细胞再生等功能，在欧美国家芦荟及相关产品十分流行。

外形特征

具短茎，但部分为分枝或呈树形。叶常绿，肉质、肥厚；叶缘有刺；叶色以灰绿色或草绿色为主，部分叶片上会有斑点或条状花纹。花期不定，常见夏、秋季开花。总状花序自叶丛中抽出，花梗长达60～90厘米，部分花序会分枝；花色为黄色、橙色、粉红色、红色等；花瓣6枚呈筒状，下垂开放，如授粉成功，果实会反转180°向上生长。果实为蒴果。品种间具差异。

成熟肥厚的叶可供食用

芦荟为多年生草本植物，兼具保健、医疗、观赏功能，因此广泛被人们传播种植，至今已遍布世界各地。芦荟原生于非洲，达300种之多，但其中可供食用的品种不多。台湾常见供食用及药用的芦荟以美国芦荟（*Aloe barbadensis*）、唐芦荟（*A. barbadensis* var. *chinensis /Aloe vera*）最多，主要产地在高屏地区及澎湖一带。

↑美国芦荟（*Aloe barbadensis*）近年引入台湾栽植，又称库拉索芦荟（curasao aloe）、翠叶芦荟。美国栽种最多。叶色灰绿，株形大，叶片宽厚，有较多的叶肉组织可供使用。花色鲜黄，花序会分枝。小苗也有斑点，但不似唐芦荟幼株明显。

↑唐芦荟（*A. barbadensis* var. *chinensis /Aloe vera*）在中国台湾常见居家栽培，又称中国芦荟、斑纹芦荟，为古代引入中国后产生的天然变种。幼株有明显斑纹，需栽植至成株才能食用；成株后叶片上的斑纹会消失。叶色翠绿，株形较美国芦荟小，花序不分枝，花色橘红。

芦荟食用部位以成熟的肥厚叶为主，叶表皮的绿色组织会分泌含有芦荟素及抗氧化剂的黄色黏液，具苦味，食用时未经适当处理或食用过量会产生轻泻症状。中央透明的叶肉由薄壁组织形成，具大量透明的胶状物质，富含多糖体、矿物质、氨基酸及维生素 A、维生素 B$_2$、维生素 C 等成分，使芦荟成为保健用品。

↑黄色黏液带有苦味，需清洗干净。

↑透明的叶肉组织内除水分外，含有大量多糖体等物质。

繁殖方式

分株法最快。常见的食用芦荟，幼株叶片上具有白色斑点时不可食用，需成长至叶上白斑消失后方可食用，栽培时间需 1 ～ 2 年。利用剔除侧芽的方式，节约母株养分，使植株苗壮，不让过多养分耗费在增生侧芽上。给予合理的肥培管理，施用含磷、钾高的肥料并提供高光照环境，均有助于植株生长。

观赏用芦荟的繁殖方式与食用芦荟一样，以分株法最为常见，示范如下：

Step1
待芦荟幼株成长至母株的 1/3 ～ 1/2 大小时，配合更新介质作业，自基部将侧芽从母株上分离。

Step2
分株后的小芽，静置半天至数天，待剥离的伤口干燥后再进行定植。

Step3
视植株大小，选择合适的盆器，将植株植入即可。分株后即定植的植株，可在定植后 2 ～ 3 天再浇水。

芦荟亦可使用播种法进行繁殖。除选购种子的方式外，可使用人工授粉的方式来取得种子，但芦荟多数具有自交不亲和的特性，即自身花朵的花粉无法达到授粉的目的，需以异株的花粉才能使其结果。若为了创造新品种或是选拔具有新颖外观的品种，可使用杂交育种的方式，但授粉成功的要件之一，是判定雌蕊已经成熟。当柱头外伸至花瓣外且分泌黏液时为最佳的授粉时机，可采摘当日开放且花粉充分释放的花朵，将花粉沾在成熟的柱头上即可。

Step1

多数芦荟自交不亲和，需以异株的花粉沾在成熟的雌蕊上（柱头伸出花朵外即表明成熟）。

Step2

如授粉成功，会结果荚。需45 ~ 60天成熟。

Step3

成熟的果荚开裂，果荚心皮接缝处转色时可采收。

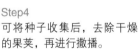

Step4

可将种子收集后，去除干燥的果荚，再进行撒播。

Step5

将种子平均撒播在干净的介质上，接着标注播种日期及品种，再以浸润介质的方式保湿即可。

Step6

种子的新鲜度会影响发芽的速率。新鲜种子播种后2 ~ 3周会发芽。上图为经3 ~ 5次移植，栽培1 ~ 2年后小苗的状况。

延伸阅读

http://kdais.coa.gov.tw/view.php?catid=1031

http://sacredvalleytribe.com/articles/alternative-medicine/aloe-arborescens-protocol/

http://www.llifle.com/Encyclopedia/SUCCULENTS/Family/Aloaceae/Aloe/

http://www.squidoo.com/AirCleaningPlants

http://made-in-afrika.com/aloes/Default.htm

http://www.succulent-plant.com/families/aloaceae.html

http://haworthia.jp/

Aloe aculeata
皮刺芦荟

英 文 名	red hot poker aloe
别 名	王刺锦芦荟
繁 殖	播种

　　皮刺芦荟原产自南非。本种常见生长在岩石、荒原及干旱的灌木丛地区。种名 *aculeata* 为刺（prickly）的意思，用来形容叶片的上、下表皮及叶缘都有刺的外观。本种不易增生侧芽，以种子繁殖为主。可选购种子以撒播方式繁殖。种子越新鲜发芽率越高，以春、夏季播种为好。

↑丛生的肉质叶，叶暗绿色至蓝绿色，叶基较宽，向上弯曲，状似碗。

形态特征

　　皮刺芦荟株高 30 ～ 60 厘米。茎不明显或是单干的短茎。叶片上、下表皮布有红褐色的三角状皮刺，皮刺颜色及数量多寡具有个体差异。总状花序，花为橙红色或黄红色，与火焰百合花色相似，英文名由此而来；植株初开花时花序可长达 1 米，如老株开花，花序会有分枝现象。花期集中于冬季。

生 长 型

　　皮刺芦荟适应性佳，为中大型种的芦荟，盆植应使用 24 厘米盆器栽培，不需每年换盆及换土。栽植时首重介质，以富含沙砾、排水性良好的介质为佳，在台湾栽培较粗放，可露天栽培。栽培时，半日照至全日照环境均可，但盛夏时仍需注意遮阴，避免晒伤。夏季生长期间应充分且定期给水。冬季则应保持干燥，尤其是温度低于 10℃时，应严格节水。

↑幼株时，播种的前 3 ～ 5 年叶片对生。

Aloe arborescens

木立芦荟

英 文 名	woody aloe, torch plant, octopus plant, candelabra plant, candelabra aloe, krantz aloe
别 名	章鱼芦荟、烛台芦荟、火炬芦荟
繁 殖	分株、扦插

木立芦荟原产自非洲东南部，如南非、马拉维及津巴布韦等地，在南非常作为绿篱栽培。种名 *arborescens*，字义为 tree-like（树木状的意思）。分枝性强，株高可达2～3米的树状芦荟，是少数可供食用及药用的芦荟之一。分株繁殖，或剪取侧枝，待伤口干燥后扦插繁殖。春、夏季为繁殖适期。

↑常见运用于景观布置上。花是极佳的蜜源，会吸引蝴蝶、蜜蜂及鸟类的造访。

形态特征

木立芦荟株高2～3米，环境适宜时最高可达5米。具直立、木质化的茎干，且易分枝。剑形、略弯曲的叶片有锯齿缘。叶肉质，叶色翠绿、略带灰蓝色。叶以旋转状分布，生长于枝条顶端。花期为冬季，红色及橙色的总状花序自枝条心部抽出开放。

生长型

木立芦荟栽培容易，对介质的适应性高，但栽种时仍需以排水性良好的介质为主。可使用适当大小的盆器，适当节水也能协助控制植株大小。除景观布置需求，居家栽培木立芦荟时，以盆植为佳。可耐5℃以下的低温。

↑略弯曲的剑形叶，叶色带一点灰蓝色调。

↑锯齿状的叶缘十分明显。

变 种

Aloe arborescens 'Variegata'

木立芦荟锦

　　木立芦荟锦又名淘金热，源自日本名，特别用来称呼木立芦荟的锦斑变种。庭园栽植时，若光线充足，锦斑表现佳。栽植处若光线过强或过于干旱，叶片易被晒伤或焦枯。

↑叶片上具有条带状的黄色斑纹。

↑光照不足时斑纹较少，或因返祖现象再产生全绿的植物个体。

67

Aloe aristata
绫锦

英 文 名	lace aloe, torch plant
别 名	波路、木锉芦荟、珍珠芦荟
繁 殖	分株、播种

绫锦原产自南非干旱区域。

形态特征

绫锦为小型种芦荟，株高 10 厘米左右。茎干不明显，与常见的芦荟外形不太相似，长三角形或披针形的叶扁平，密生于短缩的茎干上。浓绿色的叶片，叶缘有刺，叶片上着生白色突起或短棘。叶末端具有长须。花期为夏季，总状花序，不分枝。

生长型

绫锦栽培管理容易，适应性佳。与其他芦荟比较，绫锦耐阴性佳，可作为室内植物栽培。对光线不足及潮湿的忍受度较高，栽培时应放置于室内光线明亮处，在半日照至全日照环境下栽培较佳。夏季生长期间应定期充分给水，冬季休眠期间则不给水或减少浇水。

↑叶片末端具有长须，叶缘及叶脊上均布有白色棘状物。

↑叶面上具有白色斑点。

Aloe brevifolia
短叶芦荟

↑短叶芦荟灰白的叶色极为美观。

英 文 名	short leaf aloe, dwarf aloe
别 名	姬龙山
繁 殖	分株、播种

　　短叶芦荟原产自南非开普敦等地，原生地仅冬季及夏季有少许降雨，常见生长在岩屑地及土坡边缘。种名 *brevifolia*，意为短叶（short leaves），形容本种具有厚实短胖的叶片。在台湾全年均可进行分株繁殖。

形态特征

　　短叶芦荟株形紧密，茎干短而不明显。叶片丛生于短茎上，在冬季低温时，叶色会呈现粉红色。单株株径 8～10 厘米，丛生时株径可达 40 厘米左右。三角锥形的叶，长约 6 厘米，叶基约 2 厘米宽。叶色偏蓝绿色或银灰绿色，强日照下叶色会偏粉红色或紫色。叶缘有白色齿，叶脊上有纵向排列的白色棘状物。花期为春、夏季之间，总状花序长约 40 厘米，不分枝。

生 长 型

　　短叶芦荟除了居家盆植欣赏外，常用于景观布置，可作为良好的地被植物栽植。在光线充足的环境下，叶色变化十分丰富。栽植时可选择排水性良好或较干旱的环境。对环境的适应性佳，原本为海岸上的植物，可生长于碱性的土壤环境中。可忍受 −7～−4 ℃的低温。

↑叶脊上分布有白色棘状物。叶片上留有齿状叶缘的痕迹。

Aloe broomii

狮子锦

芦荟科

英 文 名	mountain aloe, snake aloe
繁　　殖	播种

　　狮子锦广泛分布于南非中部海拔1000～2000米的山区，常见生长在岩屑地的坡面上。当地年降水量为300～500毫米，集中在夏末或秋季。狮子锦是良好的蜜源植物，为原生地鸟类、昆虫提供食物。

↑具有质地较为坚硬的短棘状齿叶缘，叶背上分布有纵向排列的红褐色短棘。

形态特征

　　狮子锦幼株的短茎不明显，成株后具有木质化茎干，不易增生侧芽，为单干型的芦荟。橄榄绿色的叶片为长三角形，较为扁平，不具有叶脊，但叶背与叶缘具有红褐色或黑褐色短棘。总状花序合生，不分枝。花期时仅露出伸出花朵外的雄蕊与雌蕊的柱头，花瓣由绿色的长花萼包覆。

生 长 型

　　狮子锦在原生地仅降雨时生长。耐寒性、耐旱性佳。栽植时使用排水性良好的介质即可。

→为中大型种芦荟，地植时连同盛开的花序，株高可达 1.5 米左右。

Aloe deltoideodonta var. *candicans*

夏型种

美纹芦荟

繁　殖 | 分株

中文名源自台湾花市的俗称。原生在非洲马达加斯加岛中南部海拔600 ~ 800 米山区的岩石山坡上。种名 *deltoideodonta* 的英文词义为 triangular teeth，可译为"三角形的牙齿"，用来形容本种芦荟叶缘上刺的形状。变种名 *candicans*，意为变白，形容本种芦荟是白色叶缘的变种。易生侧芽，以分株方式繁殖。

↑叶色翠绿，有玉的通透和圆润质地，十分适合居家栽培。

形态特征

美纹芦荟为中小型种，成株最大时株高约 25 厘米，株径 40 厘米。茎不明显或具短茎，易生侧芽，常见呈丛生的姿态生长。叶基部宽约 6 厘米，长 24 ~ 32 厘米。叶呈青绿色或草绿色；叶片光滑，具有明显的暗绿色平行脉纹，原种具有草绿色的叶缘；本种为白色叶缘的变种，短锯齿叶缘较不明显。花期为夏季，总状花序，不分枝。

生长型

美纹芦荟栽培管理容易，易生侧芽。栽植时应注意介质的排水性，光线不足易徒长。可利用盆器大小限制植株的大小。栽培介质以排水性、透气性佳者为主。

→叶片具白色叶缘，叶面上有深绿色的纵向纹路，叶片朝内且向上生长。

Aloe descoingsii
第可芦荟

| 繁　　殖 | 分株 |

第可芦荟原产自非洲马达加斯加岛西南部的低海拔地区，常见生长于岩屑地及石灰岩岩缝中。芦荟属中最小型的芦荟，株径约 5 厘米，可成为选育小型杂交种芦荟的亲本。台湾花市常见的拍拍芦荟（*Aloe* 'Pepe'），本种即为其亲本之一。可自丛生的植群中分株繁殖。

↑具细小的白色齿状叶缘，深绿色至橄榄绿色的叶色与白斑对比明显。

形态特征

第可芦荟无明显的茎，易丛生成群生姿态。叶苍绿色至暗灰绿色，8 ~ 10 枚，叶短、质地坚硬，呈莲座状，往内蜷缩，叶片表面粗糙，具白色斑纹及白色齿缘。总状花序，花茎细，8 ~ 12 厘米长，花呈橙黄色。花期集中于冬、春季。

生长型

第可芦荟生长较缓慢，但植株强健，可栽培于半日照至光线明亮处，栽植时选择排水性佳的介质。夏季可定期稳定地供给水分，有利于生长。冬季休眠时，可减少浇水次数。

→生长缓慢，叶片上的白色斑点上着生有突起物。

Aloe dichotoma
皇玺锦

英 文 名	quiver tree
别 名	二歧芦荟
繁 殖	播种

皇玺锦的名称沿用日本俗名，英文名直译为"箭袋树"。种名 *dichotoma*，词意形容本种芦荟具有二叉分枝的现象。原产自南非北部及纳米比亚一带，常生长于沙漠或半干旱的岩石地区。为少数的巨大树形芦荟，原生地生存 80 ~ 90 年或上百年的皇玺锦，株高可达 7 ~ 9 米，所形成的森林景观成为当地重要的地景及地标。因当地布希曼人将皇玺锦的树干挖空，制成箭筒，故其又名"箭筒芦荟"或"箭袋树"。新生幼嫩的花序外观与芦笋相似，据说可食用且风味与芦笋类似。秋季为播种适期。

↑叶片具有黄色的短棘状叶缘。

形态特征

皇玺锦的茎干木质化，但生长缓慢。灰绿色的叶片光滑，密布白色粉末，用来反射过强的光线。叶片具有黄色的短棘状叶缘，螺旋状生长在枝条的顶端。花期为冬季，通常播种后，需 2 ~ 30 年才会开花。总状花序，会分枝；黄色的花序会开放在枝条顶端。

生 长 型

皇玺锦栽培并不困难，生长缓慢，性耐旱，可忍受长期不浇水。栽培时可在介质中混入岩屑或砾石，以增加介质的透气性及排水性，避免不恰当的浇水所造成的危害。

→叶片基部抱合着生于质地坚硬的茎干上。

Aloe erinacea
黑魔殿

异　　名	*Aloe melanacantha* var. *erinacea*
繁　　殖	播种

黑魔殿原产自南非、纳米比亚，分布于海拔 900 ~ 1350 米的地区，常见生长于非常干旱的岩屑及沙土地区。生长缓慢，具有夸张而美丽的长棘状叶缘。植株强健，可以忍受长期的干旱。不易产生侧芽，仅能以播种方式进行繁殖。选购种子后，于秋、冬季节播种。播种期间，应适时使用杀菌剂，防止幼苗受真菌的感染造成损失。

↑叶缘及叶脊均着生白色长棘状附属物，棘状物末端色黑。

形态特征

黑魔殿幼株茎不明显，成株后会具有木质化的短茎干。成株株高 50 ~ 60 厘米。叶片以灰绿色或蓝绿色为主，在全日照下叶色会偏红褐色。叶末端稍向内弯，叶形窄、狭长，呈长披针三角形，具有叶脊，叶向内弯曲。叶缘及叶脊上，排列着生质地坚硬的长棘状附属物，长棘基部色白，末端色黑。花期为夏季，总状花序较短，不分枝。筒状花红黄色。幼年期长，不易开花，实生株自播种至成株、开花需 25 年以上的时间。

生 长 型

黑魔殿为少数冬型种的芦荟品种。与其他芦荟一起栽培时，应注意调整管理方式。夏季休眠时生长缓慢，不需浇水；冬季生长期时再适量给水。

→黑魔殿仅能以种子播种繁殖，且小苗生长缓慢。

Aloe haworthioides
毛兰

别　名	羽生锦、琉璃姬孔雀
繁　殖	分株

　　毛兰为非洲马达加斯加岛中部山区的特有种。常生长在含石英岩的缝隙中，与地衣及苔藓混生，生长在地衣及苔藓形成的少量有机质中。种名 *haworthioides* 为与鹰爪草属（*Haworthia*）相似之意。繁殖以分株为主，可自丛生的植群上分离适当大小的侧芽，待伤口干燥后再定植于盆器中。

↑叶片上的毛状附属物十分有趣，与一些软叶系鹰爪草属植物（如水牡丹等）相似。

形态特征

　　毛兰为小型种、丛生、肉质叶的草本多肉植物。单株株径 3 ～ 5 厘米。茎干不明显，易丛生侧芽。叶长约 4 厘米，叶呈墨绿色近乎黑色，叶末端及叶片上均为白色，具毛棘状附属物。花期为秋、冬季之间，橘红色的小花，花瓣略呈筒状，具有香气。花梗纤细，总状花序，不分枝。

生长型

　　毛兰具有毛茸茸的外观，盆植时十分好看。适应性强，栽培管理容易。光线充足时株形更小，叶色浓绿；光线不足时易徒长。当植株徒长、枯黄老叶未清除干净，再加上浇水管理不当时易发生烂根。耐干旱，不需经常给水。

↑光线充足时，植株矮小，株形致密；光线不充足时本种可耐阴，但植株易因徒长而变形。

Aloe haworthioides 'KJ's hyb.'

毛兰杂交栽培种 *Aloe haworthioides* 'KJ's hyb.'，是以毛兰为母本杂交选育的后代，叶形及叶色都近似于母本，叶片上有长棘状的附属物。

↑图为栽植在 15 厘米盆中的毛兰杂交种，保留了毛兰易生侧芽的特色。

↑图为栽植在 6 厘米盆中的毛兰杂交种，侧芽不多，但父本为大型的雪白芦荟，因此株形开张，叶色较浅。

Aloe 'Pepe'
拍拍芦荟

拍拍芦荟为花市常见的观赏型芦荟，株形小，叶呈深绿色，叶序排列紧致。易自基部增生侧芽，常见丛生姿态。栽培管理不难，适合初次栽培芦荟的朋友。

拍拍芦荟〔*Aloe* 'Pepe'（*Aloe descoingsii* × *Aloe haworthioides*）〕以小型的第可芦荟为母本、毛兰为父本进行杂交育种，保留了亲本的特性，株形保有母本的特色，而深绿色的叶片及带有的短棘状的附属物则与父本相似。

↑近看拍拍芦荟，外观综合了第可芦荟与毛兰的特征。

■ 厚舌草属 *Gasteria*

厚舌草属多肉植物原产自南非开普敦一带，常见分布在干旱的灌木丛间、岩屑地或石头缝隙间。又名鲨鱼掌属或脂麻掌属，属名 *Gasteria* 的拉丁学名字根源自希腊文 gaster，英文词意为 stomach，为胃的意思，形容本属多肉植物花形与哺乳动物的胃相似。厚舌草属内原生种不多，有 16～20 种。

外形特征

厚舌草属多肉植物茎不明显，基部会产生侧芽。墨绿色的叶片，叶形多样化，有宽带状、舌状、匙状及略呈三角形的肉质叶；叶长变化大，3～30 厘米都有。单叶互生，叶序呈两列或呈莲座状排列。

↑卧牛的株形及叶姿为人们主要鉴赏的地方。株形端正，叶子短厚，叶表上的颗粒及疣状突起多，为优良个体。

厚舌草属多肉植物叶表粗糙、具蜡质，常有白色点状突起。叶质地硬、脆，叶缘光滑，叶末端圆形或急尖。花期集中在冬、春季或春、夏季之间，总状花序自顶部附近的叶腋中抽出，花瓣合生成筒状或管状，花筒处基部膨大，先端则窄缩，状似胃。花色以粉红色至橙红色为主，花瓣末端绿色。花朵向下开放，经授粉后子房膨大，原向下开放的花朵会向上挺 180°，结出蒴果。果实 5～8 周间会开裂成熟。黑色种子四周具翅或薄膜，借风力传播。花朵可以生食或炖煮后食用。

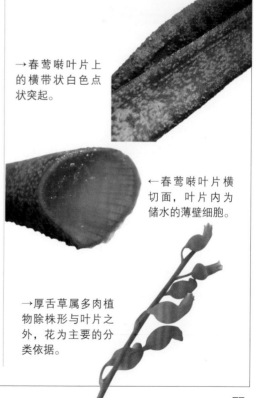

→春莺啭叶片上的横带状白色点状突起。

←春莺啭叶片横切面，叶片内为储水的薄壁细胞。

→厚舌草属多肉植物除株形与叶片之外，花为主要的分类依据。

繁殖方式

　　厚舌草属多肉植物易自基部发生侧芽，待侧芽较大时，将其自母株上分离下来分株繁殖，最为简便。卧牛定期换盆时，为维持较美的株形，可去除部分下位的成熟叶，但叶片应带有白色的叶基部分，待伤口干燥后，平放于介质上，以叶插的方式进行繁殖。

　　叶插的繁殖速度需视品种及所取下位叶的健康状况而定，越健康的叶片，自叶基白色部分出芽的概率就越高，时间也较快。大量繁殖时，可切取顶芽，去除植株上半部，诱使叶序的每个叶基处产生侧芽，待侧芽够强壮后，再以分株方式大量繁殖。

↑卧牛易自基部产生侧芽，自基部分离较大的个体，以分株方式繁殖。

↑去除顶芽后，促进下半部叶片间的侧芽大量发生。待侧芽够大后，再自母体上分离。

↑剥除下来的老叶，轻轻放置于介质上，可于叶基部产生叶插苗。

　　以育种为目的，可选取优良的父、母本，授粉后，果荚开裂成熟后再播种。播种法可得到大量小苗，但小苗生长缓慢，幼年期较长，无法在幼苗期筛选出优良性状的后代，常需要经过 3 ～ 5 年的栽培，才能在后代中挑选出个人喜好的株形。

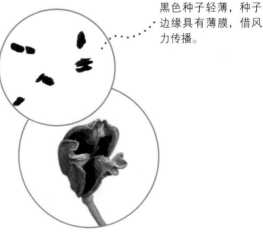

黑色种子轻薄，种子边缘具有薄膜，借风力传播。

Step1
种荚经授粉后约 6 ～ 8 周会成熟开裂，如过慢采收，种子会随风飘散。

Step2
以撒播为主，不必覆土。播种 1 ~ 2 周
后会发芽。图为播种后 1 年的幼苗。

Step3
卧牛幼苗生长期长，外观相似。播种 3 年后
后代才开始出现特征。

生长型

　　厚舌草属多肉植物为冬型种，盛夏时生长缓慢或进入休眠期。厚舌草属多肉植物对光线的忍受度很高，是少数可以室内栽植的多肉植物。但居家栽培时仍以光线充足为佳，较有利于生长；光线充足时株形紧致，叶片的花纹和质地会较鲜明和具光泽。水分管理较为粗放，介质干了再给水即可，有时若不经意忽略给水，植物也能长期忍受干旱。

　　植株强健，病虫害也不多，虫害以介壳虫较为多见，多半发生在抵抗力较弱的病株或不良株上。若长期不更新介质或植株较弱时，其叶片上常出现莫名的黑色斑点，可能是菌类入侵叶片，自体免疫形成的斑块（酚类物质累积以阻绝细菌入侵）。只要定期换盆，让植株具有良好的根系及健康的状态，厚舌草属多肉植物可以苗壮成长，一点也不怕病虫害。

延伸阅读

http://www.cactus-art.biz/schede/GASTERIA/photo_gallery_gasteria.htm
http://www.succulent-plant.com/families/aloaceae/gasteria.html
http://www.weblio.jp/content/%E6%98%A5%E9%B6%AF%E5%9B%80
http://www.plantzafrica.com/plantefg/gasteriacarinata.htm
http://www.desert-tropicals.com/Plants/Asphodelaceae/Gasteria.html
http://davesgarden.com/guides/articles/view/2915/
http://www.plantzafrica.com/plantefg/gasteriaexcelsa.htm
http://www.plantzafrica.com/plantefg/gasterbates.htm
http://www.plantzafrica.com/plantefg/gasterpill.htm
http://www.plantzafrica.com/plantefg/gasteriarawlin.htm

冬型种

Gasteria 'Black Boy'
黑童子

别　　名	黑童
繁　　殖	分株

　　黑童子为杂交选育的品种，在花市中常见。植株强健，繁殖力旺盛，为初学者栽培厚舌草属多肉植物的入门品种。

形态特征

　　黑童子叶片厚实饱满，具有叶棱。叶色偏墨绿色，近乎黑色或灰绿色。叶互生，叶序呈莲座状排列。叶末端具有白色斑点。易生侧芽，常见呈丛生姿态。花期不明显。

　　栽培时应定期更换介质，一般如未定期更换介质，叶片上会出现不明的黑色斑点。繁殖以分株为主。

↑黑童子为厚舌草属中叶色灰绿或近乎墨色的杂交品种。

→叶末端叶棱明显，并有白色斑纹。

Gasteria armstrongii
卧牛

异　　名	*gasteria nitida* var. *armstrongii*
英文名	cow tongue
繁　　殖	分株、叶插、播种

　　卧牛分布在南非，常见生长在富含砾石或石英的岩屑地中，生长地多样化，干旱灌木丛下方的岩石缝隙间也有，植株会半埋在地表中。中文名沿用日本俗名，株形像是横卧睡着的牛，叶形则状似牛舌。为厚舌草属中园艺杂交及选拔品系最多的一种。

↑卧牛两列互生的叶片，叶表面有颗粒及疣状物。

形态特征

　　卧牛为多年生肉质草本植物。茎不明显，植株矮小，短、肥、厚的墨绿色叶片平展，两侧交叠互生，叶序呈两列互生。叶末端急尖。叶片中肋处有 V 形或U形凹陷。叶片上常有颗粒或疣状物。花期为春、夏季。花橘红色。

←较偏原种的卧牛，叶形长、叶片较薄。

↑伊丹猛虎，叶片具有棱的品种。

←亦有叶片上布满白色颗粒斑点的个体。

Gasteria batesiana
春莺啭

英 文 名	cow tongue, knoppies-beestong
繁 殖	分株、叶插、播种

春莺啭分布于南非东北部地区，如图盖拉流域及象河流域。常见生长在海拔 500 ~ 700 米的山区，原生在南面的河岸岩石缝隙间。中文名沿用日本俗名。春莺啭原为中国唐朝的一种乐曲或舞蹈。

↑栽植于光线充足处，株形紧致，叶身较短。

形态特征

春莺啭茎不明显，株高约 10 厘米，株径则视光线充足与否而有不同，在光线不足或较阴暗的环境下，株径最大可达 30 厘米。深绿色、长披针形的叶具有叶棱，叶末端尖。叶片上具有横带状的白色点状突起。易生侧芽，常呈群生姿态。花期为冬、春季，花色略带粉红色。

变 种

Gasteria batesiana 'Barberton'
黑春莺啭

黑春莺啭别名黑莺啭，特指分布在南非姆普马兰加省巴伯顿境内的春莺啭的变种。栽培在光线充足的环境下，叶身较短，叶形为三角形，叶幅较宽。叶近乎黑色，叶片粗糙，颗粒突起明显。叶片上不具有横带状的白色斑点。繁殖方式为叶插、分株。

→原产自南非姆普马兰加省巴伯顿境内的春莺啭变种。叶色黑，不具有横带状白色斑点。

冬型种

Gasteria caespitosa
姬墨鉾

异　　名	*Gasteria bicolor* var. *bicolor*
英 文 名	lawyer's tongue
繁　　殖	分株

　　姬墨鉾的中文名沿用日本俗名。常呈丛生状，叶片有飘逸的姿态。

形态特征

　　姬墨鉾的茎短且不明显，植株高10～30厘米。叶片较挺立，不伏贴地表而生。叶长披针形，质地薄，具光泽。长形的叶片会扭转，叶末端尖。叶表具有白色斑点。花期为冬、春季。

↑易生侧芽，姬墨鉾常呈丛生状。

冬型种

Gasteria carinata var. *verrucosa*
白星龙

异　　名	*Gasteria verrucosa*
别　　名	鲨鱼掌
繁　　殖	分株

　　Gasteria carinata 形态变化多。白星龙特指叶片上有大量白色点状突起的变种。

形态特征

　　白星龙为中型种，茎短且不明显。叶长三角形，具有叶棱。叶片上具有大量白色的点状突起或疣状突起。易生侧芽，常见呈丛生状。花期为冬、春季。

↑叶片上满布白色斑点，极为特殊。成株后，互生的叶片开始旋转生长。

Gasteria excelsa

赤不动

英 文 名	thicket ox-tongue
繁 殖	叶插

　　赤不动广泛分布于南非东部地区。常见生长于灌木丛下方或崖壁上。为中大型种的厚舌草属多肉植物。成株的株径在 60 厘米以上。

↑光线充足时，叶姿及株形较紧致，叶片上具有棱线。

形态特征

　　赤不动叶片质地坚硬，叶棱明显，叶横切面呈三角形。幼株叶片上斑点明显，成株叶片上的斑点不明显或仅局部分布。互生的叶序，幼苗呈二列；成株后叶序则呈莲座状排列。老叶常呈红褐色。花期为冬、春季，花略带粉红色。

←赤不动为中大型种的厚舌草属多肉植物，株径可达60 厘米以上。

Gasteria glomerata
白雪姬

英 文 名	Kouga gasteria
别 名	白肌卧牛
繁 殖	分株

芦荟科

白雪姬原产自南非东部地区，在原生地为濒临绝种的植物，仅分布在考哈河流域及考哈河水坝附近。栽培容易，喜好生长在全日照或光线充足的环境中；如光线不足仍能生长，但叶片较为狭长，叶色偏绿。

↑原产自南非境内考哈河流域的厚舌草属多肉植物，为叶色灰白的中小型种，叶片中肋处内凹。

形态特征

白雪姬为小型种，株形紧密，易生侧芽，常呈丛生姿态。叶片饱满圆润，叶末端急尖，叶灰绿色或灰白色。花期为冬、春季。

↑原种白雪姬，株形较小，易生侧芽。

↑选拔后的白雪姬栽培种。株形大，叶片更加肥厚圆润。

85

Gasteria gracilis
虎之卷

别　　名	虎纹厚舌草
繁　　殖	分株

　　虎之卷的中文名沿用日本俗名。虎之卷有许多变种及栽培种。本种易生侧芽，为花市常见的品种。

形态特征

　　虎之卷为中小型种。叶表面具有浅绿色的斑点。叶片互生，呈二列，叶片朝上生长，与卧牛叶片平展的姿态极为不同。

↑虎之卷叶片上有浅绿色斑点，亦有颗粒状叶缘。

↑虎之卷亦常出现锦斑的个体。

Gasteria gracilis 'Albovariegata'
矶松锦

矶松锦为虎之卷的白斑变异品种。叶片上具有颗粒状突起。

Point

纵带状的白色花纹上有颗粒状突起。

↑叶片上除浅绿色斑点外，具白色的纵带状花纹。

Gasteria gracilis var. minima 'Variegata'
子宝锦

子宝与虎之卷外观相似，与虎之卷拥有同一个学名，但子宝为虎之卷的小型变种，子宝锦则为锦斑变种，仅株形较小。子宝易生侧芽，常见以群生姿态出现。子宝与子宝锦常混生，当植群够大时，偶有 1 ~ 2 株的芽体会变大，外观与虎之卷十分相似。繁殖以分株为主。

↑子宝锦形态与虎之卷相似，十分容易产生侧芽。

Gasteria 'Fuji-Kodakara'
富士子宝

富士子宝应为虎之卷的黄色锦斑变异品种。因锦斑变异，小苗生长缓慢，常见维持在幼株的形态。但若栽培时间及管理恰当，仍能养至成株。

→富士子宝为子宝常见的锦斑变种之一。

Gasteria 'Misuzunofuji'

美铃富士子宝

美铃富士子宝为子宝的白色锦斑变异的选拔栽培品种。

→群生的美铃富士子宝，生长相当缓慢。

Gasteria 'Sakura Fuji'

樱富士子宝

樱富士子宝为子宝的白色锦斑变异的选拔品种。于冬季低温期时，若光照充足，白色的部分会变成粉红色，相当美观。

←于冬季低温期时，若光线充足，白色锦斑处会转为粉红色。

Gasteria 'Zouge-Kodakara'

象牙子宝

象牙子宝与富士子宝相似，但成株后株形不会变大。为子宝的黄色锦斑变异品种。

→象牙子宝与其他子宝的锦斑变异栽培品种一样，生长相当缓慢。

冬型种

Gasteria pillansii
比兰西卧牛

繁　殖	分株、叶插

比兰西卧牛原产自南非开普敦北部地区及纳米比亚，原生地为典型的冬季降雨环境，常见生长在干燥的灌木丛下方或面北的区域。冬季生长型，夏季休眠期间需限水，保持介质干燥，并移至阴凉处协助越夏。比兰西卧牛中另有选拔出的栽培种，如恐龙卧牛及爱勒巨象等。比兰西卧牛的特色是叶插易生小苗。

↑比兰西卧牛叶形较为狭长，叶片平展但不平贴。

形态特征

比兰西卧牛为中大型种，外观与卧牛相似。叶序两列互生，叶片长度最大可达 20 厘米，叶宽最大可达 5 厘米。叶末端较圆，叶缘具有连续的白色点状突起物。花期为冬、春季，成株时每株可抽出 1 ～ 3 枝花序。

↑比兰西卧牛锦，为锦斑变异品种。

←比兰西卧牛具有椭圆形的长叶，对生的叶序平展。

冬型种

Gasteria pillansii 'Kyoryu'
恐龙卧牛

异　　名	*Gasteria* 'Kyoryu'
繁　　殖	叶插、分株

↑叶末端向内凹陷，叶缘一样保留比兰西卧牛的特点，具有白色点状突起物。

　　恐龙卧牛应为日本园艺选拔出的品种。学名 *Gasteria pillansii* 'Kyoryu' 可能起源于比兰西卧牛中选拔出的特殊叶形个体；异名 *Gasteria* 'Kyoryu'（ *G. excelsa* × *disticha, G. excelsa* × *pillansii* ）表示恐龙卧牛可能为赤不动与 *Gasteria disticha* 或与比兰西卧牛的杂交品种。

形态特征

　　恐龙卧牛最大的特征是叶片末端内凹，成株后叶片具有波浪状缘。

↑恐龙卧牛叶插苗。

↑恐龙卧牛为比兰西卧牛特殊叶形的选拔品种或杂交栽培种。

冬型种

Gasteria rawlinsonii

英 文 名	cliff gasteria, kransbeestong
繁　　殖	播种、扦插

种名 *rawlinsonii* 由南非著名的收藏家 Mr. I. Rawlinson 命名。原产自南非开普敦东部的 Baviaanskloof 和 Kouga 山区，生长在海拔 300 ~ 700 米面南的悬崖上，因茎部伸长的特性，植群悬挂在岩壁上。本种耐旱性强，生长缓慢，不喜好全日照环境。繁殖以播种及扦插为主，可取茎顶 5 ~ 8 厘米长度的枝条，扦插于干净介质中繁殖。

↑ 具微锯齿叶缘。厚舌草属中，*Gasteria rawlinsonii* 是茎部明显、茎会抽高生长的品种。

形态特征

　　本种茎部明显，会抽长，植群会平贴地面或下垂生长。浅绿色的叶片较其他厚舌草属多肉植物窄，叶形较长，呈两列互生，因株龄不定，成株后叶序会呈螺旋状排列。

→ 栽培近 8 年的成株，开花后于花梗基部产生花梗苗。

■鹰爪草属 *Haworthia*

　　鹰爪草属亦称瓦苇属、十二卷属、霍沃属等。属名 *Haworthia* 是为纪念英国植物学家 Adrian Hardy Haworth 先生（1761—1833）而来的。本属为多年生小型草本多肉植物，对光线的适应性强，耐阴性较佳。肉质叶依莲座状排列成叶序，株径由 2～3 厘米到 10 多厘米不等。

　　不同品种间可进行杂交育种，产生许多新颖的品种。本属多肉植物品种多样化，广受多肉植物栽培者关注。

↑以玉扇为例，将其纵切后进行观察。右图可看见短缩的茎呈现基盘状，于茎节上对生肉质叶，叶片上、下表皮为深绿色。

→透过光检视，叶肉由排列整齐的薄壁组织构成，主要用来储存大量的水分及植物体所需的养分。

外形特征

　　依叶片质地的软硬，分为软叶系和硬叶系两大类。

一、软叶系鹰爪草属多肉植物

　　叶片末端具有窗（window）的构造。在原生地，本属多肉植物多半会半埋入地表下，减少生长地干旱及烈日造成的危害，再让透明或半透明的叶表平贴或露于地表上，使光线经过肉质的叶肉组织折射后，进入叶片内部进行光合作用。常见的有玉露、宝草、寿及水牡丹等。

　　依其株形及叶形等外部形态，简单将软叶系鹰爪草属多肉植物分为下列六大类：

毛叶类

叶末端透明，叶尖及叶缘具有毫毛状或短棘状的附属物。

玉露类

叶先端钝，呈螺旋状排列。叶末端透明，具叶窗结构。叶窗具绿色条纹。

宝草类

叶具有齿状叶缘，呈三角形或船形。叶末端稍隆起，仅叶尖或叶末端透明。叶表具纹理。

万象类

短圆柱状截形叶片，叶对生。叶末端具叶窗，质地较厚。

寿类

叶具有齿状叶缘；叶末端有三角形或拇指状的叶窗构造，叶窗具有纹理。

玉扇类

扁平的截形叶片，叶对生。叶末端具叶窗，质地较厚。

二、硬叶系鹰爪草属多肉植物

叶片质地坚硬，外观状似撷取的鹰爪，叶末端尖硬，略呈硬棘状，叶色浓绿，叶表上常有带状或颗粒状突起等。硬叶系多肉植物中还包含特殊截形叶的种类，在叶片末端形成窗结构以适应原生地的环境。这类植物在生长地为避免不良环境的危害，如烈日及干旱的生长环境，除生长在灌木丛或枯草下方的之外，植株常呈蜷缩状以减少水分散失，或呈红褐色外观来减少光线的危害。

依株形、叶形等外部形态，硬叶系鹰爪草属多肉植物可分为下列四大类：

十二卷类
丛生状叶序开张。茎不明显。叶轮状丛生，叶上有斑点状及横带状白斑。

鹰爪类
茎明显向上延伸。叶螺旋状排列向上，生长成塔形。叶片上具白色斑点，易生侧芽，呈丛生状。

龙鳞类
叶面透明、具网状纹，叶缘向叶面内卷，具硬质齿状缘。

琉璃殿类
叶片螺旋状生长，叶面具凸起横线，不具有斑点。

繁殖方式

　　为进行杂交育种，选育新品种时可使用播种方式。其他无性繁殖法常用的有分株、叶插或根插等。

常见以胴切去除顶部生长点，破坏顶芽优势后，刺激大量侧芽发生，再将侧芽自母株上分离进行大量繁殖。

去除心部
将绿玉扇锦自基部上方 2～3 对叶片处，使用渔线缠勒的方式分开或使用刀片切开，在伤口处涂抹杀菌剂或待伤口干燥。

心部扦插
分离后的心部带 2～3 对叶为佳，扦插于干净的介质中，3～4 周后可发根，自成一株。

使用干净的刀具，自侧芽基部切下来，放于阴凉处，待伤口干燥后定植。

侧芽发生
去除心部后，短缩茎节上或叶片下方会发生大量侧芽，经数月栽培，待侧芽茁壮后，再自母株上分离。

生长型

鹰爪草属多肉植物多为冬型
种，喜好在冷凉季节生长，在台湾
冬、春季为主要生长季节。除使用
排水性良好的栽培介质外，生长季
节可充分给水促进生长。休眠期间
可节水或保持介质干燥，建议加挂
50％遮阳网或移至稍遮阴处，避免
夏季过强的光线危害。待秋凉后或
夜温降低时，再恢复正常的给水以
利于生长。

花梗上产生
的不定芽

部分鹰爪草属多肉植物的花序
上易发生花梗芽，可将成熟的
不定芽切取下来以定植的方式
繁殖。

栽培环境示意图

延伸阅读

http://www.cactus-art.biz/index.htm

http://haworthia-gasteria.blogspot.tw/

http://www.haworthia.org.uk/Haworthia/

http://www.theplantlist.org/tpl/record/kew-277104

http://davesgarden.com/guides/pf/go/94105/

http://blogs.yahoo.co.jp/succulent_tillandsia/68105643.html

http://www.haworthia.me/

http://ucbgdev.berkeley.edu/SOM/SOM-haworthia.shtml

http://www.haworthia.net/Tentative%20list.pdf

http://haworthiaupdates.org/chapter-3-where-to-h-limifolia-3/

冬型种

Haworthia arachnoidea

蛛丝牡丹

别　名	水牡丹、丝牡丹、大牡丹
繁　殖	播种

　　蛛丝牡丹原产自南非开普敦西部地区，常生长在南侧缓坡的灌木丛下方及岩石的缝隙间。本种有不少变种。水牡丹泛指蛛丝牡丹及曲水之宴两种。种名 *arachnoidea* 中文意思为蜘蛛状的，沿用中国俗名蛛丝牡丹统称为 *Haworthia arachnoidea* 较为贴切。植株外观与曲水之宴极为相似。因分布广泛，不同区域的个体具有差异。繁殖以播种为主，如有增生侧芽，则以分株方式繁殖。

↑株形较大，株径可达 18 厘米左右。叶片较开张，不会包覆呈丸状或球状。叶缘及叶脊上白色缘刺较短、分布稀疏，叶片向内卷曲的程度较低。

形态特征

　　蛛丝牡丹茎不明显，单株由多数披针形叶片组成。叶片较厚，株形较为开张；休眠期或较为干旱时，叶末端会以干枯的方式减少强光的伤害。不易增生侧芽。叶绿色至深绿色，叶片上不具有窗构造或透明的组织不明显。叶缘及叶脊上着生透明的毛状软刺。单株直径可达 18 厘米。花期为冬、春季，花序长 15 ～ 30 厘米，不分枝。

生长型

　　本种可栽培在光线明亮至半遮阴处。秋、冬季生长期时，可以定期充分浇水。夏季休眠期则应节水并移至遮阴通风处，以利于越夏。

芦荟科

Haworthia arachnoidea var. *setata*

毛牡丹

异　名 | *Haworthia gigas*

中文名称为毛牡丹或僧衣绘卷。茎不明显。植株由深绿色的叶丛组成。叶缘及叶脊上具有质地较坚硬、似鬃毛状的白色棘刺。株径可达10厘米以上。

↑毛牡丹与曲水之泉外观相近，但叶缘上的白色棘状物较粗壮、直立。

↑曲水之泉（*Haworthia bolusii* var. *aranea*）叶缘上则为毛状缘刺。

↑曲水之宴（*Haworthia bolusii*）株形较小，株径约10厘米。叶形紧密，叶序会包覆成丸状或球状。叶缘及叶脊上的白色缘刺较长且分布浓密，其卷曲程度较高。

Haworthia bolusii
曲水之宴

异 名	*Haworthia arachnoidea* var. *bolusii*
别 名	水牡丹
繁 殖	播种

曲水之宴的中文名沿用日本名。原产自南非赫拉夫 – 里内特（Graaff-Reinet）境内的山丘附近，常见生长在灌木丛及草丛下方。外观与蛛丝牡丹相似。种名 *bolusii* 为丸状的意思，用来形容本种叶片包覆呈丸状的株形。异名中亦有将曲水之宴归为 *Haworthia arachnoidea* 之下的变种的情形。不易增生侧芽，繁殖以播种为主。

芦荟科

↑茎不明显，由多数的浅绿色披针形叶组成。

形态特征

曲水之宴叶片较薄，叶缘及叶脊上有较长的白色缘刺，白色的缘刺长且细密，看似满布全株。本种利用这些白色缘刺反射过强的光线，以保护植株免受强光伤害。花期为冬、春季，花序长 15 ~ 30 厘米，不分枝。

生 长 型

曲水之宴栽培管理与蛛丝牡丹相似，栽培时放置在光线明亮至遮阴处为宜。另外，本种根系较为薄弱，应注意栽培介质的透气性及排水性。冬、春季生长期间，应待夜温确实下降后，再开始浇水，可减少根系的损坏。

→叶片上的白色缘刺满布全株，看起来像是长满了白色卷发的样子。

Haworthia bolusii var. *aranea*
曲水之泉

异　名 | *Haworthia arachnoidea* var. *aranea*

　　曲水之泉的中文名沿用日本名，又名神瑞殿，亦有学者认为本种为蛛丝牡丹的变种。叶片披针形，深绿色，叶缘及叶脊上着生极细致的毛状缘刺。为曲水之宴的一个变种。

Haworthia bolusii var. *semiviva*
曲水之扇

异　名 | *Haworthia semiviva*

　　曲水之扇的中文名沿用日本名。种名或变种名 *semiviva* 在拉丁文中，semi 为一半的意思，viva 有活生生、活的意思，用来形容本种叶片中近一半干枯的特征。本种叶片最薄，呈广披针形，叶片基部较宽，叶末端近 1/3 的部分常呈现干枯状态，与其他曲水之宴品种仅叶末端尾尖处干枯不同。

栽培种

Haworthia hyb.
厚叶曲水之宴

异　名 | *Haworthia bolusii* hyb.

　　厚叶曲水之宴极可能是人为选育的品种，在台湾花市中常见。本种易生侧芽，栽培容易。叶形特殊，叶基部较宽，叶末端尖。叶末端常呈红褐色。叶缘及叶脊上具有细、密、短的半透明缘刺。

Haworthia herbacea
天草

别 名	姬绫锦、雷光龙
繁 殖	分株

天草原产自南非东南部地区。易生侧芽，繁殖以分株为主，秋凉后为分株适期。

形态特征

天草为小型种，茎不明显，株形紧致。不同产地的植株形态差异很大，株径3～8厘米。易生侧芽，常见呈群生姿态。黄绿色、三角形的细长叶，长2～3厘米。没有明显的叶窗，叶面上有多数的白色斑点，叶缘及叶脊上有锯齿缘。花期为冬、春季之间，花序长15～20厘米。天草的花在鹰爪草属中属大型，花呈白色至浅浅的粉红色。

↑天草的叶缘及叶脊上有白色缘刺，叶面上有白色斑点。

生长型

天草栽培容易，使用透气性及排水性佳的介质为宜。冬、春季生长期间可定期充分给水，有利于生长。夏季休眠时叶色较黯淡，叶片会包覆，株形略小，应节水并移至遮阴处协助越夏。

→受伤或生长不佳的老株，于生长期间可将塑料杯或玻璃瓶倒置，以闷的方式提高环境的相对湿度后，促进侧芽发生。

软叶系·玉露类

在台湾，常以玉露称呼本种所包含的品种或变种，其他中文俗名有水晶掌或水晶等。中文俗名常与宝草类（*Haworthia cymbiformis*）的俗名混用，造成品种混淆，最佳方式是记录其拉丁学名。因原生地南非地域广泛，不同区域之间形成地理分隔，再经长年的演变，玉露类多肉植物的变种很多；又因人为栽培的选拔及杂交育种，诸多栽培品种之间的分类较难。

光之玉露
可能为玉露与雪月花的杂交种。

冰糖玉露
可能为玉露与万象的杂交种。

玉露锦斑品种
黄色锦斑的栽培种。可能通过品系间杂交及变异而来。

玉露锦斑品种
红色锦斑变异，在低温、干燥时更为明显。

从外形上分辨玉露类与宝草类多肉植物的方式，是依叶形做简易判别。

窗小

↑宝草的叶片呈舟形。

↑玉露的叶片横切面为扁圆柱状。由左至右分别为叶末端至叶基部的横切面。

↑玉露类多肉植物的叶片末端膨大，叶窗构造明显。

玉露类多肉植物原产自南非大陆，常见生长在荒漠草原或岩石的缝隙处等环境中。与其他软叶系品种一样，植株半埋在地表下，以避免阳光及高温的伤害。为了进行光合作用，叶片末端具有窗的构造，以适应不良的生长环境。

↑叶片较为狭长，叶灰绿色或略呈橄榄绿色。叶具有长尾尖，叶缘毛状附属物较不明显。休眠期间全株黯淡、无光泽，略呈紫褐色；生长期间叶片转绿且充实饱满。

←台湾花市中常见的玉露品种（*Haworthia cooperi* sp.），可能为早年引入的栽培品种，其起源及学名已不易考证，暂用上述学名。

103

外形特征

玉露类多肉植物的叶片呈锥形，叶末端膨大、透明，质地坚硬。植株由肉质的叶片依莲座状排列组成，株径约5厘米，为中型种。叶片末端有尾尖，在透明的窗上可见毛状附属物自叶片末端长出，叶缘上有短毛状的软刺。花期为春、秋季。花白色。

↑帝玉露（玉露的大型变种。*Haworthia cooperi* var.，仅此学名暂用），可能为选拔栽培出来的大型变种，亦有可能是杂交选育出来的栽培品种。

↑帝玉露株径可达10厘米，为台湾花市常见的大型种玉露。具有尾尖，叶缘有毛状或毛棘状附属物。

繁殖方式

玉露类多肉植物具有易生侧芽的特性，以分株繁殖为主。大量繁殖时，利用叶插亦可。

每2～3年应换土一次，通过换土作业进行根系的整理，去除老根及腐烂的根系，让新生的根系有充足的生长空间。使用的介质应富含矿物质颗粒并排水性良好。生长期间，可移回光线充足的环境下栽培，或去除遮阳网。每周浇水一次，并施用适量的综合性缓效肥，以满足生长所需。

生长型

玉露类多肉植物为冬型种。喜好生长在半日照至光线充足的环境中。夏季高温期为休眠期，生长缓慢，植株失去光泽、变小，叶片部分皱缩，有些品种叶片呈红褐色。休眠期应予以遮光或移到遮阴环境下栽培，并置于通风处，减少水分的供给。秋至春季冷凉期生长旺盛，待中秋节后夜晚较为凉爽后，适当供水并施肥，可促使叶片饱满，使其恢复生长。

Haworthia cooperi var. *cooperi*

青云之舞

异　名 | *Haworthia vittata*

　　青云之舞的中文名沿用日本名。单株叶片20～40枚。叶肉质、质地软，叶末端尖，与樱水晶类似，叶片呈圆锥形，在干燥或光线强的环境中栽培时，叶片不向内弯曲，且叶末端或外围老叶会呈红褐色。本种在台湾花市中常见，栽培管理可较粗放。易生侧芽，可分株繁殖。

Haworthia cooperi var. *picturata*

樱水晶

异　名 | *Haworthia gracilis* var. *picturata*　　　　别　名 | 御所缨

　　樱水晶的中文名沿用日本名。本变种的特点为叶片基部扁平，叶片宽而薄；叶片末端尖，干燥时叶片会向内弯曲，叶缘有毛。

Haworthia cooperi var. *dielsiana*
狄氏玉露

异　　名	*Haworthia joeyae*
别　　名	狄水晶

因译音之故，在中国大陆也有帝玉露的别称，但易与台湾花市常见的大型变种帝玉露混淆，在此以狄氏玉露称之以区别。近年偶见的自南非引入的玉露变种。本种的特征为叶片末端圆，不具尾尖或尾尖不明显，叶缘也无软刺或毛状附属物；叶窗上的纹理明显。

↑休眠期间生长缓慢，外观不具有光泽。栽培在光线充足处，部分叶片呈现红褐色。严重限水时，叶片会局部失水萎缩。

Haworthia cooperi var. *pilifera*
刺玉露

刺玉露易增生侧芽。叶色偏蓝绿色或灰绿色，叶窗稍透亮，叶脉常呈红褐色。叶片末端钝后渐尖，具尾尖，叶缘有明显的毛状物或长棘状附属物。叶窗上具有美丽的脉纹，在原生地这类脉纹可减少强光危害。

Haworthia cooperi 'Silver Swirls'
白斑玉露

白斑玉露为刺玉露的园艺栽培变种。栽培时应给予至少半日照的环境。一旦光线不足，本种易发生徒长。徒长时叶片向外反卷，株形松散。光线充足时，株形端正，叶序紧密包覆。

Haworthia cooperi var. *truncata*
姬玉露

异　　名 | *Haworthia cooperi* var. *obtusa*

　　姬玉露的日本名为玉章。株径约3厘米。叶片近匙状，肥厚短小且光滑，末端圆、透明。叶片莲座状紧密排列，尾尖及叶缘短毛状软刺不明显。本种叶窗的透明度很高，易生侧芽，形成群聚状。以分株方式繁殖为主。

大型姬玉露
由周炳煌先生选育而来，外观与姬玉露一样，株径可达10厘米以上。匙状的叶片短而肥厚，叶窗占叶片1/2左右，生长期间因较大的透亮叶窗，植株极具光泽。与姬玉露一样，叶末端不具尾尖或尾尖不明显，叶缘无毛状或长棘状附属物。

Haworthia cooperi var. *venusta*
毛玉露

　　毛玉露仅局限分布在南非卡索佳（Kasouga）河流域附近，为玉露的自然变种之一。毛玉露在原生地株形不大，仅有数对叶片生长；但在人工栽培环境下，株形及株径会变大，外观就像玉露的叶片上着生了大量的毛状附属物。叶呈三角锥状，但末端略尖，具有尾尖，叶片上覆盖着银白色短毛。毛玉露生长缓慢且不易增生侧芽，大量繁殖时较为困难。与白斑玉露一样，喜好光线充足的环境，如栽培处光线不足，本种叶片易徒长。

软叶系·宝草类

宝草类多肉植物为软叶系的代表种之一，中文俗名又称为水晶掌、京之华、玻璃兰等。叶片柔软肥厚，原产自南非，分布区域与玉露类多肉植物重叠。植株常群生在岩屑地或生于河岸两侧的缓坡石缝中。因人为选拔栽培及杂交育种，宝草类多肉植物的叶形变化大，品种多样化。因早年引种，其起源及学名常不可考，造成学名与品种相当混乱。

↑宝草类多肉植物极易群生成一丛一丛的小型莲座外观，在短缩茎基部易生侧芽。

↑京之华锦植株强健，适应台湾的气候条件。它是美丽的锦斑品种，夏季栽培时需注意通风及遮阴。

↑宝草锦外观与京之华锦十分相似，但叶片数多、较厚实，可能是园艺选拔或杂交育成的品种。

共同特征

1. 船形叶片：叶基部较宽，叶片末端渐尖，似船形，英文名以 window boats 或 boat-formed haworthia 通称。

2. 具有透明叶尖：叶窗的构造只出现在叶尖末端（不似玉露类在叶片末端有明显大面积的块状分布），阳光下透明或半透明的叶片末端十分耀眼。

3. 宝草类多肉植物的根系较浅，没有明显的主根或粗大的根，常合生成垫状，仅分布在表土下 2～3 厘米处。

↑宝草类多肉植物叶形多半呈船形。叶片扁平，叶末端渐尖，叶窗组织不明显，仅在叶尖部出现小面积的透明组织。

↑叶片的横切面，两侧微向内凹。

外形特征

宝草类多肉植物易群生。株形小，茎短或不明显。叶较扁平、质地柔软；叶基部较宽，叶端尖，叶片呈船形，着生于短茎上，螺旋状排列。肉质叶全缘，叶色为翠绿色、草绿色或黄绿色。叶末端斑纹略透明，但窗构造不似玉露类明显。茎虽不明显，但增生在侧芽上的茎易生根，根系浅，常密集合生成垫状。花期为冬、春季，总状花序，腋生，花梗长，花白色。

繁殖方式

宝草类多肉植物大多数易生侧芽，繁殖以分株为主。播种繁殖常用在育种选拔新品种时。

生长型

宝草类多肉植物为冬型种。栽培管理容易，在不同的环境下，丛生的植群也会有不同姿态。地植时单株形成的丛生植群会超过15厘米宽，为最好栽种的软叶系品种之一。对于光线的忍受度较高，较为耐阴，在全日照下栽培时叶色变浅或呈红褐色，如适应不及，叶片易晒伤。生长期间可定期给水，避免根系浸泡在水中，待介质表面干燥后再给水即可。休眠期间则节水，保持根系的透气性，有利于应付夏季不良的生长环境。根系较浅，常合生成垫状，每年休眠期后会自丛生的植群中再长出新根，如不经常换盆，腐烂的根系及不当的浇水易造成植群死亡。每年或每2年应换盆或换土一次，栽培介质以排水性、透气性佳者为宜。

上：宝草类多肉植物根系浅，没有明显粗大的根，根系常合生成垫状，盘绕在表土下2～3厘米处。
下：宝草类多肉植物品种多且学名混乱。通过船形的叶片及易生侧芽的特征，可以简易鉴别它们。

Haworthia cymbiformis
宝草

异　　名	*Haworthia cymbiformis* var. *angustata*
别　　名	京之华
繁　　殖	分株

　　植株群生，叶翠绿色或黄绿色，
叶片呈船形，肉质，平展。

形态特征

　　叶序以螺旋状排列，植株外观呈莲座状。
丛生的植群直径可超过 15 厘米。非锦斑变种，于丛生
的植群中常见部分侧芽，并会出现纵向的条带状白色
斑纹，但却不是黄色或白色的锦斑变种——京之华锦。

↑进入生长期，下位的
老叶会快速枯萎，上位
叶片饱满、具光泽。

Haworthia cymbiformis 'Variegata'
京之华锦

| 异　　名 | *Haworthia cymbiformis* var. *angustata* 'Variegata' |

　　京之华锦为宝草的锦斑变种，又名凝脂菊。叶片平展，叶背部稍隆起，全株常见有黄色或白色的纵向条带状斑纹。易生全白的锦斑侧芽，应剔除，以减少植群的养分浪费。

Haworthia cymbiformis var. *cymbiformis*
翡翠莲

　　翡翠莲又称莲花座、水莲华。本种为宝草的众多变种之一，但与宝草或京之华锦失去锦斑变异的绿叶种不太相似，叶色偏黄绿色，群生的植株里不会出现带有白色纵带状斑纹的子代。

Haworthia cymbiformis f. *cuspidata*
厚叶宝草

| 异　　名 | *Haworthia cuspidata* |

　　厚叶宝草茎短且不明显，厚实的叶片以螺旋状生长，俯视常呈星状。侧芽也常贴紧母株而生。可能是宝草与寿的杂交品种。种名 *cuspidata* 源自拉丁文，为点或尖端之意，用来形容本种叶尖端半透明的特征。与宝草船形叶的特征不太相似，叶片常呈丛生姿态。中文名为厚叶宝草，以便与宝草相区别。

Haworthia cymbiformis hyb. 'Variegata'
宝草锦

异　　名	*Haworthia cuspidata* 'Variegata'
别　　名	八重牡丹

　　宝草锦极可能是园艺选拔或杂交品种；亦有资料说明它可能为厚叶宝草的锦斑变种，或又名厚叶宝草锦。但其株形、叶形与厚叶宝草有差异，因此这里以宝草的锦斑变种表示。宝草锦与京之华锦外观相似，但宝草锦叶片质地较厚，且叶身较为圆润，叶末端略微向上翘起。

Haworthia cymbiformis var. *lepida*
姬龙珠

　　姬龙珠是常见的宝草品种之一。易增生侧芽，常见群生姿态。草绿色的叶片，叶窗不明显，具有短锯齿缘。叶片末端有尾尖。叶片上可隐约见到条状叶脉。根系生长不良或光线较强时，植株叶色会变深。

Haworthia cymbiformis var. *obtusa*
水晶殿

　　水晶殿又名姬玉虫、草玉露。水晶殿就像是宝草中的姬玉露一样，但叶窗构造不明显。为易群生的小型种，生长快，植群易形成圆锥状丛生的状态。光线充足时，芽体之间生长紧密，茎不明显。亮绿色的叶片呈倒卵形，不超过 25 枚，叶全缘，且叶末端较为浑圆，具有美丽的叶脉纹。

Haworthia cymbiformis var. *umbraticola*
青玉帘

| 异　　名 | *Haworthia umbraticola* |

青玉帘的中文名沿用日本名。部分资料中将青玉帘的学名归纳在水晶殿的学名之下。但与水晶殿相比，青玉帘的株形较为硕大，是中大型种宝草，单株直径可达 3～8 厘米；会增生侧芽，但侧芽的发生数量不似水晶殿多，且生长相对较为缓慢。常呈单株或 2～3 株丛生的姿态。本种叶形与玉露（*Haworthia cooperi*）较相似，但叶无缘刺且叶片末端无尾尖，叶窗分布少，仅分布在圆润的叶片末端。

Haworthia cymbiformis var. *ramosa*
枝莲

| 异　　名 | *Haworthia ramosa* |

枝莲又名乙女伞，中文名沿用日本名。亦有分类学者将其独立列为新种。茎明显，植株呈直立状。枝莲的叶形与玫瑰宝草相似，株径略小，草绿色的叶片会向上包覆。

Haworthia cymbiformis 'Rose'
玫瑰宝草

玫瑰宝草为园艺选拔栽培种，超大型种，单株直径达 10 厘米以上。草绿色叶片质地柔软。叶全缘，无叶窗构造。易生侧芽，自基部产生横生的走茎后萌发，与母株生长不紧密。

Haworthia cymbiformis var. *transiens*

玉章

异　名 | *Haworthia transiens*

　　玉章因采集地区不同，形态上
也有差异，玉章为中国俗名。叶片
较长，无缘刺，叶末端的窗构造在
宝草中较为明显。叶脉纹路明显，状
似蝉翼，也有"蝉翼玉露"的别名。近
年亦有将本变种提升为新种的说法。在明
亮的散射光照环境下即可栽培。原生地
常见生长在河岸边的石缝中，与苔藓植
物共生。以分株繁殖为主，但本种不易增生侧芽。

↑喜欢在半日照至遮阴环境下生
长，光线强时全株叶色会偏黄。

Haworthia cymbiformis var. *translucens*

菊日伞

异　名 | *Haworthia translucens* 'Kikuhigasa'

　　菊日伞又名菊日笠，中文名
沿用日本名。极可能是宝草变种
（*Haworthia cymbiformis* var.
translucens），后又独立成为新种
（*Haworthia translucens*）。菊日伞
可能是日本园艺栽培选拔出的品种，
因此学名可以用 *Haworthia translucens*
'Kikuhigasa' 或 *Haworthia* 'Kikuhigasa'
表示。种名 *translucens* 意为半透明，用

↑易生侧芽，群生时极为美观。
夏季休眠时，下位叶会枯黄。

来说明本种叶片具半透明质地。外观与常见的宝草不同。茎短缩，
细长形；叶片柠檬绿色或黄色，螺旋状着生在茎节上，俯视时外
观状似菊花。叶窗不明显。叶片下半部具有不明显的锯齿状叶缘。

Haworthia reticulata
网纹草

异 名	*Haworthia reticulata* var. *reticulata*
繁 殖	分株

　　网纹草原产自南非，小型种的软叶系鹰爪草属多肉植物之一。种名 *reticulata* 为网状的意思。本种下的变种极多，叶片上有网状花纹，用中国俗名网纹草统称本种及其变种。

生长型

　　网纹草易生侧芽或以走茎方式增生小芽，常见群生或丛生姿态。对光线适应性强，即便是日光直射的环境也能适应，强光下叶尖红褐色的特征更鲜明。管理容易，耐旱性强。虽列为冬型种，但若环境适宜几乎可全年生长。栽植时应给予排水性及透气性佳的介质。夏、秋季生长稍缓慢或休眠期间，应略遮阴以减少强光的伤害。

↑网纹草叶片上有特殊的网状花纹。易生侧芽，形成群生姿态。

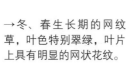

→冬、春生长期的网纹草，叶色特别翠绿，叶片上具有明显的网状花纹。

115

冬型种

Haworthia maughanii

万象

异　　名	*Haworthia truncata* var. *maughanii*
英 文 名	maughan's haworthia
繁　　殖	分株、叶插、根插、播种

　　万象原产自南非。原为分类归纳在玉扇（*Haworthia truncata*）下的一个变种，后提升为新的品种。中文名沿用日本名，还有以其英文名或种名音译为毛汉十二卷等名的。万象之名最早为日本鹤仙园白石好雄所命。白石好雄初见 *Haworthia maughanii* 时，

↑截形叶末端的窗，具有不同的花纹分布。

深觉其叶片有如大象的脚（象之足）；联想到中文成语森罗万象，适合用来形容这奇妙的植物，取森罗万象后二字为其名称。1936 年 9 月，白石好雄于鹤仙园园刊中介绍 *Haworthia maughanii* 并命名其为万象。以分株繁殖为主，亦可使用叶片或粗大的根进行扦插繁殖。在育种时可播种，但小苗生长极为缓慢。

形态特征

　　叶扁平，末端近圆柱状的肉质叶片着生于短缩茎上，叶片自茎基部向上生长，以螺旋状排列，叶序状似莲座。截形的叶片末端看似被切了一半，露出中心，叶形十分特别。截形的叶末端有半透明的窗结构，表面平滑或粗糙，具有各类不同的花纹。花期集中在春、夏季之间或秋、冬季之间，花序长约 30 厘米，不分枝。

→万象的花序不分枝，花期较晚，花多半在春末或夏初时开放，部分品种在秋末冬初时开放。

生长型

　　万象生长十分缓慢，需经 5～6 年的栽培（播种的小苗生长得更缓慢），才具有较佳的外观。需光性较其他软叶系鹰爪草属的品种高，若光不足，圆柱状的叶片会徒长；若光线充足，叶片呈短圆柱状。具肥大的根系，介质以排水性为要，需富含矿物质，以避免根系腐败。冬、春季生长期间，除定期给水之外，可略施薄肥，或给予缓效性的肥料，以利于生长。至少每 2 年换土或换盆一次，清除腐败的根系，以利于新生的根系生长。除原生种以外，万象经长年的人为选育，栽培品系不少，人们常依其截形叶片上的窗大小、花纹及叶片色泽等，给予不同的品种名称。

↑万象圆柱形的叶片，下半部呈扁平状，以利于着生在茎节上。

←万象叶片的横切面。左为截形叶片的末端。

↑万象的锦斑变异种。

→万象大窗的栽培品种。

软叶系·寿类

软叶系鹰爪草属中成员最多的一种。寿的中文名沿用日本名；因寿透明的叶窗构造上，常见有白色条纹或不规则花纹，形似汉字中的"寿"字，因而得名。

因此"寿"除了指 *Haworthia retusa* 外，还泛指具有三角形叶、拇指状叶形及叶窗的品种，如克雷克大、康平寿、美艳寿等，均列在寿类的多肉植物中。

←寿，又名正寿，叶窗上具有白色纹路。

■常见的具有寿之名的品种

↑克雷克大，又名贝叶寿，叶窗上具有类似电路板的白色花纹。

↑康平寿，叶窗上具有网状的花纹，叶末端有微上翘的尾尖。

↑白银寿或称白银，是寿类多肉植物中叶色最斑斓的品种。

■寿类多肉植物叶的特征，以康平寿为例

↑三角形叶的基部为扁平状，以利于着生在短缩的茎轴上。叶末端特化成三角形、立体状。

↑叶末端具有半透明、拇指状的窗结构。叶片中段为三角柱状的叶身，中间为含水的薄壁组织。叶基部呈扁平状，以利于抱合、着生于茎节上。

　　寿类的多肉植物，不同品种间能互相授粉，进行品种间杂交。因此在人为的栽培选育下，出现了许多美丽且极具观赏价值的新品种，也让这一大类的多肉植物极富栽培意义。如果有机会，您也可以试试授粉，杂交选育出自己的新品种来。

■不同寿品种间的杂交

↑寿和银雷的杂交后代。

↑月影为克雷克大与康平寿的杂交后代。

↑克雷克大的杂交后代。

■寿与玉露品种间的杂交

↑三仙寿为玉露与康平寿的杂交后代中选拔出的著名品种。

↑姬玉露与寿的杂交后代。

↑玉露与银雷的杂交后代。

芦荟科

Haworthia bayeri
克雷克大

异　　名	*Haworthia correcta*
别　　名	贝叶寿
繁　　殖	叶插、分株

　　克雷克大原产自南非。贝叶寿音译自种名 *bayeri*，种名为纪念 M.B. Bayer 先生而来。克雷克大音译自异名之种名 *correcta*（近似种 *Haworthia emelyae*，早期克雷克大被归纳在 *Haworthia emelyae* 之下）。不易增生侧芽，可叶插繁殖；或去除茎顶促进侧芽发生后，再分株繁殖。

↑克雷克大最美丽的地方在于其叶片上有不规则条纹，有些看似电路板，有些又像是文字。叶窗的质地变化也多，有透明感十足的，也有像是毛玻璃的。品种间具有差异。

形态特征

　　克雷克大茎不明显。叶片浅绿色至墨绿色，螺旋状丛生于茎节上，每株有 15 ～ 20 枚三角形叶。株径 8 ～ 10 厘米，有些品种会更大。叶序及叶面平展，叶末端具有半透明的窗结构，具有不规则条纹或网纹。叶尖较圆，叶缘及三角形叶脊处有不明显的缘刺。花期集中于冬、春季，花序长约 30 厘米，不分枝。

生长型

　　克雷克大生长较缓慢且不易增生侧芽。使用透气性及排水性佳的介质，至少每 2 年应更新介质一次，秋、冬季为适期。冬、春季生长期间可施用缓效肥促进生长。对光线适应性佳，但半日照至遮阴处皆可栽培。

↑克雷克大的栽培品种很多，但平展的叶面及上面的条纹是其最大特征。

冬型种

Haworthia emelyae var. *comptoniana*
康平寿

异　　名	*Haworthia comptoniana*
繁　　殖	叶插、分株

　　康平寿原产自南非，仅小区域分布，在原生地并不常见。喜好生长在富含石英的地区，常见生长在岩石缝隙中、枯草丛或灌木丛下方。

　　康平寿音译自变种名。在较新的分类中，康平寿应是白银的变种。原生地康平寿的寿命不长，为 15～20 年。叶片扦插繁殖；或以去除茎顶的方式促进侧芽生长后，再分株繁殖。偶见花梗芽，待芽体成熟后，切取繁殖。

↑康平寿的叶窗大，具有白色斑点及网状条纹。叶形饱满，具有向上微翘的尾尖。

形态特征

　　康平寿茎不明显，单株叶片 15～20 枚。深绿色、三角形的叶片螺旋状丛生，叶序饱满且平展，株径可达 12 厘米以上。虽与白银亲缘较近，但白银的株径较小，叶色以红褐色和紫红色为主。康平寿的叶窗大、透亮，质地光滑，具有白色斑点及细网状的纹路。叶末端具长尾尖，会向上翘。

生 长 型

　　康平寿的栽培管理方式与克雷克大相同。

←以康平寿为亲本杂交的后代株形及叶窗会明显变大，保留康平寿叶窗透亮、具有特殊的网状条纹的特征。

冬型种

Haworthia emelyae var. *major*

美吉寿

别　　名	微米寿
繁　　殖	播种、分株

　　美吉寿原产自南非东部及北部区域，为小型、颜色较深的品种。与康平寿及白银同为 *Haworthia emelyae* 学名下的变种。中文名沿用日本名，由其变种名而来。近年又将其提升为一个新种 *Haworthia wimii*，以其种名音译，名微米寿。

形态特征

　　美吉寿茎不明显。叶面粗糙，类似砂纸的质地。三角形叶，叶表有粗齿状的小型短疣刺。冬季时叶色会转红。花期为冬、春季，花较大，具有绿色的脉络纹；花序长约 30 厘米，不分枝。

生 长 型

　　美吉寿栽培并不难，需注意介质的透气性及排水性。夏季休眠时要特别注意，除了节水以外，建议移到遮阴处或加设 50% 的遮阳网，以利于越夏。待冬、春季天凉后再定期给水。

→美吉寿或美吉寿的杂交种，其叶片上具有短疣刺，质地与砂纸类似。

Haworthia emelyae var. *picta*
白银

异　　名	*Haworthia picta*
别　　名	白银寿
繁　　殖	播种、分株

　　白银原产自南非，在当地由于地理分隔，具有许多不同形态，常见生长在富含石英的地区。中文名沿用日本名。种名或变种名 *picta* 在英文中为绘画的意思，形容白银叶片色彩斑驳。白银的叶色变化丰富，有粉红色、白色和红褐色等，叶末端窗构造上具有红色、白色等的斑点。播种繁殖；或去除顶部生长组织促进侧芽生长后，再以分株方式繁殖。

↑叶窗上有白色、粉红色的斑点，斑驳的叶色让白银全株看起来像是彩绘的植株。

形态特征

　　白银为中小型种多年生多肉植物，茎不明显，原生环境中单株直径 4 ~ 5 厘米。生长缓慢，且不易增生侧芽，常见单株生长，少见丛生的姿态。叶 2 ~ 3 厘米长，三角形叶圆润、饱满，具有尾尖。叶片会略向后翻，叶窗构造上具有斑驳的叶色，有粉红色或白色等的斑点，以致不似其他寿类多肉植物一样具有透亮的叶窗组织。花期为冬、春季，花序长约 30 厘米，不分枝。

生 长 型

　　白银生长极为缓慢。生长期间应充分给水，休眠后节水或移至略遮阴处栽培。光线越充足，叶片上斑驳的色彩表现越佳。每 2 年应进行换盆或换土作业一次，除更新介质之外，亦能去除老旧的根系，以利于新生根系的生长。

→白银的栽培品种很多，常见依其叶色的表现而有不同的品种名称，亦有选育出的大型品种。

Haworthia magnifica var. *splendens*

美艳寿

异 名	*Haworthia splendens*
繁 殖	播种

美艳寿原产自南非，常见生长在枯草或灌木丛下方。美艳寿叶片具光泽，在原生地能与自然界融合成一体，以类似拟态的方式保护植株不被动物取食。外观与白银类似，但美艳寿与玉扇的亲缘关系较为接近。种名 *magnifica* 意为华丽的、灿烂的、细致的等，变种名 *splendens* 意为光亮的、灿烂的、华丽的、美丽的等，种名及变种名都在形容其特殊的叶色。不易产生侧芽，常见以播种繁殖为主。

↑不论是种名还是变种名，都说明了美艳寿叶片泛着银白色的金属光泽。此外，叶窗的表面具有颗粒。

形态特征

美艳寿外观与白银相似，但美艳寿的叶窗较明显，不似白银叶窗上布满白色或粉红色斑点。茎不明显，全株呈紫红色或铜红色。株形较白银大，单株直径可达 8 厘米左右，而白银只有 4 厘米左右。叶长可达 3.5 厘米，三角形叶片，叶末端具有窗构造，并具有 4 ～ 5 条银灰色的纵纹。叶表带有金色或银色条纹。叶全缘或偶有细锯齿缘。花期为冬、春季。花序上有 15 ～ 25 朵花，花序长约 40 厘米，不分枝。

生 长 型

美艳寿生长缓慢，栽培管理与白银类似。生长期间除定期给水外，可施用适量肥料促进生长。光线不足时叶色偏绿；光线充足时叶色表现丰富，会有红色、粉红色或金色等颜色；光线如过强，全株叶色偏黑或发生部分晒伤。

↑美艳寿叶窗上有 4~5 条条纹，条纹的边缘为银色或金色。叶窗构造明显，叶面上有颗粒。

Haworthia pygmaea
银雷

别　　名	磨面寿
繁　　殖	播种

　　银雷原产自南非，仅局部分布在开普敦东部。俗称磨面寿，为寿类中叶面质感粗糙的代表品种。*Haworthia pygmaea* 学名下有许多栽培品种，如春庭乐、翠贝等，但翠贝常指那些经园艺选育的后代。不易增生侧芽，以播种繁殖为主。

↑常依其叶表面颗粒再做简易的区分：颗粒粗大的栽培品种称为"银雷"，颗粒细小的称为"翠贝"。也有一说，银雷及春庭乐指的是较为原始的品种，仅株形大小及叶形略有不同。

形态特征

　　银雷为中小型种，茎不明显，株径常见为 5 ~ 8 厘米。叶色以绿色或紫红色为主。三角形叶，叶面平坦，叶末端较为圆润，不具有尾尖。叶窗上具有颗粒状、短疣状或锯齿状的突起。花期为冬、春季，花色白，没有明显的绿色脉。花序长 30 厘米左右，不分枝。

生长型

　　银雷株形小，栽培容易。管理方式同其他的寿类鹰爪草属多肉植物。

↑常见的俗称春庭乐的品种，叶窗较小，叶形较长。（栽植于6厘米盆中）

↑翠贝应为银雷中特选出来的株形圆满、叶形短的栽培品种。

↑银雷和翠贝不同栽培品种（*Haworthia pygmaea* hyb.）间的杂交后代。

↑ 花市中常见的寿（*Haworthia retusa* var. *turgida*），光线不足时叶色会较绿。其三角形的叶片末端，有拇指状的窗结构。

Haworthia retusa
寿

冬型种

别　　名	正寿
繁　　殖	分株、扦插

寿的中文名沿用日本名，命名者极可能是因为寿叶末端上的纹路和汉字"寿"相似而命名。原产自南非，常见分布在干旱的山丘及开阔地区，喜好生长在枯草、灌木丛下方或是岩石缝隙中。种名 *retusa* 是叶末端为拇指状之意，形容本种特殊的叶形。

本种在分类上仍有许多分歧，原本 *Haworthia fouchei*、*Haworthia mutica*、*Haworthia multilineata*、*Haworthia retusa* var. *nigra* 及 *Haworthia turgida* 等，在 Bayer 的分类中均归在 *Haworthia retusa* 下。除原生种之外，经人为栽培及选育，有许多不同的栽培品种。除以侧芽繁殖外，可于秋凉后进行分株繁殖；亦可使用叶片扦插进行大量繁殖。

形态特征

寿茎不明显，绿色或浅绿色的肉质叶片丛生在短缩的茎节上。叶末端半透明，呈三角形或近似拇指状的窗结构上，具有不规则的白色条纹。叶缘有不明显的刺。株高 5 ～ 8 厘米，极易于茎基部增生侧芽，呈现丛生姿态（在早期的分类中，不易增生侧芽或呈单株生长的归在 *Haworthia geraldii* 学名之下）。花期为冬、春季，花色白，长 15 ～ 30 厘米，花序不分枝。

生 长 型

寿栽培容易，对环境的适应性佳，易生侧芽，为花市中常见的品种之一。对光线的忍受度佳，全日照、半日照或遮阴处皆能栽培。全日照时株形小，叶缘处或叶色呈现红褐色。光线充足时，拇指状叶窗上的白色条纹会较明显；光线不足时，叶窗上的白色条纹会消失或不明显。

↑ *Haworthia retusa* var. *turgida* 光 线充足时叶色较浅，且部分植株会呈现红褐色。

↑寿的锦斑变种。

栽培种

Haworthia retusa sp.
寿宝殿

寿宝殿特指大型的寿变种或是选拔种，单株直径可以达到 10 厘米左右。极可能是早年自日本引入的栽培品种，学名已无法考证，仅以 Species（种）的缩写 sp. 表示；部分资料上以栽培种名 'Giant Form' 来标示。

Haworthia 'Daimeikyou'
大明镜

大明镜为花市中常见的叶形饱满、具有大型窗的品种。大明镜的窗构造表面质地透亮，应是早年趣味玩家自日本引进的栽培品种，为寿的杂交后代（*Haworthia retusa* var. *mutica* hyb.）。

Haworthia 'Grey Ghost'

祝宴锦

异　名 | *Haworthia retusa* 'Grey Ghost'

　　祝宴锦为常见的具有稳定锦斑的栽培品种。祝宴锦可能是宝草与寿的杂交品种。常见的异名以 *Haworthia turgida* 'Grey Ghost' 及 *Haworthia retusa* 'Grey Ghost' 标注。被归纳在 *Haworthia retusa* 学名之下。栽培容易，易生侧芽，常呈丛生状外观；如产生返祖现象会出现全绿色侧芽，应予以摘除，避免特殊的灰白色锦斑消失。

↑全株具有特殊的灰白色条纹，英文名以 grey ghost 称之。

↑祝宴锦易生侧芽，若有返祖现象会出现全绿色侧芽，应剔除。全绿色个体生长势较强，久而久之会取代原有的锦斑个体。

Haworthia 'Shiba-Kotobuki'

万轮

　　万轮又称芝寿，是常见的寿品种之一。万轮为寿的杂交品种（*Haworthia retusa* hyb.）。本种株形虽然小，但叶窗透亮。植株强健，栽培容易，且易生侧芽，单株直径约3厘米，群生时植群直径5～8厘米。

Haworthia turgida var. *suberecta*
雪月花

别　　名	雪之花、雪花寿
繁　　殖	分株

　　雪月花原产自南非开普敦西部一带，常见生长于灌木丛下或石灰岩山丘坡壁的缝隙中。雪月花为易生侧芽的小型种寿，叶片末端较浑圆，且叶片上有许多白色的斑点。

↑雪月花叶末端无尾尖，叶光滑、全缘。易生侧芽，为相对生长较快的小型寿。

形态特征

　　雪月花茎不明显，单株直径5～6厘米，群生时株径可达10厘米。卵圆形或披针形的叶，叶序呈莲座状紧密排列而生。草绿色至橄榄绿色的肉质叶，叶全缘，略呈半透明状，浑圆饱满，叶表面有白色斑点。光线较强时，外围叶呈红褐色。花期为春季，花序长15～20厘米。

生长型

　　雪月花是相对生长较快的品种。栽培管理容易，适合栽培于光线充足的窗台上，单株生长或丛生时，模样可爱。冬、春季生长期间，可充足给水，并略施薄肥，可促进生长。夏、秋季则节水，或于夜间喷布水汽，协助其度过这一时期。

→雪月花叶面上有5条绿色纵向纹，半透明的叶面上满布白色斑点。

129

栽培种

Haworthia 'KJ's hyb.'

↑以雪月花为亲本杂交的后代 *Haworthia* 'KJ's hyb.'（*Haworthia retusa* × *turgida* var. *suberecta*），多数能保留雪月花叶片上有白色斑点的特征。

↑ *Haworthia* 'KJ's hyb.'（*Haworthia bayeri* × *turgida* var. *suberecta*），克雷克大与雪月花杂交的后代，叶形、株形与克雷克大相近，也保留了雪月花叶片上有白点的特征。

变　种

Haworthia turgida var. *caespitosa*

异　名 | *Haworthia caespitosa*

　　本种为小型种寿，与雪月花相似，但叶形稍长，叶渐尖，末端具有锯齿状叶缘。Bayer 先生认为本种与雪月花应同归纳在 *Haworthia turgida* 学名之下，为不同变种；有些分类学者认为应将其提升为一个新种。变种名或种名 *caespitosa* 为易生侧芽的意思，指出本种易生侧芽的特性。

↑本种叶末端具有半透明的叶窗，叶表白色斑点较少。

Haworthia truncata

玉扇

异　　名	*Haworthia truncata* var. *truncata*
繁　　殖	分株、叶插、根插

　　玉扇原产自南非。在原生地常生长在干旱、长有灌木丛的开阔地区。在灌木丛或草丛下方，植株会半埋在地表下，利用叶末端的窗进行光合作用。种名 *truncata* 源自拉丁文，为切断或截断之意，形容玉扇奇特的对生截形叶片。以分株繁殖为主，亦可使用叶片及肥大的根进行扦插繁殖。

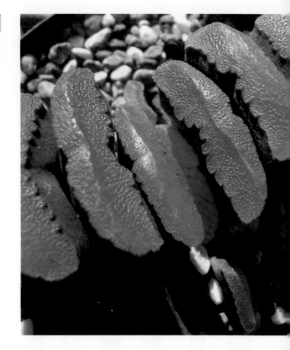

形态特征

　　玉扇茎不明显，短缩。长叶片对生，状似一把打开的扇子。具有半透明的截形叶，看似被刀砍去了一半的植株。叶末端具有窗的构造，表面粗糙，具有不同的花纹分布；叶窗上的花纹，会有株龄上的差异，幼株较不明显，待成株后白色纹路才明显。花期较晚，与万象相似，花常见于春、夏之间或秋、冬之间开放。

生 长 型

　　玉扇经人为选拔及杂交育种，栽培品种繁多。栽培管理并不难，但生长较为缓慢，栽培时需要耐心。冬、春季生长期间，应定期给水，并给予适量的肥料促进生长。耐阴性佳，可栽培在半日照至遮阴环境中；但对光线的需求和万象一样，都喜好较多的光照，光线不足时叶片会徒长，株形较为松散。

↑ 玉扇的锦斑变种。

↑玉扇呈扁平状的长叶片。

↑叶片的横切面。最左为截形的叶末端，具有半透明的窗构造；最右为叶片基部，略向内抱合。

↑绳纹玉扇的杂交后代。窗上的花纹保有母本特色。

↑特殊的截形叶片，成为玉扇的鉴赏焦点。品种选育时，育种者追求大型叶窗及特殊的纹理表现。

冬型种

Haworthia angustifolia
小人之座

异　　名	*Haworthia angustifolia* var. *liliputana*
繁　　殖	分株

小人之座为小型的鹰爪草属品种，生长缓慢，易生侧芽，常见呈植群丛生的姿态。

形态特征

小人之座单株直径约 3 厘米。翠绿色剑形叶片，末端具有长尾尖，叶缘细锯齿状。光线充足时，叶色略呈红褐色。花期集中于春、夏季之间。

↑为小型种，剑形的叶具有长尾尖，叶缘及叶脊具锯齿状边缘。

生 长 型

小人之座十分好栽培，对气候适应性佳，植株强健，为新手可栽培的鹰爪草属多肉植物之一。对光线的耐受性佳，可栽培于半日照至光线充足处。丛生植群形态美观，通过与盆器的搭配，以小品盆栽方式呈现，别有野趣。

→植群丛生过密时，部分植株会因为根部被顶出土表而吸水不足，呈现红褐色外观。

Haworthia attenuata
松之雪

繁　殖 | 分株

　　松之雪原产自南非。外观与松之霜相近，但松之雪叶基部较宽，光线强烈或干旱时，植株接近黑色。种名 *attenuata* 意为细长形或尖形的叶子，用来形容本种细长的叶形。

↑叶片下半部较松之霜宽。

形态特征

　　松之雪长有丛生状的剑形叶，叶墨绿色或黑色。叶基部较宽，叶片上的斑点大小不一，呈点状分布。

生长型

　　松之雪与十二卷一样，栽培容易，不需要特别管理。生长速度较为缓慢。

→松之雪叶片上的白色斑点大小不一致，呈点状分布。

Haworthia attenuata var. *radula*
松之霜

　　松之霜原产自南非，在原生地常与十二卷混生。变种名 *radula* 为像锉刀的意思，形容本种叶片上满布白色细点状颗粒的特征。茎不明显，细长形的剑形叶以螺旋状丛生于茎节上。植株外观看似撒上糖霜或具有银色的外衣一般。以分株繁殖为主。

↑松之霜的叶片质地似锉刀般粗糙。

Haworthia attenuata var. *radula* 'Variegata'
松之霜锦

　　松之霜锦为松之霜黄色锦斑变异的栽培品种，生长更为缓慢。

135

冬型种

Haworthia attenuata 'Variegata'
金城

别　　名	金城锦
繁　　殖	分株

　　名字形容其叶缘上的斑点会连成一线，但此特征在金城上较不明显。

↑冬季低温及光线较强烈时，黄色的锦斑呈橙红色。

→棕绿色的叶片螺旋状丛生，株形优美。生长缓慢，成株直径可达20厘米。

冬型种

Haworthia fasciata
十二卷

英 文 名	zebra plant, zebra haworthia
别 名	斑马十二卷
繁 殖	分株

十二卷原产自南非开普敦东部海拔 1000 米以下的地区，在原生地常以丛生方式生长在岩石缝隙间。叶片上具有横带状的斑纹，英文常以 zebra plant 称之。与松之雪外观相似。十二卷富含纤维，摘取叶尖或叶末端一小部分，与植株断裂处会有部分细丝状纤维连接。本种易生侧芽，以分株繁殖为主。

↑最常见的十二卷品种，栽培容易，是多肉植物组合盆栽时最佳的配角。

形态特征

十二卷茎短缩、不明显，株形开张、呈放射状。单株直径 6 ～ 12 厘米，株高 6 ～ 25 厘米。易生侧芽，常呈丛生状。剑形叶片以螺旋状排列生长，叶色深绿色至墨绿色，叶末端常有白色点状或疣粒状突起，叶背则有横带状白斑或白色斑点。花期为冬、春季。花梗细长，花白色、具绿色脉纹，花序长 30 厘米以上，不分枝。

生长型

硬叶系的鹰爪草属多肉植物多数适应性强，相比软叶系的品种而言，栽培容易，可粗放管理，是初学者入门栽培的选择之一。介质不拘，但以排水性及透气性佳者为宜。对光线的适应性佳，全日照至半日照环境下皆能栽培，全日照光线过强时呈红褐色，叶尖偶有焦枯现象。在光线明亮处叶色翠绿；光线若不足时，叶片徒长，植株松散、不紧致。冬、春季生长期间可以定期充分给水，待介质干了再浇水即可。夏季休眠时可节水或保持介质干燥，协助其越夏。可视生长及栽培状况，每 3 ～ 5 年进行介质更新或换盆作业一次，促进其生长。

芦荟科

Haworthia fasciata 'Big Band'
超太缟十二卷

超太缟十二卷的英文名为 big band zebra plant 或 wide band zebra plant，应为日本园艺选育的栽培品种。本种较大，剑形叶深绿色，丛生。单株直径约 12 厘米，株高 10～15 厘米。叶片上有粗大的横带状白斑。

Haworthia fasciata sp.
江隈十二卷

江隈十二卷又名甜甜圈十二卷。与超太缟十二卷一样，为十二卷中的大型栽培品种。其特色为叶基部具有横带状的白色斑纹，叶末端则具有圆圈状的白色斑纹。

Haworthia fasciata 'Variegata'
白蝶

白蝶是园艺选育的栽培品种，应为十二卷的白化种。全株叶片近乎黄白色。生长缓慢。

Haworthia fasciata 'Variegata'
雪重之松

雪重之松应为日本园艺选育的栽培品种。十二卷的白色锦斑变种。在锦斑的叶片中，有明显的绿色带状条纹。生长稍微缓慢。在丛生的植群中，偶见全绿色的子代或近乎全白色的个体，应将其摘除，避免失去锦斑的特性和浪费植群的养分。

Haworthia fasciata 'Variegata'
十二卷之光

十二卷之光为锦斑栽培品种，十二卷的黄色锦斑变异品种，外观与雪重之松类似。

白蝶

十二卷之光

雪重之松

Haworthia maxima
冬之星座

异 名	*Haworthia pumila*
别 名	点纹十二卷
繁 殖	分株

冬之星座株形与十二卷相似，为鹰爪草属硬叶系中最大型的品种。早期学名以 *Haworthia pumila* 表示，近年被归纳在 *Haworthia maxima* 学名之下。种名 *maxima* 为大型种之意，用来形容其硕大的株形。

形态特征

冬之星座株高可达 30 厘米左右。棕绿色、橄榄绿色至墨绿色的叶片上，具有圆形颗粒状突起或甜甜圈般的白色斑点。

生长型

冬之星座生长极为缓慢，不易增生侧芽，常见以单株方式生长。栽培时并不难，但应注意光线是否充足，光线越充足，叶背上的圆形斑点及颗粒状突起表现得越佳。经长年的人为选育，栽培品种不少。

→王子冬之星座，为叶色浅绿的品种。

冬型种

Haworthia coarctata

九轮塔

芦荟科

异　　名	*Haworthia coarctata* var. *tenuis*
别　　名	霜百合
繁　　殖	扦插、分株

　　九轮塔原产自南非，为典型的长茎型（stem forming species）品种，在原生地常见丛生状生长。种名 *coarctata* 为叶片丛生成一簇的意思。外观与鹰爪（*Haworthia reinwardtii*）相近，然而鹰爪叶背的斑点质地较粗糙且颜色较白，与九轮塔光滑的细点状斑点不同。取顶芽一段扦插繁殖或以分株方式繁殖。

↑叶背及叶缘具有光滑的白色细点，呈纵向分布。

形态特征

　　九轮塔为多年生常绿草本植物。叶片肥厚，叶末端向内侧弯曲，叶片以轮状抱茎生长，植株呈短柱状或塔状生长。叶背的斑点或细颗粒呈纵向排列。花期不明，在台湾不常见开花。

生长型

　　九轮塔栽培容易，耐旱性佳，对光线的适应范围广，全日照、半日照及光线明亮处皆可栽培。

→叶末端向茎轴处内弯。

芦荟科

Haworthia glauca
青瞳

青瞳原产自南非。常见生长在全日照环境下，以丛生状生长在向阳缓坡上或岩石缝隙中。种名 *glauca* 为霜状、粉状及蓝绿色之意，用来形容青瞳叶片具有的白粉状或霜状质地及其叶色。

形态特征

青瞳茎呈直立状，株高可达 20 厘米以上。叶片为长三角形，质地坚硬，以螺旋状排列生长。叶色为特殊的灰蓝色或蓝绿色。亦有叶背具有点状突起的变种（*Haworthia glauca* var. *herrei*）。生长缓慢，叶背有明显的脊状突起。植株茁壮后，易自基部增生侧芽，待新生侧芽够大后，可进行分株繁殖。

→另有大型种，直立状的青瞳外观独树一帜。

Haworthia reinwardtii f. *zebrine*
斑马鹰爪

| 异　名 | *Haworthia reinwardtii* var. *zebrine* |

斑马鹰爪在分类上常见以型（forma, f.）或变种（varietas, var.）表示，为鹰爪的变种之一。除株形较大之外，叶背有较大的白色斑点，叶基部有白色横带状纹。

Haworthia reinwardtii f. *archibaldiae*
星之林

星之林丛生的剑形叶，轮状或螺旋状抱茎生长，叶末端向内侧弯曲，植株呈短柱状生长。叶背颗粒状白色斑点纵向排列，生长缓慢。花期不明，台湾不常见开花。

冬型种

Haworthia viscosa
五重之塔

异 名	*Haworthia tortuosa*
别 名	五轮塔、黑舌

　　五重之塔的三角形墨绿色叶片，以螺旋状排列生长，看似具有堆叠生长的外观。学名早期以 *Haworthia tortuosa* 表示，近年被归纳在 *Haworthia viscosa* 学名之下。种名 *viscosa* 为黏稠或黏腻的意思。本种广泛分布在南非。在原生地的生长环境多样，常见生长在灌木丛下、岩石缝隙中或暴露在全日照的环境下；在原生地常遭动物啃食。

形态特征

　　五重之塔呈长茎状或塔状生长，叶序具有整齐排列或呈螺旋状排列的形态。叶片光滑的和粗糙的都有。植株强健，栽培容易。

■其他与五重之塔外观相近的栽培品种

圣之峰

大银龙

黑蛾城

古代城

变 种

Haworthia viscosa 'Variegata'
幻之塔

异　名 | *Haworthia tortuosa* 'Variegata'

　　幻之塔又名五重之塔白斑，为白色的锦斑栽培品种。

冬型种

Haworthia nigra
尼古拉

　　尼古拉的中文名以其种名 *nigra* 音译而来。*nigra* 即黑色之意，用来形容墨绿色近乎黑色的叶色。三角形的叶片抱合于茎上，叶序整齐地堆叠呈塔状或柱状。叶背上具有不规则状的突起。

Haworthia 'Koteki Nishiki'
鼓笛锦

繁　殖	分株

　　鼓笛锦应是日本园艺选育的品种，也是稳定的锦斑栽培品种。植株强健时，会出现全黄化、失去叶绿素的个体，可视情形予以保留或摘除。如出现生长较为强势的全绿色植株时，应予以分株或去除；如未处理，它会渐渐取代锦斑变异的枝条，植群会成为全绿色。

↑叶末端红褐色，失去锦斑的个体生长较快。

生长型

　　鼓笛锦易生侧芽，呈丛生状。繁殖以分株为主。

Haworthia koelmaniorum
高文鹰爪

别　　名	高文十二卷
繁　　殖	播种、叶插

高文鹰爪原产自南非。种名 *koelmaniorum* 即由高文夫妇所命名之意。在原生地因过度采集，并不常见。

形态特征

高文鹰爪茎不明显。叶深褐色至褐绿色，倒卵形或三角形，叶序呈莲座状，紧贴地面或半陷入地表。叶面粗糙，满布疣状点或颗粒状突起，叶缘及叶背生有小刺。

生 长 型

高文鹰爪生长十分缓慢，栽种时需有耐心慢慢等待它生长。十分耐干旱，喜好生长在半日照至光线明亮的环境中。冬、春季生长期间，可保持盆土湿润促进其生长。夏季高温期休眠，应减少浇水并保持介质透气，待秋凉后再开始浇水。

↑特殊的叶形与叶色让高文鹰爪外观十分特殊。

→高文鹰爪叶面及叶背上有颗粒状突起，叶缘略向内凹或内卷。

147

芦荟科

冬型种

Haworthia limifolia

琉璃殿

英 文 名	fairy washboard
别 名	旋叶鹰爪草
繁 殖	叶插、分株

　　琉璃殿的原产地分布在南非最东部、斯威士兰和莫桑比克交界处；生长地濒临印度洋，自东向西逐步进入高原地带，气候类型属亚热带季风气候，温暖湿润，雨水充沛。据当地传说，野生琉璃殿具有不可思议的药效和魔力，因此遭人为滥采，在原生地的数量不多。英文名 fairy washboard，形容其叶片上具有横带状突起，状似洗衣板。叶插及分株繁殖均可；本种具有走茎，会于母株周围产生新生侧芽，待侧芽够大时再分株繁殖。

↑叶片向一侧偏转，有如转动的风车。

形态特征

　　琉璃殿茎不明显，与龙鳞一样具有走茎，常见于盆壁缘处增生新的侧芽。深绿色或墨绿色叶呈三角形，叶末端急尖，叶基部分重叠，但叶片向一侧偏转，莲座状的叶序状如旋转的风车。叶全缘，叶面及叶背均具横带状突起，叶面稍内凹。花期为冬、春季，花为总状花序，花序长 30 厘米左右。

生 长 型

　　本种栽培容易，即使露天栽培亦能生长良好。居家栽培时以半日照至光线明亮处为宜。琉璃殿若久未更新介质或介质酸化，下位叶的叶面上会出现黑褐色斑点而失去观赏价值。应至少每 3 年更新介质一次，避免叶面上黑褐色斑点的产生。

→琉璃殿的叶面向内凹，叶面及叶背上的横带状突起状似洗衣板。

芦荟科

Haworthia limifolia 'Variegata'
琉璃殿锦

　　琉璃殿锦或称琉璃殿之光，为琉璃殿的黄色锦斑变种。在选购琉璃殿锦时，可依爱好选购锦斑较多或不同锦斑分布程度的个体。但若为了繁殖，应选择锦斑较平均或较少的个体作为母株，以具有较充分的养分，有利于供给新生的侧芽生长。

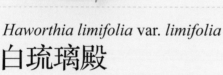

Haworthia limifolia var. *gigantea*
雄姿域

　　雄姿域为琉璃殿中的大型变种。株形大，叶色较浅，叶尖长，叶面上的横带状突起略呈白色。

Haworthia limifolia var. *limifolia*
白琉璃殿

　　白琉璃殿外形与琉璃殿相似，但全株呈浅浅的绿色或灰绿色，而琉璃殿呈墨绿色近乎黑色。

Haworthia limifolia var. *ubomboensis*
水车

　　水车原产自斯威士兰。叶序呈莲座状排列，叶片肉质，三角形。叶面上不似琉璃殿具有横带状突起，全株光滑。叶浅绿色，阳光充足时叶色略呈浅紫色。

Haworthia 'Kegani'
静鼓

　　静鼓为常见的日本选育出来的栽培品种。中文名应译自日本名。静鼓为寿与玉扇（*Haworthia retusa* × *H. truncata*）的杂交后代。叶色为深绿色或墨绿色近乎黑色，光线强烈时全株呈红褐色。幼株叶序对生，但成株后叶片旋转排列，最终形成莲座状。扁平的叶及截形的叶片末端，与玉扇十分相近。生长较玉扇快，也易生侧芽。

Haworthia truncata 'Lime Green'
绿玉扇

　　绿玉扇为常见的栽培品种，具对生的截形叶。可能是玉扇与厚叶宝草杂交选拔出来的栽培品种。叶色较浅，有青柠般的绿色，和叶色常见呈墨绿色的玉扇不太相似。生长也较快。

↑绿玉扇叶末端的窗构造与玉扇不同。

↑绿玉扇的锦斑变种。

冬型种

Haworthia venosa ssp. *tessellata*

龙鳞

异　名	*Haworthia tessellata*
繁　殖	叶插、分株

↑ 易生侧芽，形成丛生状的植群。

　　龙鳞的中文名沿用日本俗名，又称为蛇皮掌，均形容本种叶片上网格状的特殊纹理状似龙鳞或蛇皮纹。

　　龙鳞原产自南非布里德河谷，那里现为南非重要的葡萄酒产地。野外常见生长在岩石缝隙中，叶片直立，叶末端向叶背反卷；但人为栽培后，叶片平展。

　　因产地不同及人为栽培等因素，龙鳞的品种及其个体变异很多；北方产区的叶长可达 12 厘米，而南方产区的叶长仅 3 厘米，形态变化极大。原为属于 *Haworthia venosa* 下的一个亚种（ssp. *tessellata*），有些资料将其提升为 *Haworthia tessellata*。种名 *tessellata* 为方形图纹的意思。以分株繁殖为主；因龙鳞易生走茎，产生大量的侧芽，待新生的侧芽至少有母株的 1/2 大时，再自母株上分离。

形态特征

　　龙鳞茎短缩、不明显。植群常呈丛生的姿态。单株直径常见为 5 ~ 10 厘米，以 7 ~ 15 枚叶组成。叶色浓绿，光滑无毛。叶基宽 2 ~ 3 厘米，叶长 3 ~ 5 厘米。卵圆形或三角形的肉质叶呈螺旋状、放射状生长，叶序呈莲座状排列，叶末端渐尖。叶缘微内卷，有白色的短锯齿缘，叶背有白色的小型疣状突起。花期为冬、春季，花茎长 30 ~ 50 厘米，不分枝。花梗质地较软，如花期气候不稳定，造成相对湿度变化大时，花梗会出现凋萎或软垂现象。

　　龙鳞栽培容易，但生长稍缓慢。耐阴性较佳，喜好生长在半日照及光线充足的环境下，光线过强时叶片易被晒伤。冬、春季生长期时，可充足给水促进其生长。夏、秋季休眠期间应节水。

→龙鳞叶片上具有特殊的网格状纹理，叶缘锯齿状，叶末端略向后反卷。

变　种

Haworthia tessellata var. *tuberculata*
雷鳞

　　雷鳞为龙鳞的变种。叶较短，呈三角形，为叶幅较宽、叶窗较大的变种。

石蒜科
Amaryllidaceae

　　本科多为球根或根状茎型的多年生草本植物。石蒜科植物具有短缩茎及特化的鳞片叶，将真正的叶和花芽包覆起来，形成鳞茎的构造，用来蓄积养分以应付环境的变化；一旦环境恶劣或不适合生长时，地上部凋萎，利用地下部的球茎等待环境适合时再开始生长。中南美洲、南非和印度等地区都有分布。鳞茎中含有毒物质——石蒜碱，误食后会有呕吐、腹泻、昏睡等症状，需以催吐方式急救，严重时要送医处理。其中分布在非洲的属别，部分物种被列为广义的根茎型多肉植物。因外形特殊、抢眼，成为多肉植物爱好者喜欢收集栽培的品种之一。

火球花 *Haemanthus multiflorus*
为台湾常见的春、夏季开花的石蒜科植物，开花后再长叶，与眉刷毛万年青为同属植物。

百子莲 *Agapanthus africanus*
亦为台湾常见的春、夏季开花的石蒜科植物。但近年又有独立成百子莲科的说法。为常绿型球根植物。

金花石蒜 *Lycoris aurea*
为台湾原生种石蒜科植物。秋季开花，有"见花不见叶，见叶不见花"的说法，形容它花后长叶的特性。

■缎带花属 *Ammocharis*

　　缎带花属属名源自希腊文，字根 ammo 为沙的意思，字根 charis 为愉悦及美好的意思。缎带花属多肉植物为石蒜科中的巨型种球根植物，球根可长到足球般大小。原生地为干旱的草原环境，花在雨季来临前会开放。花色艳丽多彩，具有浓烈香气。

延伸阅读

http://pacificbulbsociety.org/pbswiki/index.php/Bowiea
http://www1.pu.edu.tw/~cfchen/index.html
http://www.plantzafrica.com/plantab/boophdist.htm

Ammocharis coranica
大地百合

英 文 名	ground lily
繁　　殖	播种

　　大地百合原产自东非肯尼亚、坦桑尼亚和南非东部地区及纳米比亚等地。因分布广，具有大量的地域性变异个体。

形态特征

　　大地百合具大型鳞茎，叶片自鳞茎中心抽出，平贴地面。夏、秋季开花。具香气，香味近似缅栀。

↑冬季为生长期，在生长期来临前会先开花。具香气。

↑个体变化大，图为粉红色花的个体。

■布风花属 *Boophone*

布风花属又名刺眼花属。本属包含 2 种。属名 *Boophone* 源自希腊文 bous，表示牛，phonos 则有屠杀的意思，可能表示本属植物球根中的液体含有剧毒。布风花别名刺眼花，据说原产地的人相信，注视这款花时，会出现头痛及刺眼的感觉。据推测，可能是这种花盛开时，会散发出特殊气体刺激脑神经，从而引发轻微头痛的缘故。在南非，当地的原住民会挖取种球煮沸后，加工成类似糨糊的液体修补器皿。当地男子举行成年仪式时，使用种球外部的鳞皮作为止血材料。布风花还是当地重要的民俗及药用植物。

夏型种

Boophone disticha
布风花

| 繁　殖 | 播种 |

布风花原产自纳米比亚、南非、东非肯尼亚及坦桑尼亚等地。春、夏季为生长期；冬季则休眠，叶片会脱落。于春、夏生长期前开花，再长出新的叶序。耐旱性及耐热性均佳，栽培并不困难，但喜好全日照环境及排水性良好的介质。光线若不足叶片易徒长，株形不佳。

形态特征

布风花有着纺锤形的球根，外覆叶序基部宿存形成的鳞皮。灰绿色的披针形叶片自球根心部抽出，具波浪状叶缘，呈两列互生，外观似扇形。花期为春、夏季之间，但在台湾并不常见开花。

■眉刷毛万年青属
Haemanthus

眉刷毛万年青属又名火球花属、网球花属或虎耳兰属等。本属有22种左右，主要分布在南非及纳米比亚，近15种产在南非开普敦西部夏季降雨的地区。花单开，具小梗，雄蕊数多，先端黄色花药状似粉扑或日本古代仕女用来刷去沾在眉上的多余白粉的刷子，因而得名。

花后会长出浆果。本属最常见的火球花（*Haemanthus multiflorus*），后又归类在 *Scadoxus multiflorus* 中。栽培并不难，只要使用排水性良好的介质，并放置在全日照至半日照的环境下，多数都能生长良好。

冬型种

Haemanthus albiflos
眉刷毛万年青

别　名	虎耳兰
繁　殖	播种、扦插

眉刷毛万年青栽培容易，喜生长于光线充足处，忌强光直射，夏季放置于通风的半遮阴处来栽培。耐旱性佳，若介质过湿，球茎易腐烂；以排水性良好的土壤为佳，可稍露出球茎顶端栽培。为常绿型种，浇水原则为介质干燥后再充分给水；进入休眠期则减少给水即可。播种繁殖，或取球根外表的鳞片扦插繁殖。

↑ 种名 *albiflos*，为白花的意思。白色的花状似粉扑。

形态特征

眉刷毛万年青的舌状叶较狭长、肥厚，自鳞茎顶端生出，二列互生，叶片平贴地表而生。叶片上具有柔毛。本种为花市中常见的品种。花白色，花期为冬季。

Haemanthus coccineus
红花眉刷毛万年青

英 文 名	blood lily, paintbrush lily
繁　　殖	播种

　　属名 *Haemanthus* 源自希腊文 haima 及 anthos，意思分别为血及花朵。而种名 *coccineus* 则源自拉丁文，意为红色或猩红色。学名都在形容红花眉刷毛万年青具有鲜血般的花色。

↑红花眉刷毛万年青的肥厚叶片，浑圆有型。

形态特征

　　红花眉刷毛万年青广泛分布在南非海拔 1200 米以下的地区，以及冬季降雨的地区（年降水量 100 ~ 1000 毫米），如纳米比亚南部至开普敦南部等地。本种适应性强，沙砾地、石英地、石灰岩地、花岗岩地乃至页岩地等，各类环境均能适应。常见成群生长，分布在灌木丛下方或岩石间的缝隙中。春季开花，花后才开始长叶。冬季休眠期间应适度节水。栽培环境以全日照至半日照环境为佳。

→在台湾栽培，不常见开花。

菊科
Asteraceae
(Compositae)

　　菊科是双子叶植物中种类最多的一个科，约有1100属，20 000～25 000种。全世界均有分布。除草本形态外，也有少数为木本形态。菊科的科名源自模式植物紫菀属（*Aster*），为星星状的意思，形容星形的头状花序。

　　菊科植物的共同特征为头状花序。头状花序是由许多小花簇生于盘状的花托上形成的。小花有舌状花及管状花两种。舌状花多位于花序的外围，中央部分的小花为管状花。管状花为两性花，雄蕊呈筒状。胚珠则着生在子房的基部。子房内只有一颗胚珠，因此每朵管状花只结一颗种子。果实为瘦果，具有冠毛的构造。

　　菊科的多肉植物，常见叶片高度肉质化，为叶多肉植物；部分为茎干型多肉植物，如常见的绿之铃、黄花新月、碧铃等。

菊科植物多半喜好全日照环境，是在裸露地上最先生长的植物种群之一。

生长型

　　菊科多肉植物为冬型种。喜好全日照至光线充足的环境，栽培管理容易，喜好透气性及排水性佳的介质。休眠期间需注意避免给水过多，并移植到阴凉环境下；一旦闷热或水分过多时，植株会因根系腐败而亡。春、秋季生长期间，适合进行繁殖，除换盆、换土作业外，亦可于此时加入少量成分以磷、钾为主的肥料，有利于生长。

　　繁殖以取枝条的顶芽扦插为主；亦可取一段枝条平铺在介质表面，不需额外覆土，待茎节长出不定根后即可。

Step1
选取碧铃强健的枝条数段为插穗。

Step2
每3～5节为一茎段。剪下后间距均匀地插入盆内，需1～2节在介质中。

Step3
或取一整段枝条平铺于盆面上，待不定根长出后即可。

■黄花新月属 *Othonna*

黄花新月属又称厚墩菊属。本属植物外观变化多，除蔓性肉质草本植物外，亦有茎干型或亚灌木形态的品种。全为冬型种，盛夏休眠时会落叶。主要产于非洲西部。茎多直立，有些在肥大的茎干上具有不规则的突起或瘤块，茎表皮坚硬。

叶轮生、簇生、互生都有，常为圆柱形，肉质，茎上常被毛。花色以黄色为主，但小部分开放紫色的花。黄花新月属的多肉植物外观奇特有型，观赏性高。常见的品种为黄花新月，常为蔓性的小盆栽；其他茎干型多肉植物品种较稀少，不常见。

菊科

Othonna capensis
黄花新月

英 文 名	African ice plant, little pickles
别 名	紫葡萄、玉翠楼、紫弦月
繁 殖	扦插

黄花新月原产自南非，为多年生蔓性草本地被植物。在原生环境中蔓生于干燥的地表上。外观与番杏科的冰花相似，因此英文名为 African ice plant。黄花新月喜好生长在全日照至半日照环境中，首重介质的排水性及透气性。虽为冬季生长型的品种，但不耐低温，当气温低于 10℃ 时，需注意保暖。繁殖容易，以扦插为主，秋、冬季为繁殖适期。

↑在茎节及叶片着生处具有白色的毛状附属物，叶末端具有紫红色尾尖。

形态特征

黄花新月的叶肉质，呈棒状或纺锤状，叶长约 3 厘米。光线充足时，叶呈紫红色，植株的节间较短，外观较为致密、充实。光线不足时，节间、叶形较长，植株外观较为松散。叶色翠绿，但叶末端仍为紫色。花期为秋季或春季。头状花序具长花柄，自叶腋间抽出开放。

→黄花新月的花色明亮，头状花序具有舌状花。

■千里光属 Senecio

菊科千里光属植物较常见。外观多样化，草本、亚灌木或灌木等形态都有。全世界皆有分布，但主要产自南非、非洲北部、印度东部及墨西哥等地。头状花似绒球。本属植物具有特殊的气味，并含有多种生物碱，为有毒植物；部分鳞翅目昆虫取食本属植物，以防止被天敌捕食。人若误食，会造成肝脏的损害或出血等。

↑七宝树锦叶片上有粉红色及奶油色的叶斑，十分好看。

冬型种

Senecio articulatus 'Candlelight'
七宝树锦

异　　名	*Senecio articulatus* 'Variegatus'
英 文 名	candle plant, sausage plant, hot dog cactus
繁　　殖	分株、扦插

七宝树锦原产自南非开普敦等地区。七宝树锦为园艺选拔栽培种。台湾常见的七宝树及七宝树锦均着生叶片，但在不同环境下栽培，七宝树叶片会脱落，像是蜡烛或一节节的香肠与热狗，因此其英文名为 candle plant、sausage plant 或 hot dog cactus。繁殖以分株及扦插为主，但常见取茎节扦插繁殖。

形态特征

七宝树锦是多年生肉质草本植物。茎肉质，呈茎节状生长。植株直立或匍匐生长。株高 20 ～ 30 厘米，茎节上的叶痕下方会出现紫红色或褐色的花纹。三出裂叶或复叶，顶小叶状似箭头或心形，具长柄、互生。花期为冬、春季。花色白，头状花序不具有舌状花。绿叶的品种称为七宝树。锦斑品种栽植于光线不足的环境中时，因返祖现象，产生全绿的枝条；为维持锦斑变异，应适时剪除全绿的枝条，防止锦斑变异消失。

Senecio barbertonicus
松鉾

英 文 名	Barberton groundsel, succulent bush senecio
繁　　殖	扦插

　　松鉾原产自南非及津巴布韦东部海拔 1700 米的荒漠草原上。性耐干旱，可栽培在全日照至半日照环境下。花色明亮，具有香甜的气味，在原生地为一种名为 painted lady 的蝴蝶的蜜源植物。

形态特征

　　松鉾绿色、肉质的线形叶状似手指，长 5 ～ 10 厘米；叶面上具有平行的脉纹。茎、叶均直立向上生长。花期为夏、秋季。花鲜黄色或金黄色。头状花序不具有舌状花，成束开放。

↑松鉾为肉质的常绿灌木，株高可达 2 米。

→花期为夏、秋季，头状花序成束开放。

Senecio ballyi
纹叶绯之冠

繁　殖	扦插

纹叶绯之冠原产自东非肯尼亚等海拔 200 ～ 900 米的地区。以取顶芽扦插繁殖为主，成活后会产生块根。姿态奇特，亦可作为茎干型的多肉植物栽培。

形态特征

纹叶绯之冠为多年生的肉质草本植物。具有块根，茎直立，株高14 ～ 30 厘米。叶片呈卵圆形，厚实，叶脉鲜明，叶色因季节及栽培环境而有差异，但以紫红色及绿色为主。花期以春、夏季为主。橘色的头状花序以管状花构成，不具有舌状花。

↑因栽培环境及季节的不同，其厚实的肉质叶颜色除了常见的紫红色外，亦有绿色。

↑橘红色的头状花序以管状花构成，直径3 ～4 厘米。

↑会产生块根。可通过盆栽的方式呈现奇妙的根茎，展现盆趣。

Senecio citriformis
白乐寿

菊科

| 繁　　殖 | 扦插、分株 |

　　白乐寿的中文名沿用日本俗名，原产自南非及纳米比亚等地。本种生长缓慢，栽植时应注意介质的排水性和透气性。喜好全日照至半日照环境，每天应至少有6小时的日照。每2～3年应进行更换盆土的作业一次。种名 *citriformis* 指芸香科柑橘类植物，formis 即外形之意，形容白乐寿叶片形状似柑橘类植物。

↑叶片上具有浅浅的纵沟，并布满白色的蜡质粉末。

形态特征

　　白乐寿株形矮小，植株常平贴于地表生长，为多年生蔓性的地被植物，但茎直立，长5～10厘米。卵圆形或泪滴形的叶片具有尾尖，形似缩小版的柠檬。灰蓝色叶片外覆白色的蜡质粉末。自根茎处萌发新芽，经长年栽培后，会呈现丛生姿态。花期为秋、冬季。头状花序小，不具有舌状花，花乳白色，具有黄色的雄蕊。

→白乐寿栽培管理不难，除介质排水性外，需注意光线是否充足。

Senecio crassissimus
紫蛮刀

英 文 名	vertical leaf senecio
别 名	紫金章、鱼尾冠、紫龙
繁 殖	扦插

紫蛮刀原产自非洲马达加斯加岛。光线充足时叶色偏紫红色。栽植较容易。

形态特征

紫蛮刀为多年生的肉质草本植物。茎直立，全株灰绿色，满覆白色的蜡质粉末。卵圆形的叶片状似豆荚，肥厚、互生。外形与胡椒科的斧叶椒草相似，但具有紫红色的叶缘。叶无柄或具短梗，着生的茎节处具有紫红色斑。花期为春、夏季，花黄色，头状花序具舌状花。

↑紫蛮刀茎形直立，具有灰绿色的外观及状似豆荚的叶片。

→叶缘紫红色，但若光照够充足，叶片也会转为紫红色。

165

Senecio hallianus
碧铃

繁　殖 | 扦插

　　碧铃原产自南非。碧铃与绿之铃、黄花新月一样，为蔓性的常绿多肉小品盆栽。

形态特征

　　碧铃与绿之铃一样为多年生的蔓性草本植物。全株有着银白色或灰蓝色的外观，覆有白色的蜡质粉末。长卵形的叶片肥厚，叶片中央具有透明的纵带，互生。茎较绿之铃粗壮些，茎节处易生不定根。花期为冬、春季，花白色，头状花序不具有舌状花。

↑碧铃花白色，头状花序不具有舌状花。

→长卵形叶片灰蓝色，具白色蜡质粉末。叶片中央具有透明纵带。

Senecio macroglossus
金玉菊

英 文 名	natal ivy, wax vine, variegated wax vine
别 名	白金菊、蜡叶常春藤
繁 殖	扦插

金玉菊原产自南非。它外观与常春藤相似，但前者为菊科，后者为五加科，两者为不同科别的植物。喜好肥沃、疏松、排水性良好的介质。可栽培在半日照至光线明亮处。

↑具有花纹的叶片，叶色明亮，与常春藤外观相似。

形态特征

金玉菊为多年生的常绿蔓性肉质草本植物。三角形叶，互生。嫩茎具缠绕性，可向上或向他物攀缘生长。叶片上具有黄色或白色的花纹。花期为冬、春季。头状花序，花白色，雄蕊黄色。

→嫩茎具有缠绕的特性，用来攀缘借物生长，但枝条易断裂。

冬型种

Senecio mandraliscae 'Blue Finger'

绿鉾

异 名	*Kleinia mandraliscae*
别 名	美空鉾、蓝手指
繁 殖	扦插

绿鉾原产自南非。喜好生长在全日照至半日照的环境下，光照不足易徒长。十分耐干旱，栽种时除注意介质的排水性外，不需经常给水，待介质干透后再给水为宜。可露地栽植，作为极佳的地被植物。

↑绿鉾是很常见的菊科多肉植物，繁殖、栽培都容易。

形态特征

绿鉾为多年生的常绿肉质草本植物，全株泛着灰蓝色光泽。茎直立，株高50～60厘米。具自行分枝的特性，植群直径可长至60～90厘米。肉质的线形叶状似铅笔或手指，长7～8厘米，互生。全株覆有白色蜡质粉末。花期为夏、秋季，花白色，头状花序不具有舌状花。

←灰蓝色的外观及手指状的线形叶，植株成片生长时极为美观。

Senecio rowleyanus
绿之铃

英 文 名	string of pearls
别 名	绿铃、翡翠珠、佛珠
繁 殖	扦插

绿之铃原产自非洲西南部等地。因串串绿珠的造型十分可爱，为花市中常见的多肉小品盆栽之一。喜好干旱环境，栽培时不论生长期或休眠期都要注意水分的管理。绿之铃喜干恶湿，水分管理不当，易烂根造成整盆被破坏，失去观赏价值。半日照至光线明亮的环境皆可栽培。另有锦斑变异品种绿之铃锦（*Senecio rowleyanus* 'Variegata'）。冬、春季为繁殖适期，取一段茎节平铺于盆土上，待茎节上的不定根萌发后即可。以9厘米盆为例，应插入15～20个茎段，待茎段发根长芽后，才能有较佳的观赏品相。

↑像一串串的绿色豌豆，绿之铃是很讨人喜爱的菊科多肉植物。

形态特征

绿之铃为多年生的蔓性肉质草本植物。球形或纺锤形的叶互生，叶面上具有透明的纵纹，叶末端微尖。茎纤细，常见匍匐蔓生于地表；吊盆栽植后，植物呈悬垂状，绿色的"珠帘"垂坠而下，极为美观。花期为冬、春季之间，花白色，头状花序不具有舌状花。

→花市中也常见绿之铃的锦斑变异品种，栽培管理与绿之铃相同，但生长速度较慢。

秋海棠科
Begoniaceae

　　一年生或多年生的草本开花植物，也有灌木及小乔木的品种。多数秋海棠科植物的茎干呈肉质化，茎常有节。单叶互生，具有托叶。花单性，雌雄同株，辐射对称或两侧对称。果实为蒴果或浆果。广泛分布在热带及亚热带地区，主要分布在南美洲及亚洲，小部分分布在非洲。秋海棠科细分成2属，大约1400种。夏威夷秋海棠属（*Hillebrandia*）植物仅生长在夏威夷群岛，其余的种类都属于秋海棠属（*Begonia*）。小部分生长在美洲干旱地区的秋海棠科植物，全株密布茸毛，也被归纳在多肉植物之中。

■ 秋海棠属 *Begonia*

夏型种

Begonia peltata
绵毛秋海棠

异　　名	*Begonia incana*
英 文 名	fuzzy leaf begonia
别　　名	沙漠秋海棠
繁　　殖	播种、扦插

　　绵毛秋海棠原产自美洲墨西哥、巴西及危地马拉一带。与凡诺莎秋海棠一样，常称为沙漠秋海棠。在原生地常见与仙人掌科植物混生。茎、叶上着生毛状附属物而得名 fuzzy leaf begonia（毛叶秋海棠）。为广义的叶多肉植物。花后如经授粉，雌花会结出蒴果，果荚开裂后可见大量褐色的细小种子。收集后于春、夏季进行撒播即可。常见以扦插方式繁殖：取顶芽5～9厘米，去除基部叶片，留下2～3枚叶后，待伤口干燥后扦插。

形态特征

　　绵毛秋海棠为多年生的常绿草本多肉植物，株高约 60 厘米。茎叶肉质化，全株外被白色茸毛。卵形叶全缘或波状缘，单叶互生，基部常歪。托叶 2 枚，常脱落。花期为春、夏季，花白色或浅粉红色。

生 长 型

　　绵毛秋海棠冬季生长缓慢，可节水或置于较为温暖及高湿的环境中；若寒流来临需注意保暖，低温时易落叶。生长季节可充分给水，使用排水性良好的介质为佳。喜好半日照及光线明亮的环境；于遮阴环境中也能生存，但植物会徒长，叶色变绿，茎叶上的茸毛会较稀疏。若露天栽培，需注意介质的排水性，叶片缩小，茎叶上的茸毛会较为浓密。

←托叶会凋落，与凡诺莎秋海棠不同。

↑花白色，雄花与雌花大不同。子房上位花，雌花后方可见子房。

Begonia venosa

凡诺莎秋海棠

别 名	沙漠秋海棠
繁 殖	播种、扦插

凡诺莎秋海棠原产自南美巴西一带，喜欢干旱环境，分布于干旱的岩屑地区，与仙人掌科植物混生。为广义的叶多肉植物。以种名音译为其中文名，或以沙漠秋海棠通称。种子不易取得，常见以扦插繁殖为主，于春、夏季间进行，取顶芽5～9厘米，留下叶片1～2枚，待伤口干燥后扦插即可。

↑凡诺莎秋海棠革质、肉质化的叶片。

形态特征

凡诺莎秋海棠为多年生草本多肉植物，为木立型的秋海棠，草质茎直立。圆肾形的叶片肉质化，叶革质，叶表及叶背着生大量银白色的毛状附属物。大型的托叶2枚包覆在茎干上，防止水分散失。株高可达2米。花期集中在春、夏季之间，花白色，具有香气。

生 长 型

凡诺莎秋海棠植株强健，适应多种气候环境，栽培管理亦不难。但冬季若遇上寒流，低温会造成大量落叶，应适时移至避风处。可栽培于全日照环境中，但喜好半日照及光线明亮处。耐旱性佳，介质以泥炭土为主，再调和成排水性良好的介质。

→茎节上包覆着1对膜质托叶，防止水分散失。

木棉科

Bombacaceae

　　本科中有 20～30 属，180～250 种。广泛分布在全世界热带地区，其中美洲分布的种类最多。木棉科植物为落叶乔木，树干粗壮，如行道树木棉及美人树。部分树干基部会肥大，如马拉巴栗。单叶或掌状复叶，互生。花大型，为两性花，呈辐射对称，单生或为短聚伞花序，腋生或顶生。花萼杯状截形或有不规则的 3～5 裂。花瓣 5 枚，雄蕊 5 体，与花瓣对生。蒴果 5 裂，种子多半具毛状或丝状的附属物，通过风力传播种子。部分分类法已将木棉科并入锦葵科，列为木棉亚科。

■ 木棉属 *Bombax*

夏型种

Bombax ellipticum
足球树

英 文 名	bombax, shaving brush tree
繁　殖	播种、扦插

　　足球树原产自墨西哥及中美洲一带。属名 *Bombax*，拉丁文原意为"绢毛的"，形容本属植物果皮内具有绢毛。足球树与马拉巴栗、木棉和美人树一样，都是木棉科家族的成员。足球树在温度低于 18℃ 时会进入休眠状态。因茎干基部会膨大，茎表皮上的裂纹像足球的花纹而得名，为广义的根肥大的多肉植物之一。

↑足球树红色的新叶与成熟的绿叶对比起来极为好看。

　　花瓣不明显，花由多数雄蕊组成，粉红色的花丝聚集，像粉扑、毛刷一样，因而得名 shaving brush tree（修面刷树）。播种繁殖，种子可采收自成熟干燥后的果荚；播种的小苗因下胚轴处会肥大，成株后会有膨大的茎基部。扦插时则剪取成熟枝条，于春季进行插枝即可繁殖，唯扦插成活的足球树不具有肥大的茎基部。

凤梨科

Bromeliaceae

　　凤梨科植物共计 52 属，2500 ~ 3000 种，分布在热带至暖温带美洲，仅 *Pitcairnia feliciana* 一种分布在西非。这类远距离的分布，可能是自然或人为传播造成的。为了生存，凤梨科植物能适应干旱环境。部分凤梨科植物也与多肉植物一样，以景天酸代谢的方式进行光合作用。部分地生型（terretrial bromeliads）凤梨生长在较干旱环境中，如德氏凤梨属、硬叶凤梨属、银叶凤梨属、菝萝属及普亚属等，特别以沙漠凤梨称呼这一群生长在旱地的凤梨科多肉植物。银叶凤梨属多肉植物分布在墨西哥境内，与龙舌兰科龙舌兰属多肉植物等混生，也因为趋同演化（convergent evolution）的缘故而外观相似。

　　凤梨科多肉植物为多年生植物，多数花后母株不会死亡。具有发达旺盛的地下根系，茎短缩、不明显。肉质化的剑形叶，丛生或呈莲座状排列着生于茎上。叶缘具有内折或锯齿状的强刺；叶片质地坚硬，常披有大量的银白色毛状附属物。花期不定，花常于春、夏季之间开放，花序自茎顶或叶腋中抽出。果实为蒴果或浆果，种子部分具翅，可通过风力传播。

↑ 硬叶凤梨 *Dyckia marnier-lapostollei* 银白色的外观、叶缘上的强刺及莲座状叶序造就了它们张牙舞爪的外形，成为引人注目的焦点。

↑ 硬叶凤梨 *Dyckia fosteriana* 栽培品系众多，视其株形及体色市场上有不同的型和栽培品种。叶面上与龙舌兰一样会留有叶痕。

↑露天栽培时，叶片上的毛状附属物或鳞片结构物易受雨水淋洗、日晒风吹，外观不佳。

↑栽培在不受风吹雨淋环境下的植株外观较佳，叶片上的银白色附属物会保持得较为完整。

　　播种或分株繁殖，常见以分株繁殖为主。成熟的母株易自茎基部产生侧芽，待侧芽成长至一定大小后，自母株上分离下来即可。

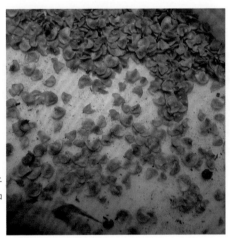

→硬叶凤梨的蒴果成熟干燥后，可收集大量的种子。种子具有翼的构造，有利于通过风力传播。

延伸阅读

http://web2.nmns.edu.tw/PubLib/NewsLetter/97/244/3.pdf
http://dyckiabrazil.blogspot.tw/
http://www.desert-tropicals.com/Plants/Bromeliaceae/Dyckia_marnier.html
http://dyckiabrazil.blogspot.tw/2013/08/blog-post_3836.html
http://plantsrescue.com/dyckia-fosteriana/
http://fcbs.org/index.html

■德氏凤梨属 *Deuterocohnia*

德氏凤梨属另译名为戴氏凤梨属，据美国佛罗里达凤梨协会（Florida Council of Bromeliad Societies, FCBS）记载，属内有12种，含1个亚种，共计13种。本属多肉植物花后母株不死亡。株形虽小，但易丛生形成地被，与较大型的硬叶凤梨属及银叶凤梨属等不同。栽培管理容易，但生长很缓慢，尤其是刚分株根系未建立前，生长更为缓慢。

夏型种

Deuterocohnia brevifolia

异 名	*Abromeitiella brevifolia*
繁 殖	播种、分株

本种原产自南美洲阿根廷北部及玻利维亚南部一带，常见成簇群生于岩壁缝隙里，为小型种的多年生常绿地生型多肉植物。易生侧芽，为广义的叶多肉植物。生长缓慢，原生地常见其形成致密的地被景观。在中国台湾栽培不易结果，致使种子不易取得。繁殖以分株为主，春、夏季为适期，剪下侧芽一丛（3～5株），再插入7.5～9厘米盆中即可。

↑ *Deuterocohnia brevifolia* 长成一大丛，需要时间的累积。

形态特征

本种长着浅绿色、三角形的肉质叶片，丛生于短缩的茎节上，叶有缘刺，叶末端呈尖刺状。单株直径2～3厘米。群生时植群的高度可达50厘米，直径达90厘米以上。花期为冬、春季之间，浅绿色的筒状花会自单株的心部抽出。

生长型

本种生长缓慢，十分耐旱，生长期应定期给水并给予适量的通用性缓效肥，有助于植群生长。以排水性及透气性良好的介质为佳。使用宽大的浅盆栽植为宜，不需经常换盆，待植群丛生长满花盆后再换盆，植群会生长得更快。

■硬叶凤梨属 *Dyckia*

硬叶凤梨属又称缟剑山属。本属多肉植物为地生型凤梨，主要分布在南美洲巴西。对光线的适应性佳，能生长在全日照环境下，也能生长在明亮或光线较不充足的环境下，但光线越充足，叶形及株形的表现越佳。易自基部增生侧芽或产生走茎，于母株四周长出小芽，常见丛生状植群。耐干旱，不需经常浇水，介质干透后再给水。繁殖除分株外，新鲜种子播种约三周后可发芽。

夏型种

Dyckia brevifolia

缟剑山

别　　名	厚叶凤梨、短叶雀舌兰、小叶雀兰
繁　　殖	分株、播种

缟剑山原生于南美洲草原环境。对光线适应性佳，全日照至半日照环境均可，稍耐阴。缟剑山的中文名沿用日本俗名，另有别名短叶雀舌兰、小叶雀兰。

形态特征

缟剑山为中小型种的地生型多肉植物。三角叶，厚实、质地坚硬的叶片以莲座状排列。成株叶片约30枚，末端及叶缘具刺。花期为冬、春季，总状花序不分枝，自叶丛中抽出，花黄色或橙色。

↑图为24厘米盆，全日照环境下叶片厚实、具光泽。

→成株后易自基部增生侧芽。

凤梨科

Dyckia delicata

繁　　殖	播种、分株

　　本种原产自南美洲巴西，原生地不常见。不耐寒冷，避免栽植于霜冻或结冰的地区。叶色多变，除了红色、绿色的个体外，亦有银白色及略带粉红色的个体。耐旱，对光线的适应性佳，全日照下或光线过强时，叶片末端会有焦尾现象。

↑细长的叶片及叶缘上夸张的强刺令人印象深刻。

形态特征

　　本种长长的剑形叶自心部向外抽出生长，叶向后反卷，叶缘有内折的强刺。叶片有红色、银白色、绿色等不同颜色。花期为夏、秋季，花自叶丛中抽出。

↑另有绿色、银白色等不同叶色的个体。

Dyckia fosteriana

| 繁　殖 | 播种、分株 |

　　本种原产自南美洲巴西。易生侧芽，常见呈丛生状的植群，植群株径可达30厘米以上。本种下有许多不同的人为选拔栽培品种，如叶色血红的 'Cherry Cola'，全株泛着银色光泽的 'Silver Superstar'，以及叶缘有强刺的 'Silvertooth Tiger' 等品种。繁殖以分株为主，春、夏季间为适期，侧芽至少要有5厘米长为分株标准。

↑在全日照及露天环境下，叶片出现较多焦尾现象。

形态特征

　　本种茎短缩、不明显。叶缘有刺的品种，叶片质地坚硬，叶序以放射状或莲座状排列着生在茎节上。在阳光下，灰绿色的叶片具有金属般的光泽；叶缘着生倒钩状的刺。喜好生长在全日照环境下，居家栽培至少应栽在半日照的环境下，株形会有较佳的表现。栽培2～3年应换盆一次；盆器选用浅钵状的，盆径视品种及植株大小而定，但建议至少要栽植在15厘米的盆中。

↑在光线明亮的环境下，叶色及叶姿的表现较佳。

↑ *Dyckia fosteriana* 实生变异多，因此有许多不同形态。

Dyckia marnier-lapostollei

凤梨科

| 繁 殖 | 播种、分株 |

本种原产自南美洲巴西干旱的岩石地区。1966 年被发现并命名，以发现者朱利安·马尼亚 – 拉波斯托勒（Julien Marnier-Lapostolle）先生之名命名。本种叶片上布满银白色的毛状附属物，十分耐热。

↑叶片反卷，叶缘上的刺造型特殊。

形态特征

植株大体由反卷的银白色剑形叶或长三角形叶组成。叶序呈莲座状排列。生长缓慢，易生侧芽。单株直径可达 30 厘米左右。

↑叶片上留有叶痕。

↑成株自基部产生侧芽。

■银叶凤梨属 *Hechtia*

银叶凤梨属又名华烛之典属。该属多肉植物外形与硬叶凤梨属多肉植物相似，但前者的花序会分枝，花白色，后者花序不分枝，花黄色。银叶凤梨属也是凤梨科中唯一分布在墨西哥的属别。在原生地常和龙舌兰科多肉植物混生在沙漠、干旱缓坡或岩屑地上。

因原生地环境相似，趋同演化的结果，外观与龙舌兰科多肉植物相似，叶序以莲座状排列。剑形叶略弯曲并具缘刺，叶缘及缘刺的基部会出现微红色或褐红色斑块。

龙舌兰科的丝龙舌兰与银叶凤梨因趋同演化而呈现出相似的外观。

↑丝龙舌兰，叶片尖端有刺，叶缘上有白色丝状附属物。

↑银叶凤梨的英文名 false agave 译为"假龙舌兰"，说明它与龙舌兰外观十分相似。

夏型种

Hechtia stenopetala
银叶凤梨

异　　名	*Hechtia glabra*
英 文 名	false agave
繁　　殖	分株、播种

　　银叶凤梨原产自北美洲墨西哥，为大型的地生型凤梨科多肉植物。叶缘具有倒钩状的锯齿缘，栽培或移植时需小心处理，避免被叶缘割伤。

↑银叶凤梨具有长长的剑形叶，且微向一侧弯曲。

形态特征

　　银叶凤梨茎基部不明显。长长的剑形叶微弯曲；叶缘上具有明显的锯齿缘，叶缘锯齿处在日夜温差大或日照充足时，会出现明显的斑块。

←叶缘处具有强锯齿缘及硬刺。

■莪萝属 *Orthophytum*

莪萝属为凤梨亚科的成员之一。果实为浆果。莪萝是耐旱地生型多肉植物，在开花前，呈丛生状外观，与常见的绒叶小凤梨（*Cryptanthus* sp.）相似。

花期心部会抽出笔直的花序，花序末端具冠芽构造，冠芽下方的苞片内含花苞 1～3 枚。花白色，开花并不明显。经授粉后，在苞片内产生白色浆果。

本属内具有攀缘的种类，如 *Orthophytum vangas*。莪萝属可与彩叶凤梨属进行远缘杂交，产生令人惊艳的杂交种。

属名 *Orthophytum* 是因其花序抽长的特征而来的。其字根 ortho 意为垂直，phytum 意为植物。多数莪萝属多肉植物仅局限分布在巴西东部。

↑红莪萝在全日照环境下植株通红，十分美观。

↑花序顶端会形成冠芽构造，白色的花朵开放在苞片间。

↑冠芽下方为花序，经授粉后，会产生白色浆果。

↑种子撒播后发芽近 2 个月的情形。

↑ *Orthophytum* 'Warren Loose' 花期结束后，花序的顶端会形成冠芽。

↑待花序顶端的冠芽个体够成熟后，可剪下来繁殖。

↑除分株外，冠芽扦插为莪萝属多肉植物的繁殖方式之一。

Orthophytum 'Brittle Star'

繁　　殖	分株、冠芽扦插

　　据美国佛罗里达凤梨协会的资料，本种为 *Orthophytum* 'Hatsumi Maertz' × 'Hatsumi Maertz' 的自交种子实生栽培选拔的品种。本种最大的特征为，叶片上的缘刺巨大、鲜明。

形态特征

　　本种与红莪萝外观相似，但本种生长较为缓慢。剑形叶狭长，反卷；叶缘缺刻大，叶缘硬刺较为鲜明而夸张。光线不足时叶色较为黯淡。中心的叶子基部缘刺色泽较浅，略带黄色。

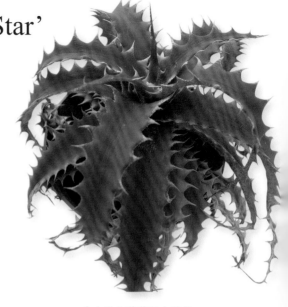

↑本种为莪萝属中著名的品种。

↑叶缘上的缺刻大，硬刺夸张而明显。

Orthophytum gurkenii
虎斑莪萝

| 繁　殖 | 播种、分株、冠芽扦插 |

　　虎斑莪萝原产自南美洲巴西，为巴西的特有种。为中小型的品种，繁殖以分株及播种为主。

形态特征

　　虎斑莪萝丛生状的剑形叶略向后弯曲，叶序排列状似星星。叶片上具有横带状斑纹。成株后于春、夏季开花，挺拔的花序长达 50 ~ 60 厘米，花序由绿色的苞片组成，花序末端具有冠芽构造。白色小花开放在绿色苞片中，花后自基部产生侧芽。

　　虎斑莪萝喜好光线直射的环境，栽培时应放置在至少有半日照的环境中。性耐旱，不需经常浇水。

↑虎斑莪萝为美丽的原生种。

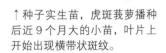

↑种子实生苗，虎斑莪萝播种后近 9 个月大的小苗，叶片上开始出现横带状斑纹。

←叶片上具有横带状的斑纹，状似蛇皮、斑纹图腾。

185

夏型种

Orthophytum 'Starlights'
红菝萝

繁　殖 | 以分株、冠芽扦插为主

据美国佛罗里达凤梨协会的资料，本种为虎斑菝萝的杂交种（*Orthophytum gurkenii* × *sucrei*）。红菝萝为虎斑菝萝的后代，叶片上仍保留有少许的毛状附属物，叶色鲜红。耐旱性佳。栽培在全日照至半日照环境下为佳。光线充足时，叶色表现良好；光线不足时，叶色黯淡。

↑花后会自基部萌发新生侧芽。

形态特征

红菝萝茎不明显。三角形或剑形叶以莲座状丛生，叶缘具有硬刺。叶片呈鲜红色或红铜色，光线不足时呈青红色。株形与母本虎斑菝萝类似，叶片上或基部具有部分银白色的毛状附属物。花序的苞片为黄绿色，花形小，花白色，开放在苞片之间。

↑红菝萝成株，剑形叶略向后反卷。

↑花序上的苞片呈黄绿色，白色小花开放在苞片间。

■普亚属 Puya

普亚属又名皇后凤梨属。本属多肉植物主要分布于中南美洲，如哥斯达黎加、巴西、秘鲁等地，秘鲁境内分布最多。属名 *Puya* 源自印第安语，为点的意思。

普亚属多肉植物的叶片基部会形成紧密的叶环。叶鞘略呈肉质，以保护茎部。花白色、黄色、蓝色或绿色，开花时花序庞大，呈放射状，十分醒目。

夏型种

Puya mirabilis

繁　殖	分株、播种

本种原产自南美洲阿根廷和玻利维亚。成株在原生地高度可达约 2 米，盆植后成株株高约 60 厘米。栽培容易，常见用于庭园布置，植丛直径可达 2 ～ 3 米。

形态特征

本种的短茎不明显，细长的叶以莲座状排列。叶丛的外观似杂草一般，叶缘具有细刺。

↑本种细长的叶具有杂草般的外观，但叶缘上一样具有细刺。

→下位叶及叶片基部形成叶环的构造，用来保护短缩茎和防止干旱。

鸭跖草科
Commelinaceae

　　鸭跖草科植物为一年生或多年生的匍匐性草本植物，大部分分布在全世界热带地区，小部分分布在温带及亚热带地区。部分品种为广义的多肉植物，常见以茎、叶肉质形态为主。本科植物中锦竹草属（*Callisia*）多肉植物最为常见，可用于室内观叶植栽或作为吊盆植物等。

常见的紫鸭跖草（*Setcreasea purpurea*）。鸭跖草科多肉植物的特征除了叶鞘包覆在茎节上外，花丝上还具有毛。

外形特征

　　单叶互生，叶片无柄或柄不明显，叶鞘包覆在茎节上。单花顶生在枝条末端，偶有腋生，或为圆锥状的聚伞花序。两性花，花萼及花瓣3枚，但花瓣不整齐。花色以蓝色、粉红色或白色为主。花丝上具有毛，着生在花瓣基部。花后会结果，果实为蒴果。

↑小蚌兰为公园绿地上常用的地被植物，对环境的耐受性强。

↑紫背鸭跖草（吊竹草）为常见的地被植物，已驯化在野地间。

↑鸭跖草科多肉植物的叶基部，叶鞘包覆在茎节上。

繁殖方式

　　鸭跖草科多肉植物以扦插繁殖为主，可取顶芽扦插。部分品种花后会自基部产生大量侧芽，待植群够健壮后，再以分株方式繁殖亦可。

↑鸭跖草科的多肉植物，用带有顶芽的枝条进行扦插繁殖最为适宜，长度5～8厘米即可。插穗的下位叶应剥除，待伤口干燥后再扦插。

生长型

　　鸭跖草科多肉植物为夏型种。一般而言，鸭跖草科多肉植物不难栽植，对环境的适应性佳，如常见的小蚌兰、紫背鸭跖草及翠玲珑等，在全日照至阴暗处、潮湿或干燥环境中都能生长。

　　鸭跖草科多肉植物喜好温暖的环境，冬季生长会趋缓或停止生长，因此为夏季生长型的品种。栽培时可待气候回暖后，于端午节前后进行换盆、换土或繁殖等作业，以利于下一季的生长。对土壤及介质的适应性强，但以富含有机肥且排水性良好的介质为佳。

■锦竹草属 *Callisia*

Callisia fragrans 'Variegata'
斑叶香露草

异　　名	*Rectanthera fragrans* / *Spironema fragrans*
别　　名	大叶锦竹草、香锦竹草
繁　　殖	分株

　　斑叶香露草原产自墨西哥。因白色花朵具有淡淡的宜人香气而得名。不具斑叶特性的品种称为香露草（*Callisia fragrans*）。

↑为多年生草本植物，单叶互生。

形态特征

　　单叶互生，叶片生长较为致密，外观状似轮生或呈莲座状排列。叶片光滑无毛，光线充足时叶缘呈紫红色或叶片上会具有不规则的紫红色斑点。成株后易生长走茎。花期为冬、春季；花序顶生，长 50 厘米以上；花白色，开放在花序的茎节上，具有香气。

↑斑叶香露草叶色明亮，适应性强且耐旱性佳，可与其他夏型种的多肉植物合植，作为组合盆栽中的主角。

↑与绒叶小凤梨合植于铁罐中，营造出杂货风的氛围。

Callisia repens
怡心草

英 文 名	Bolivian jew, chain plant, inch plant, turtle vine
繁　　殖	扦插

怡心草原产自热带美洲。常作为观叶植物栽培，另有锦斑变异的品种，常用作地被植物及吊盆植物。对环境的适应性强，耐旱、耐湿、耐阴，也能适应全日照环境。虽作为观叶植物栽培，但可列为广义的多肉植物。春、秋季为繁殖适期，以扦插繁殖为主。

↑ 与景天科月兔耳合植的情形。

形态特征

怡心草为多年生蔓性的地被植物。叶呈长卵形或心形，互生，薄肉质状，叶表有蜡质，明亮具光泽；光线充足时，叶表及叶背会有紫红色斑点。

↑ 全日照下叶片上的紫红色斑点会明显些，冬季会出现生长缓慢的现象。

■蓝耳草属 Cyanotis

Cyanotis arachnoidea

蛛丝毛蓝耳草

英 文 名	grass of the dew
繁 殖	分株、扦插

蛛丝毛蓝耳草原产自非洲至亚洲的热带地区。根可入药，具有促进血液循环的功能，可松弛肌肉，据说还可缓解风湿性关节炎等的症状。适应性强，略呈肉质的叶可耐强光，耐旱性亦佳，因此被列入广义的多肉植物中。特殊的紫红色叶片，适合与其他多肉植物合植或用作地被植物。

↑日光充足时，叶呈紫红色。

形态特征

蛛丝毛蓝耳草为常绿的多年生草本植物。茎常呈短缩状。全株披覆白色毛状附属物，叶表毛状附属物少，叶背较多。长卵形叶片互生，未开花时叶片集中生长于茎顶部。全日照环境下或光照强烈时，叶片呈紫红色；光照不足时叶形狭长，叶绿色。花期在夏、秋季之间，花形特殊，但单花花期仅一天；花期时茎开始匍匐伸展；花序呈蝎尾状，于茎顶端生出，蓝色的花丝具有丝毛状构造，花呈蓝色。

↑蛛丝毛蓝耳草有着茸毛状的花瓣，蓝色的花朵虽然不大，却是令人一再注目的地方。

←未开花时茎部短缩，植群较为致密。

■水竹草属 *Tradescantia* 夏型种

Tradescantia navicularis

重扇

异　　名	*Callisia navicularis*
英 文 名	window's tears, day flower, chain plant, striped inch plant
繁　　殖	扦插、分株

　　重扇原产自墨西哥，为多年生的小型草本植物。种名 *navicularis* 源自希腊文，为船形之意，用来形容其特殊的叶部特征。

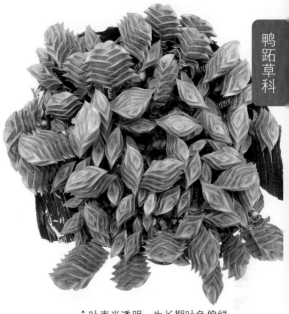

↑叶表半透明，生长期叶色偏绿。

形态特征

　　茎匍匐生长。叶披针形，互生。叶片多肉质，生长期叶片的组织会储水，叶肥厚，呈 2 列互生。夏季生长期叶片呈绿色；冬季休眠后，叶片会干缩，呈红褐色。花期为夏季，花仅一日的寿命，上午开放，下午即凋谢。开花时茎部伸长且略向下垂，于顶端开花。花紫色或粉红色。

↑重扇对生且致密的叶序，因叶片基部抱合而像是一艘小船。

←冬季休眠期叶呈红褐色。应避免淋雨，否则枝条易发生腐烂现象。

Tradescantia sillamontana
雪绢

英 文 名	white velvet
别 名	白雪姬
繁 殖	扦插、分株

雪绢原产自墨西哥干燥地区，为多年生的草本植物。

形态特征

雪绢植株呈丛生状，灰绿色长卵形叶互生。外观特殊，全株密覆大量白色毛状附属物。茎先直立生长，后匍匐生长。株高 30 ～ 40 厘米。花期为夏季，单花于茎部顶端开放，花紫色或粉红色。

↑长卵形叶呈 2 列互生。

→花期为夏季，紫色或粉红色单花开放在茎部顶端。

变 种

Tradescantia sillamontana 'Variegata'
雪绢锦

雪绢锦为雪绢的斑叶品种。

景天科
Crassulaceae

　　景天科植物品种众多，有30～35属，1400种左右，主要作为观赏植物及地被植物使用。本科植物中多数为叶多肉植物，以特殊的叶形、叶序及多变的叶色为观赏重点。生长环境多样化，由湿地延伸至干旱的沙漠，低海拔至高海拔环境都可见到它们的身影，但主要分布在北半球区域。中国台湾亦有原生的景天科植物，如鹅銮鼻灯笼草（*Kalanchoe garambiensis*）、石板菜（*Sedum formosanum*）及玉山佛甲草（*Sedum morrisonense*）等。

↑原生于中国台湾的景天科火焰草（*Sedum stellariifolium*）的小苗，生长于潮湿的水泥坡壁。

↑原生于中国台湾东北角海岸的石板菜（*Sedum formosanum*）。（江碧霞摄）

↑石板菜花期为春、夏季，金黄色的花呈一大片盛开，让海岸成为名副其实的黄金海岸。

↑穗花八宝（*Hylotelephium subcapitatum*），中国台湾原生的景天科特有种植物，又名头状佛甲草、穗花佛甲草。分布在台湾海拔3000米的高山地区。（庄雅芳摄自合欢山）

↑玉山佛甲草（*Sedum morrisonense*）分布在中国台湾高海拔山区，全株植物光滑无毛，绿色、肉质、披针状的单叶互生。花于夏季盛开。常见生长在向阳的岩屑地。（庄雅芳摄自合欢山）

外形特征

　　景天科多肉植物以一年生至多年生的草本植物为主。叶肉质，呈莲座状排列或十字对生。为伞房花序或圆锥花序；花为整齐花，呈辐射对称。花瓣 3～30 枚，常见 4～6 枚，5 枚最为常见。果实为蓇葖果，种子细小如灰尘。以雄蕊数目作为分类依据，依 Henk't Hart 的分类法，景天科又细分成青锁龙亚科和佛甲草亚科。

■ **青锁龙亚科 Crassuloideae**

　　雄蕊数目与花瓣数目一样。以青锁龙属的波尼亚为例，5 枚花瓣，5 枚雄蕊，且叶片对生。

■ **佛甲草亚科 Sedoideae**

　　雄蕊数目是花瓣数目的 2 倍（部分例外）。大多数景天科多肉植物的属别均在本亚科中。以景天属的雀利（*Sedum acre*）为例，5 枚花瓣，10 枚雄蕊。

青锁龙亚科
雄蕊数目与花瓣数目相同，为本亚科多肉植物最主要的特征。

佛甲草亚科
雄蕊数目为花瓣数目的 2 倍，此为大多数景天科多肉植物的主要特征。

　　佛甲草亚科按叶片生长方式及花瓣是否分离又区分为伽蓝菜族及景天族。

1. 伽蓝菜族 Kalanchoeae

　　叶互生或对生，叶片大多平坦，具有锯齿状叶缘。花瓣基部合生成筒状，花瓣数为 4～5 枚。

叶互生的属别：天锦章属（*Adromischus*）等。

叶对生的属别：落地生根属（*Bryophyllum*，有些分类则并入伽蓝菜属）、银波锦属（*Cotyledon*）、伽蓝菜属（*Kalanchoe*）。

天锦章属

天锦章。本属为叶片互生的属别，叶片多半十分肥厚。本种叶缘末端呈波浪状。

落地生根属

蝴蝶之舞锦，花萼 4 枚合生成花萼筒，包覆于花朵下方。

伽蓝菜属

匙叶灯笼草（*Kalanchoe spathulata*），花萼 4 枚未合生成花萼筒，花瓣 4 枚，基部合生，花朵向上开放。

伽蓝菜属

江户紫（*Kalanchoe marmorata*），归类在叶片对生的属别中。

2. 景天族 Sedeae

叶片厚实，多为互生或轮生，呈莲座状排列；叶全缘。花瓣 5～32 枚，花瓣基部分离。

叶互生的属别： 瓦松属（*Orostachys*）等。

叶序呈莲座状排列的属别：

（1）花瓣 5 枚，景天属（*Sedum*）等。

（2）花瓣多于 5 枚，花序顶生。

原产自欧洲、西亚、非洲西北部、高加索地区的属别：银鳞草属（*Aeonium*）、摩南属（*Monanthes*）及卷绢属（*Sempervivum*）等。

（3）叶片上具有白粉，原产自北美的属别：粉叶草属（*Dudleya*）等。

（4）原产自美洲的属别：拟石莲花属（*Echeveria*）、胧月属（*Graptopetalum*）及厚叶草属（*Pachyphytum*）。

银鳞草属
夕映（*Aeonium decorum*）叶片顶生，茎部木质化，自茎顶抽出圆锥花序，花白色，花瓣多于5枚。本属多肉植物花后会全株枯萎死亡。

摩南属
摩南景天（*Monanthes brachycaulos*）株形矮小，叶片常见密生、呈莲座状排列，花瓣多于5枚。花瓣多于5枚的品种多数产自纬度较高及高海拔地区。

拟石莲花属
以 *Echeveria* 'Lola' 为例，本属多肉植物叶片轮生，呈莲座状排列。穗状花序偏向一方开放，花穗自叶腋中抽出，钟形花冠，花橘红色，花瓣与花萼数目相等，子房上位花。蓇葖果。

胧月属
以胧月（*Graptopetalum paraguayense*）为例，本属多肉植物的花为星形花，花常见白色或黄色，花瓣与花萼数目相等。花瓣常具褐色斑纹（部分品种无）。本属多肉植物雄蕊略向后弯曲。

生长型

冬型种。景天科的多肉植物全世界均有分布。各科、属及种间栽培管理虽略有不同，但大多喜好生长在冷凉的气候环境中。栽植时应以排水性佳的介质为宜。夏季高温时会有生长停滞或休眠的现象，应移至遮阴处并节水管理，以协助其越夏。对高温较为敏感的品种，可于夜间利用风扇降低夜温。

繁殖方式

以扦插为主，除剪取顶芽、嫩茎扦插繁殖外，多数品种亦可叶插繁殖。

不易扦插的品种，可使用胴切以去除顶芽的方式，促进下位叶腋间的侧芽发生，待侧芽苗壮后，再行分株繁殖。若环境适宜，可收集种子进行播种；或选取合适的父、母本进行杂交育种，再收集种子，利用播种的方式创造新品种。

↑ "落地生根"是景天科多肉植物繁殖的策略。

↑ 大量繁殖时，为让小苗生长势较为一致、成苗品质较佳，应取顶芽扦插。

■叶插 leaf cutting

景天科多肉植物于生长季时，取下完整强壮的叶片，待基部伤口干燥后，放置于干净的介质表面，即可于叶基部发根长芽。

上：玫瑰之精叶插苗。
下：白牡丹叶插苗。叶插苗株形较小，生长也较不整齐。

■茎插 stem cutting

为缩短育苗时间，可采取茎插方式，建立大量母本后，剪取其枝条顶端，以嫩茎或顶芽为插穗。待枝条的伤口干燥后，静置枝条，待枝条基部发根后再植入盆中。茎插最大的好处是育苗期短，小苗的生长势较为一致。

↑耳坠草顶芽剪下后2～3周即发根。

↑熊童子顶芽插穗，待枝条基部干燥收口后即可插入盆中。

↑千佛手等各类多肉植物，剪取顶芽插穗，繁殖速度最快。

■胴切 budding（去除顶芽）

以玄海岩为例，于冬、春季可利用刀片或渔线，将顶芽（即心部）切除。心部可独立进行扦插。下半部的叶丛因心部生长点去除，于生长季时下方的叶丛叶腋间会大量发生侧芽。

Step1
玄海岩胴切去除心部，40～50天后的情形。

Step2
将较大的侧芽取下扦插，此为约2周后的情形。

Step3
侧芽扦插4～5周后的情形。

本方法适用于各类景天科多肉植物,除繁殖之外,还能营造出树形的姿态。以下以星美人为例介绍:

Step1
使用凿刀切取顶梢带有 3 ~ 5 对叶片的枝条。

Step2
取下后可分为上半部及下半部。下半部宜留下数对叶片,有利于叶腋间的侧芽生长。

Step3
上半部的芽,可将下位叶片剥取数枚,待伤口干燥后进行叶插。

Step4
整理好的顶芽再插入干净的介质中。

Step5
去除顶芽 6 ~ 7 周后,于叶腋间长出新生的侧芽。可视需求再剪下侧芽扦插;或适当保留新生的侧芽,以营造出树形枝条。

■**播种** seeding

　　环境适宜时，可采收种子，以播种方式大量繁殖。为大量生产小苗时，也可购入新鲜种子，以播种方式生产小苗。播种方式多半在创造新品种时使用，可选取适合的父、母本，以人工授粉方式促进种子的形成，得到种子后再播种，于苗群中选育出具新颖性的品种。

↑试用醉美人作为杂交亲本，练习人工授粉。

←授粉后 5～6 周，蒴果成熟后会开裂，内含大量细小种子。

→选购的银鳞草属种子播种后，移植一次后的情形。

延伸阅读

http://www.desert-tropicals.com/Plants/Crassulaceae/

http://www.fuhsiang.com/fengxi/front/bin/ptlist.phtml?Category=45

http://www.succulent-plant.com/families/crassulaceae.html

http://www.tbg.org.tw/tbgweb/cgi-bin/forums.cgi?forum=89

http://www.plantoftheweek.org/crassula.shtml

http://www.cactus-art.biz/schede/ADROMISCHUS/photo_gallery_adromischus.htm

http://www.cactus-art.biz/gallery/Photo_gallery_abc_cactus.htm

http://crassulaceae.net/graptopetalummenu/59-speciesgraptopetalum/150-genus-graptopetalum-uk

http://davesgarden.com/guides/articles/view/1441/

http://www.crassula.info/CareEN.html

http://www.zimbabweflora.co.zw/speciesdata/species.php?species_id=125190

http://www.plantzafrica.com/plantcd/crassulaexilis.htm

http://zh.wikipedia.org/wiki/%E6%99%AF%E5%A4%A9%E7%A7%91

■天锦章属 Adromischus

本属为分布于非洲的景天科多肉植物，约有 30 种，分布于南非、纳米比亚等地。属名 *Adromischus* 源自希腊文，由 hadros（肥厚）与 mischos（茎或梗）组成，用来形容本属多肉植物具有粗大、短而直立的茎的特征。天锦章属多肉植物叶形、叶色都极具特色，在日照充足时叶形、叶色表现更佳。

该属多肉植物为多年生草本植物，植株矮小，通常在 20 厘米以下。

叶片肉质肥厚，表面具有斑点或被有稠密的毛状附属物；叶缘常见波浪状。少数品种茎基部会肥大，成株后呈现根茎多肉质的姿态。

天锦章属多肉植物的花朵在景天科中较小，花冠以粉红色或红色为主，具有绿色或白色的花筒；粉红色的花冠上会分泌类似花蜜的物质，但易引发真菌感染，其中以灰霉病感染最为常见。

↑天章的花开放在茎顶梢，5 枚花瓣合生成筒状向上开放，花白色。

↑天锦章开花时，自茎顶处抽出长花梗。

↑小花以总状花序排列在花梗顶端。

天锦章属多肉植物以奇特的叶片姿态著名，并不以赏花为主，花形、花色也不佳。栽种时若发现花梗，应予以切除，以防止真菌感染，还能避免开花时养分的损耗。

御所锦
叶缘波浪状，叶片上有不规则的红褐色斑点。

花叶扁天章
叶片上具有红色斑点。

天锦章
新叶红色，肉质叶片上有深色的斑点。

天章
有特殊的波浪状叶缘。

朱唇石
状似苦瓜的叶片相当奇特。

银之卵
灰绿色长卵形近棒状的叶片及其内凹的特征很鲜明。

繁殖方式

天锦章属多肉植物的繁殖以叶插或取茎顶端扦插等方式为主。繁殖适期以冬、春季为佳。剪取带有茎顶的枝条或叶片，至少放置半天或1～2天，待伤口干燥后再行扦插。

生长型

天锦章属多肉植物为冬型种。喜好干燥及通风环境，栽培时应以排水性良好的介质为主，可混入大颗粒的矿物性介质，以利于根部排水及透气。本属多肉植物多不耐寒冷。夏季高温期间，应移至阴凉通风处，节水以利于越夏。虽耐阴，但更喜好光线充足的环境。光线条件适宜时株形良好，短直立茎会略呈树形，姿态优美；光线不足时虽能生长，但常因徒长而变形。原生地气候干燥，仅于春、秋季能接受到部分的雨水，因此栽培时应于冬、春季生长期间充足给水。建议待介质表面干燥后再浇水，以让介质保持干湿交替的状态，有利于植株的生长。

病虫害不多，以较为常见的粉介壳虫为主。此外，栽种天锦章属多肉植物时，应多繁殖一株作为备份，因为天锦章属多肉植物在成株后易自茎基部或干掉的花梗处腐烂而导致全株死亡，从而造成断种现象。

延伸阅读

http://www.canddplants.com/adromischus-photos/

Adromischus cooperi

天锦章

异 名	*Adromischus festivus*
英 文 名	plover eggs plant
繁 殖	扦插

　　天锦章的中文名沿用日本名。原产自南非开普敦东部的高海拔地区。英文名 plover eggs plant 意为像是鸻科水鸟蛋的植物，形容本种植物叶片斑纹、叶形与水鸟蛋相近。

↑管状的肉质叶片具波浪状叶缘。

形态特征

　　天锦章为小型种，生长缓慢。株高约 7 厘米，叶片呈管状或桶状，带有暗色斑纹，叶色为灰绿色或带点蓝绿色的色调。叶长 2 ～ 5 厘米。花期为冬、春季，开花时，花穗长 20 ～ 25 厘米，花粉红色。若浇水过多或气温过低，会大量落叶。

↑天锦章的茎干粗短，基部有大量叶痕。叶末端具波浪状缘。

←叶片上的斑纹分布与鸻科水鸟蛋的斑纹十分相似。

Adromischus cristatus
天章

英 文 名	crinkle leaf plant
别 名	永乐
繁 殖	扦插

天章的中文名沿用日本名。原产自南非开普敦西部地区。英文名中的 crinkle leaf 形容其特殊的波浪状叶形。

形态特征

天章为多年生草本植物。斧形叶肉质，叶缘圆润且呈波浪状，叶片上具有浅褐色斑纹。短直立茎，茎干上着生大量的褐色毛状气生根。

↑光线充足时，株形粗壮，叶片充实、排列紧密。叶缘呈波浪状，极具特色。

→光线不充足时，植株较高，叶序排列松散，茎干上可见大量的褐色毛状气生根。

变 种

Adromischus cristatus var. *schonlandii*
神想曲

神想曲为天章的变种，外形与天章类似，但叶片较天章长，叶深绿色。叶缘并非波浪状，叶片上着生纤细的腺毛。茎干上与天章一样密生大量的褐色毛状气生根。

Adromischus cristatus var. *zeyheri*
世喜天章

异　名 | *Adromischus zeyheri*

世喜天章为天章的变种，外形与天章类似，但叶色呈浅绿色或草绿色。叶末端具有波浪状叶缘，但皱褶及波浪状较不明显。叶片光滑无毛。茎干及叶腋处会着生少量毛状气生根，不似天章或神想曲那样密生褐色毛状气生根。

↑世喜天章叶末端的波浪状叶缘较不明显。叶色较天章淡，为叶色浅绿的变种。

Adromischus cristatus var. *clavifolius*
鼓槌天章

英文名 | Indian clubs

鼓槌天章为天章的变种，中国俗名为水泡或鼓槌水泡。英文名 Indian clubs，沿用栽培种名，部分学名会标注 *Adromischus cristatus* var. *clavifolius* 'Indian Clubs'。为多年生肉质草本植物至小灌木，株形小，但开花时株高可达 30 ～ 40 厘米。茎干和其他天章一样，具有棕色的毛状气生根。特征为球形或长球形的肉质叶，具长柄，互生，叶末端棱形、具角质，叶绿色、具光泽。光线充足及日夜温差大的季节，红褐色斑纹明显；光线不充足时，叶色较绿，斑纹不明显。花期为春、夏季，花浅粉红色，花筒深处为深红色；花小、不明显，开放在茎顶。

↑球形或长球形的肉质叶，具长柄。

←光线较不充足时，叶绿色，叶柄较长。

Adromischus filicaulis
丝叶天章

异　名	*Adromischus filicaulis* ssp. *filicaulis*
别　名	长叶天章
繁　殖	扦插

　　丝叶天章原产自南非。中国俗名为长叶天章。与其他天锦章属多肉植物的叶形不同，但都保留叶片上具有特殊斑纹的特征。

形态特征

　　丝叶天章为多年生肉质草本植物至小灌木。株高 5 厘米左右，开花时可达 20 厘米。叶呈棒状或长梭状，叶末端尖。叶片长 3 ～ 5 厘米，无柄、互生，具有红褐色斑点且覆有白色粉末。光线充足时叶片上的斑纹明显，光线不足时叶色翠绿。花期为冬、春季，花小、不明显，但花梗长，花开放在茎顶上。

↑长梭状或棒状叶片上具有红褐色斑点。

→株形小，因花梗长，花开放在茎顶上。

208

Adromischus marianae var. *alveolatus*
银之卵

异　　名	*Adromischus marianae*
	'Alveolatus' / *Adromischus alveolatus*
繁　　殖	扦插

　　银之卵的中文名沿用日本名。中国统称 *Adromischus marianae* 这类群的植物为玛丽安，以其种名音译而来。原生于南非，常见生长在岩屑地或岩壁的缝隙间。银之卵被认为是 *Adromischus marianae* 中的变种。

形态特征

　　银之卵株形矮小，为多年生肉质小灌木，成株时株高 10～15 厘米。叶形奇特，为卵圆形，互生。叶片两侧向中肋处内凹，叶银灰色或灰绿色。花期为冬、春季，花小、不明显，宽仅 1.2 厘米左右，开放在茎顶梢。

Adromischus marianae var. *herrei*
朱唇石

异　名 | *Adromischus herrei*

　　朱唇石的中国俗名为翠绿石、水泡，或称朱唇石、太平乐。原产自南非，常见生长在岩屑地或岩壁的缝隙间。从异名来看，部分分类认为朱唇石为 *Adromischus marianae* 的变种（varietas，var.）或一个型（forma，f.），后又独立成为一个新种。

　　朱唇石生长缓慢，具有块根状的粗根。茎为短直立形，基部肥大。叶为橄榄球状，叶表具有皱褶及疣状突起。绿色型的品种，叶状似苦瓜；红色型的品种，叶则状似干燥的葡萄干或红色的荔枝。叶片两侧略向内凹。叶色表现受季节及光线条件影响，在光照充足时，新芽会呈现红褐色或略呈紫红色。绿色的叶片成熟后，叶表蜡质变厚，使叶色略呈银灰色。

↑朱唇石的叶片就像是一根根绿色的苦瓜。

→酒红的叶色，其栽培品系与绿色的不同，光线充足时酒红的叶色会更加鲜明。

Adromischus marianae var. *herrei* 'Coffee Bean'

咖啡豆

异　名 | *Adromischus marianae* 'Antidorcatum'

　　咖啡豆应是选拔后的栽培品种。与朱唇石和银之卵等，均为 *Adromischus marianae* 的变种或栽培种。

　　咖啡豆为多年生肉质草本植物，为小型种，生长缓慢。外形与银之卵相似，但株形小，叶色偏红，卵形叶状似咖啡豆，具短柄、互生。叶片中肋处内凹或肥叶缘两侧向内凹。叶为红褐色至灰绿色，光线弱则叶色偏浅绿。日照充足时，叶片上的红色较深，暗红色斑纹也较明显。花期为春、夏季之间，花小型，花萼绿色，5枚花瓣合生成筒状，先端5裂，总状花序开放在茎的顶梢。

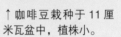

↑咖啡豆栽种于11厘米瓦盆中，植株小。

←叶偏红褐色，呈卵圆形，状似咖啡豆。

Adromischus maculatus

御所锦

英 文 名	calico hearts plant
繁 殖	扦插

御所锦原产自南非，广泛分布在只有夏季降雨的内陆岩石山脊处。英文名均以 calico hearts plant（印花布心形植物）通称。

↑扁平状、互生的圆形叶片，像是一对对黑巧克力脆片。

形态特征

御所锦株高可达 10 厘米，老株茎基部肥大，具块根。为生长相对缓慢的植物。叶扁平状，圆形或卵圆形，叶片上具巧克力色的斑纹。叶缘角质化，看似由银色的线所包覆。

→叶缘角质化，像是镶嵌了一条银线。

Adromischus trigynus var.
花叶扁天章

英 文 名	calico hearts plant
繁　　殖	扦插

　　花叶扁天章的中文名沿用中国俗名。为红叶扁天章（*Adromischus trigynus*）的叶片较狭长的变种，但部分资料中两者并无差异，均归纳在红叶扁天章学名之下。原产自南非开普敦东北部地区。英文名中的 calico hearts 直译为"印花布心形"，用来形容其具酒红色斑点的互生叶片。

↑叶序互生，看似由印花布组成的植物。

形态特征

　　花叶扁天章为小型种，株高约 3.5 厘米，具有块根，以支持短直立茎。叶灰绿色或灰白色，叶片上具酒红色斑点，叶缘角质。

→叶片上酒红色的斑点及角质的叶缘，让花叶扁天章外观看起来利落有型。

■银鳞草属 *Aeonium*

银鳞草属多肉植物有 30 多种，又称艳姿属、莲花掌属。主要分布于西班牙的加那利群岛、摩洛哥及葡萄牙等地，部分品种分布于东非。属名 *Aeonium* 源自希腊文 aionos，为永恒、不老之意。英文名常称本属多肉植物为 saucer plant，可能因其顶部丛生的叶片状似碟或碗而得名。

外形特征

本属植物多为灌木状的多肉植物，茎干粗壮、肉质，表面有大量明显的叶痕，有些于木质化的茎干上易生不定根。叶片质地较薄，以螺旋状排列并互生于茎干顶端。光线充足时，叶片会向心部弯曲，叶丛呈碗状。匙状的叶光滑，叶缘具粗毛。株形与叶色特殊，为受欢迎的景天科多肉植物。

↑艳姿（*Aeonium* sp.）的匙形叶光滑、互生、以莲座状排列，丛生于茎顶端，具有特殊的毛状叶缘。

↑夕映的花序开放在茎端，花乳白色，圆锥花序。

↑夕映成株时呈现树形的姿态。

花期为冬、春季，于茎顶开放出大型的圆锥花序，花瓣数多为5枚或5枚的倍数，花白色或黄色。花后死亡，在凋零前会产生大量种子，种子细小。银鳞草属多肉植物与其他景天科多肉植物最大的不同点在于叶片质地较薄，不似其他景天科多肉植物叶片肥厚。具有明显的主干，以树形生长。叶片或叶丛多生在枝条顶端。

↑种子细小，播种时以撒播为宜，并需进行3~5次移植，以利于小苗养成。

↑剪取带有叶序的嫩茎扦插即可。本属多肉植物叶插不易成功。

繁殖方式

播种及扦插。可剪取顶芽扦插或取分枝的侧芽扦插。

生长型

冬型种。栽培时对土壤及其他介质的适应性强，介质以排水性好、疏松为要。多为夏季休眠型的品种，休眠时会大量落叶。越夏时需注意移至半阴处并限水，保持枝条饱满，不萎缩干枯；待秋季气温下降后，开始给水，枝梢顶端会再开始萌发新叶，开始新一季的生长。

生长期间适量给水。全日照至半日照环境均可栽植。根据不同品种，依叶色可简易区分：叶紫黑色的品种应给予全日照，绿叶的品种则应栽植在半日照或略遮阴处。

冬型种

Aeonium arboreum var. *atropurpureum*

黑法师

异 名	*Aeonium arboreum* 'Atropurpureum'
繁 殖	扦插

黑法师可能为 *Aeonium arboreum* 经长期园艺栽培后产生的变种。栽植时需注意于生长期间养壮植株，并让叶片数增多，这将有助于黑法师越夏。夏季应节水并移至避光处或夜间较凉爽处；若无海拔高度营造出的日夜温差，可于夜间加开风扇并喷水雾，以利于夜温下降。

↑紫黑色黑法师在景天科多肉植物中十分抢眼。

形态特征

黑法师茎干直立，分枝性良好，栽培后会渐成树形。紫黑色或浅绿色的匙形叶互生，螺旋状排列在茎顶。叶似莲座状丛生在枝梢顶端。生长期间叶色偏绿，开始休眠时，叶开始转为紫黑色。花期为夏季，花鲜黄色，大型的圆锥花序自茎顶端开放，但在台湾的气候条件下栽培不易观察到开花。冬、春季为繁殖适期，剪取顶芽或侧枝进行扦插繁殖。

↑光线充足时，心叶会向心部微弯，呈碟子状。

↑黑法师分枝性良好，成株后会呈树形姿态。

Aeonium arboreum var. *atropurpureum* 'Cristata'

黑法师缀化

黑法师缀化为园艺选拔栽培种。

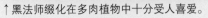

↑黑法师缀化在多肉植物中十分受人喜爱。　↑外观特殊，状似许多黑法师丛生一处。

Aeonium arboreum var. *atropurpureum* 'Schwarzkopf'

墨法师

墨法师为园艺选拔栽培种，为自黑法师中选拔出的叶色更深红、叶形较长的品种。

↑墨法师叶色较深。　↑叶形也较为狭长。

Aeonium 'Cashmere Violet'
圆叶黑法师

　　圆叶黑法师为园艺选拔栽培种，应为自黑法师中选拔出的叶形较为圆润的品种。

↑匙形叶较为圆润为主要特色。

↑黑法师叶形较狭长，且质地较薄。

Aeonium arboreum 'Variegata'
艳日伞

异　名 | *Adromischus maculatus*

　　艳日伞为美丽的斑叶品种之一。源自园艺选拔栽培出来的品种，自学名 *Aeonium arboreum* 'Variegata' 判断应与黑法师（*Aeonium arboreum* var. *atropurpureum*）同种，黑法师为 *Aeonium arboreum* 的变种，而艳日伞则为 *Aeonium arboreum* 的斑叶栽培品种。与近似种曝日及曝月相比，艳日伞更易增生侧枝及侧芽。繁殖以扦插为主。顶生匙形叶呈莲座状排列，叶色具有黄色或粉红色的变化。叶斑以覆轮或边斑为主。

↑艳日伞成株后易生侧芽。

冬型种

Aeonium castello-paivae 'Suncup'
爱染锦

异　　名	*Aeonium* 'Suncup'
繁　　殖	扦插

爱染锦的中文名沿用日本俗名，为园艺选拔栽培种。莲座状丛生的叶序与景天属的万年草外观相似。夏季休眠期管理要小心，切记移至避光处并节水管理，必要时可以利用风扇营造低夜温以协助越夏。

↑ 爱染锦白色的叶斑不规则。

形态特征

爱染锦为小型种，株高 30 ～ 40 厘米。叶片具有白色、绿色的双色叶斑，白色的叶斑较不规则，具有毛状叶缘。花期为春季，花浅绿色或绿白色，总状花序较为松散，在台湾不易观察到开花。

↑ 爱染锦为银鳞草属中的小型种。

Aeonium decorum

夕映

别　　名	雅宴曲
繁　　殖	扦插

　　夕映原产自非洲东北部及西班牙加那利群岛。株形较小，叶质地较厚，耐热性佳，在花市常见。冬季为繁殖适期，取成熟的侧芽扦插即可。

↑夕映的匙形叶。

形态特征

　　夕映为常绿半灌木或灌木。茎部成熟后木质化，基部易发生气生根以协助植株支持与固定。叶丛呈莲座状排列，嫩叶出现于茎端，老叶则易脱落。匙形叶，叶缘有毛状或细锯齿状突起。花期为春季，花白色，圆锥花序开放于茎部顶端。喜好光线充足的环境，夏季休眠期生长停滞，应移至遮阴、通风处以协助越夏。介质干燥后再浇水。

↑成株美观，新叶不会转色。

↑成株后，花序由茎顶端生出。

景天科

Aeonium decorum 'Variegata'
夕映锦

| 异　名 | *Aeonium decorum* 'Tricolor' |

夕映锦又名清盛锦、艳日辉，为园艺选拔栽培出的斑叶品种。可能为夕映（*Aeonium decorum*）或近似种红姬（*Aeonium haworthii*）的斑叶品种。繁殖以扦插为主。外观与夕映相似，但新叶的叶色较浅，为浅绿色或奶黄色，成熟后转为绿色。生长、栽培管理同夕映。

↑成株后，花序由茎顶端生出。

↑夕映锦新叶会转色。图为常见的花市展售的9厘米盆栽。

→生长期间，斑叶的特征鲜明，休眠后会转为绿色。

Aeonium sedifolium

小人之祭

别　　名	日本小松
繁　　殖	扦插

　　小人之祭原产自西班牙加那利群岛。种名 *sedifolium* 源自拉丁文，意为小人之祭的丛生叶片状似景天属（*Sedum*）多肉植物的叶片。在夏季短暂休眠，其间会大量落叶。依叶形又分成扁叶小人之祭、圆叶小人之祭及棒叶小人之祭等不同的栽培品种，但学名均以 *Aeonium sedifolium* 表示。扦插繁殖适期为冬、春季，剪取小枝或莲座状的叶丛进行扦插即可。

↑叶丛生，状似景天属的万年草。

形态特征

　　小人之祭为小型种多肉植物，株高可达 40 厘米。叶长约 1.2 厘米，分枝性良好，看似群生或丛生状的植群，其实是一株由大量分枝构成的植物。叶片光滑无毛，叶缘无毛或呈细锯齿状。叶为橄榄绿色，叶缘及中肋处具有紫红色纹。花期为春、夏季，花鲜黄色，小花形成圆锥花序，开放于茎顶。

↑叶光滑无毛，叶片上具有紫红色斑纹。

↑花鲜黄色，圆锥花序较为松散。

Aeonium urbicum 'Sunburst'

冬型种

曝日

异　　名	*Aeonium* 'Sunburst'
繁　　殖	扦插

　　曝日应为园艺选拔栽培的品种，亦有学名标注为 *Aeonium decorum* 'Variegatum'。 为美丽的斑叶品种，应注意休眠期管理。本种不宜叶插繁殖，仅能截取带 2 ～ 3 轮叶片的顶芽扦插。

↑叶形较短且宽厚。叶灰绿色，具乳白色的覆轮斑。

形态特征

　　曝日株高可达 50 厘米，成株后会呈树形，但分枝性较近似种艳日伞低。叶呈匙形，具灰绿色及乳白色覆轮斑，呈双色变化，在低温时，明亮的乳白色叶斑转为粉红色。花期为夏季，花白色，台湾不易观察到开花。夏季休眠，下位叶会脱落，叶丛变小，直至秋凉后才渐渐恢复生长。应栽培在排水性佳的介质中，在半日照至光线明亮处栽培。

↑夏季休眠时会有落叶现象。

←乳白色的覆轮斑，低温期会转为粉红色。

Aeonium 'Sunburst' f. *cristata*

曝日缀化

　　曝日缀化为选拔栽培出的缀化品种。生长点成线状时，顶部的叶丛会呈现扇形变化。叶片变小，叶片下半部会出现褐色的中肋。生长缓慢。繁殖以扦插为主。

↑叶丛呈扇形或有点皱缩。

↑缀化的植株，部分会出现返祖现象，还原成曝日的个体。

↑叶片下半部或近 1/2 处会出现褐色的中肋。

Aeonium urbicum 'Moonburst'
曝月

异　名 | *Aeonium* 'Moonburst'

　　曝月与曝日同种，为不同斑叶的变异品种。曝月为中斑变异的栽培品种，生长速度较曝日快，若栽培环境适宜，株高可达100厘米左右，株径与莲座状排列的叶丛都较大。匙形叶具有红色叶缘，有双色斑叶的变化，叶以绿色及乳黄色为主，但乳黄色的叶斑出现在叶片中肋处。繁殖以扦插为主。

↑曝月的外观与曝日相似。

↑斑叶为中斑变异，绿色部分较多。

近似种比较

艳日伞
叶片较薄，叶形较为狭长。锦斑以边斑及覆轮的变化为主，绿色部分较为翠绿。

曝月
叶片质地与曝日相同，锦斑变化为中斑或淡斑。

曝日
叶片较厚实，叶形较短。锦斑变化以边斑及覆轮为主，叶呈灰绿色。

Aeonium undulatum ssp. 'Pseudotabuliforme'

八尺镜

英 文 名	saucer plant
繁　　殖	扦插

　　八尺镜的中文名沿用日本俗名；学名以 *Aeonium undulatum* ssp. 'Pseudotabuliforme' 表示，为 *Aeonium undulatum* 的亚种（subspecies, ssp.）。有些学名直接将亚种提升为品种，以 *Aeonium pseudo-tabulaeformus* 表示。亚种名或种名源自拉丁文，字根 pseudo 意为伪、很像是、假装是等，说明本种外观与明镜（*Aeonium tabulaeforme*）相近。生长季可在全日照至半日照环境下栽培，但本种在明亮及略遮阴环境也能适应；生长季可定期给水，有利于生长。但夏季应移到遮阴处并对其进行节水管理，以利于越夏。

形态特征

　　八尺镜为大型种，株高 60 ～ 90 厘米，环境适合时株高可达 1 米以上。本种分枝性良好，成株后树形外观优美。匙形叶圆润、饱满，叶色绿、明亮。莲座状的叶丛美观。花期为春、夏季，花鲜黄色，圆锥花序开放在茎部顶端，但不常见开花。

↑八尺镜叶色明亮，叶片光滑。叶丛状似绿色的碟状物，故英文名为 saucer plant。

↑生长期间叶形会长一些，叶序松散；夏季休眠时叶形变短，叶序较为紧致。

■落地生根属 *Bryophyllum*

落地生根属又名提灯花属、洋吊钟属，属名 *Bryophyllum* 字根源自希腊文，bryo 为发芽之意，phyllum 为叶片。英文俗名常见为 air plant、life plant、miracle leaf，都在形容其特殊叶片长芽的无性繁殖方式。

本属多肉植物十分适应台湾的气候环境，部分已驯化到台湾各地。

植物叶缘缺刻处极易发生珠芽，具备落地生根的繁殖策略，能在异地快速建立种群，如蕾丝公主、不死叶、锦蝶及不死鸟等，都是常见的落地生根属多肉植物。在原生地，落地生根属多肉植物为一种红皮埃罗特（red pierrot）蝴蝶的食草，它们会像潜叶蛾的幼虫一样，钻入叶片中啃食叶肉组织。

←落地生根属属名 *Bryophyllum* 的意思，就是会长芽的叶子。

↑蕾丝公主作为地被植物布置的多肉植物花园。

↑锦蝶生命力旺盛，常见生长在墙角的夹缝里。

外形特征

本属多肉植物为多年生的肉质草本植物，茎干基部略呈木质化。叶片对生，外观与伽蓝菜属多肉植物十分相似，但本属中多数的品种在其叶缘缺刻内缩处会形成珠芽（bulbils）。这些珠芽一旦落地，即能生根长成新的小植物。花期为冬、春季或春、夏季之间，视品种而定。

落地生根属与伽蓝菜属亲缘关系十分接近，后来才并为一属，如落地生根（*Bryophyllum pinnatum*）早期的学名（*Kalanchoe prinnata*）也使用了伽蓝菜属的属名。

落地生根属多肉植物与伽蓝菜属多肉植物外观特征比较：

叶

落地生根属

↑落地生根，长卵圆形叶的叶缘缺刻内缩处会形成珠芽。

↑蕾丝公主（*Bryophyllum* 'Crenatodaigremontiana'）叶缘缺刻内缩处形成大量的珠芽。

伽蓝菜属

↑鸡爪黄（*Kalanchoe laciniata*）的叶为裂叶，叶缘缺刻处不长珠芽。

↑扇雀（*Kalanchoe rhombopilosa*），圆形或扇形叶片的缺刻处不形成珠芽。

落地生根属：花萼及花瓣4枚，合生成筒状花萼及筒状花，花下垂状开放。

伽蓝菜属：花萼与花瓣4枚，花萼不合生，花瓣4枚合生成筒状，向上开放。

↑提灯花，花瓣合生成钟状，向下开放，花萼合生不明显。

↑长寿花，花萼不合生，筒状花4裂瓣向上开放。

↑不死鸟，花梗自茎顶中抽出，小花和花萼均合生成钟状，向下开放。

↑匙叶灯笼草，花萼不合生，4枚花瓣基部合生成筒状，向上开放。

↑落地生根，红色花萼合生成筒状，黄色或浅橙色钟状花向下开放。

↑千兔耳花序，着生白色茸毛，筒状花4裂瓣向上开放。

蝴蝶之舞锦（*Bryophyllum fedtschenkoi* 'Variegata' / *Kalanchoe fedtschenkoi* 'Variegata'）因不同的分类系统认定，学名表示方法也不同。

本书以花序及花为鉴别特征，将部分资料列入伽蓝菜属的蝴蝶之舞锦及白姬之舞列入落地生根属中做说明。

↑蝴蝶之舞锦，圆形叶对生，叶缘具有波浪状缺刻，于缺刻处未见珠芽生长。

↑蝴蝶之舞锦虽叶片上不具有珠芽发生的特性，但开花的方式、花的形式与落地生根属较为接近，因此列入落地生根属中介绍。

繁殖方式

落地生根属多肉植物繁殖以扦插为主，使用叶插或茎插的方式皆可。因叶片会产生大量的珠芽，亦可将珠芽收集起来后，再将珠芽铺在小盆器或造型花器中，以类似播种的方式创造出特殊的趣味盆栽。或取珠芽，塞入多孔隙的石缝或礁岩中，再将石头或礁岩泡在浅水盘中，待珠芽生长，根系钻入石头或礁岩后，便能营造出附石的野趣盆栽来。

落地生根属多肉植物附石的方式及成品
在礁岩或石头的缝隙里填上少许介质，再将蕾丝公主的小苗及叶片上的珠芽适度地栽入孔隙间，补上一点绿苔，就能创造出一些野趣。

冬型种

Bryophyllum 'Crenatodaigremontiana'

蕾丝公主

英 文 名	mother of thousands, mother of millions
别 名	蕾丝姑娘、森之蝶舞、子宝草
繁 殖	扦插、珠芽

蕾丝公主为蝴蝶之舞与缀弁庆（*Bryophyllum crenatum × daigremontianum*）杂交而来。栽培种名 'Crenatodaigremontiana' 以其亲本的种名组合而成。适应性强，栽培管理容易，全日照到半日照处皆能生长。环境较干旱或光照较强时，除株形缩小外，叶片会略自中肋处向内反卷，减少受光面积。

↑蕾丝公主叶缘上的小珠芽就像是蕾丝花边一样。

形态特征

蕾丝公主为多年生的肉质草本植物。茎短、粗壮，较不明显，分枝性不佳。肉质化的叶片略呈革质，叶片长卵圆形或长三角形，叶身呈弧形，叶有短柄，十字对生于茎干上。叶具锯齿缘，于其内缩处着生珠芽。花期为冬、春季，成株后，茎顶梢开始向上抽长，花序开放于茎顶，花梗及钟形花萼筒呈紫红色，萼筒 4 裂，呈三角形。花长筒形，4 裂，裂瓣较圆。

左：开花时，会自茎顶抽出长花梗，花及花序均为紫红色。

右：珠芽成熟后轻触即脱落。接触土面后可迅速发根，长成一株独立的个体。

Bryophyllum daigremontianum
缀弁庆

英 文 名	alligator plant, evil genius, Mexican hat plant
繁 殖	扦插、珠芽

　　缀弁庆的中文名沿用日本俗名。外形就像是放大版的不死鸟或瘦长版的蕾丝公主，因为缀弁庆为前两种的亲本。原产自非洲马达加斯加岛，是少数景天科中的有毒植物之一，全株含有特殊的有毒物质，如强心苷daigremontianin（cardiac glycoside），及其他如类固醇毒素蟾蜍二烯羟酸内酯（bufadienolides）的物质，因此种名以 *daigremontianum* 称之。栽种时需注意避免小动物或婴儿不慎取食，严重时会有致命危机。

↑耐旱性强，光照强烈及干旱时，叶片内折以减少受光面积。

形态特征

　　缀弁庆为多年生的肉质草本植物，株高近1米，基部略木质化。光照不足时株形会徒长，叶片较大。光线充足或干旱时，叶片会向内折，减少受光面积。大型长披针形的叶片，最长约20厘米，叶背有不规则的深色条纹。叶缘缺刻内缩处会形成大量的小苗。花期为春、夏季，花梗在枝条顶端抽出，聚伞花序由小花组成，钟形花向下开放。

↑虽没有不死鸟普及，但在乡间偶见，需注意的是它是有毒植物。

Bryophyllum daigremontianum × *tubiflorum*
不死鸟

英 文 名 | hybrid mother-of-millions

　　不死鸟可能是缀弁庆与锦蝶（*Bryophyllum daigremontianum* × *tubiflorum*）杂交而成的。繁殖以扦插、利用珠芽繁殖为主。多年生草本植物，株高 80 ～ 90 厘米，茎干基部略木质化。叶对生，叶形则综合了亲本特色。叶片小，较接近锦蝶的筒状或棒状叶片，但又融合了缀弁庆的长三角形叶或长披针形叶的特征。叶灰绿色，花背及叶面具有深色不规则的斑点及花纹，叶质地变厚，略呈短披针形，叶缘两侧向内折，状似船形。叶缘具细锯齿状缺刻，其内缩处生长着珠芽。另有锦斑栽培品种。花期为冬、春季，不常见开花，花梗于茎顶部抽出，聚伞花序由小花组成，筒状花萼浅紫色，钟形花向下开放。

↑花序开放在枝条顶端，花梗上有小叶对生或轮生，钟形花呈浅橙色或浅黄色。

上：光线不足时，株形与叶形皆变大，叶色浅绿，叶面上仍具有不规则斑点及花纹。

下：光线充足环境下生长的不死鸟，株形与叶形小，叶色近褐色。

Bryophyllum daigremontianum × tubiflorum 'Variegata'

不死鸟锦

　　不死鸟锦的中文名沿用日本俗名。不死鸟锦是由不死鸟中选拔出来的具桃红色或粉红色锦斑的变异栽培种。特征是其新叶的叶缘及珠芽皆为鲜嫩的粉红色或桃红色，有时会产生近乎白色的斑叶品种，锦斑的变异让不死鸟单调的叶色变得十分丰富有趣。在冬、春季日温差大及光线充足时，叶色的表现更为良好；但栽培上需注意，若嫩叶处积水，在全日照或露天环境下易发生叶烧现象。以扦插繁殖为主。因珠芽失去叶绿素，无法以珠芽大量繁殖。

↑锦斑的表现在其粉红色的叶缘处。

↑不死鸟锦桃红色的珠芽十分美观。

↑对生的叶序，以近轮生的方式排列。

↑老叶的叶缘锦斑较不明显，但一样会产生粉红色的珠芽。

Bryophyllum fedtschenkoi 'Variegata'
蝴蝶之舞锦

异　　名	*Kalanchoe fedtschenkoi* 'Variegata'
英 文 名	variegated lavender scallops
别　　名	锦叶蝴蝶、蝴蝶之光
繁　　殖	扦插

　　蝴蝶之舞锦原产自马达加斯加岛。蝴蝶之舞锦为园艺选拔栽培的锦斑变异品种。本种植株强健，又因叶色美观、繁殖容易等特性，广泛分布于全世界热带地区，台湾有"归化"的野生种群。常见生长在屋顶或屋檐上。

↑向下开放的花与伽蓝菜属多肉植物向上开放的方式不同，因此并入落地生根属中。

形态特征

　　蝴蝶之舞锦为常绿的多年生肉质草本植物或半灌木。株高 25 ～ 30 厘米，茎易木质化和倒伏，茎干易生细丝状不定根及侧芽。茎过长倒伏接触地面后，种群会向外扩散，因此地植或大盆钵栽植时，植群常呈地被状覆盖在地表上。全株具有白色蜡质粉末。叶圆形或椭圆形，肉质，具短柄，对生，呈侧向生长，叶缘有明显圆齿缺刻，但缺刻处不着生珠芽。锦斑为白色的不规则叶斑，偶有覆轮的锦斑，日照充足、日夜温差大时，白色锦斑会呈现美丽的粉红色。花期为冬、春季，花序自茎端伸出，钟形花萼筒粉紫色，萼片 4 裂、三角形，橘红色筒状花 4 裂，裂片较圆。花后于花序节间处，会形成不定芽。

↑蝴蝶之舞锦的锦斑变异大，常见叶片为绿粉红色或具白色锦斑变异，若生长环境良好，锦斑的变异会更明显。日夜温差大及日照充足时，叶色的表现良好。

Bryophyllum marnierianum
白姬之舞

异　　名	*Kalanchoe marnieriana*
英 文 名	marnier's kalanchoe
别　　名	马尼尔长寿花
繁　　殖	扦插

　　白姬之舞中文名沿用日本俗名，马尼尔长寿花则译自英文名。因钟形花及向下开放的特性而将其列入落地生根属中，但仍常见归纳在伽蓝菜属中。本种原产自非洲马达加斯加岛，十分耐旱，植株强健，适应中国台湾的气候，可以露天栽培。

↑叶色为特殊的蓝绿色或灰蓝色。

形态特征

　　白姬之舞为多年生的肉质小灌木，茎干木质化，外形与蝴蝶之舞锦相似，但叶全缘，非波浪状。株高30～45厘米。扁平状的蓝绿色或灰蓝色叶片具短柄，对生。叶片常朝一侧生长，具有白色蜡质粉末，叶缘红色。花期为冬、春季，花色为玫瑰红色至橙红色，花序开放在茎枝顶梢。

↑对生的叶片会朝一侧生长，具红色叶缘。

↑花形与落地生根相似，玫瑰红色或橙红色的钟形花末端具有4枚裂瓣。

Bryophyllum pinnatum
落地生根

英 文 名	air plant, life plant, miracle leaf
繁　　殖	扦插

↑ 常见的落地生根，成株后会形成复叶，另以"复叶落地生根"称之。

　　落地生根原产自非洲马达加斯加岛，现已广泛分布于世界热带地区。在美国夏威夷因影响到当地原生植物生态，被列为入侵种植物（invasive species）。中国台湾有野生种群，引入后已"归化"在乡野间。因叶片产生珠芽的能力强及落地即生长的特性，得名"落地生根"，另有叶生根、叶爆芽、晒不死等名；还因其下垂开放的花形而有倒吊莲、灯笼花、天灯笼等名。常作为民俗药用植物，据说全草可清热解毒，外用时可治疗痈肿疮毒，跌打损伤，外伤出血，烧伤、烫伤等。

形态特征

　　落地生根的茎直立，高 40 ~ 150 厘米。叶对生，单叶或羽状复叶。羽状复叶的落地生根在成株后或达到开花的株龄时，新生的叶片会变成复叶，小叶 3 ~ 5 枚。椭圆形叶，具叶柄，叶缘具圆齿状缺刻，缺刻内缩处易生成珠芽。花期为冬、春季，大型的圆锥花序开放在植株顶梢，花梗长，花萼及花冠合生成筒状，呈红色、浅红色或紫红色。

↑ 光线充足时，叶色较浅、偏黄色；光线不充足时，叶色较翠绿。

景天科

冬型种

Bryophyllum 'Wendy'

提灯花

异　　名	*Kalanchoe* 'Wendy'
英 文 名	wendy kalanchoe
繁　　殖	扦插

　　提灯花为杂交选育出的园艺栽培种。本种为冬、春季常见的小型种盆花，在平原越夏时需注意，应移至遮阴处并减少给水。秋凉后再剪嫩梢扦插，更新植株。

↑嫩茎紫红色，花萼4枚不合生。

形态特征

　　提灯花为多年生肉质草本植物。嫩茎直立，呈紫红色。叶呈浓绿色，长椭圆形，对生，具有钝锯齿状叶缘，叶片光滑。花期为春季，聚伞花序开放在枝条顶端，花萼4枚不合生，花瓣合生成红色的钟形花或筒状花，向下开放，4枚裂瓣黄色，花色对比鲜明。

↑花瓣合生成钟形花或筒状花，向下开放，末端为黄色的4枚裂瓣。

↑花序开放在枝梢顶端。

Bryophyllum tubiflorum
锦蝶

英 文 名	chandelier plant
别 名	洋吊钟
繁 殖	扦插、珠芽

锦蝶的英文名 chandelier plant 可译为"吊灯花"，用来形容其状似吊灯的钟形花。原产自马达加斯加岛，植株强健、繁殖容易，分布在全球热带地区，常见生长在屋顶、遮雨棚上、墙角或其他干旱的环境中，为杂草级的多肉植物之一。在环境恶劣或长期干旱时，叶片短缩呈簇生状。与落地生根一样，被认为是民俗药用植物，据说全草可治疗咽喉痛、肺炎、肚子痛及下痢，外用时可治疗轻微烧伤、烫伤，外伤出血及疮疖红肿等。

↑外观与不死鸟相近，但叶片呈筒状或棒状。

形态特征

锦蝶为多年生肉质草本植物，茎干基部略呈木质化，茎直立、不易分枝。叶片呈筒状或棒状，对生，叶面有暗褐色不规则斑纹，末端具缺刻，内缩处易生珠芽，珠芽掉落、接触到地面发根后繁殖。花期为春季，花序于茎端伸出，花茎健壮；紫色的钟形花萼，萼片4裂，呈三角形；橘红色钟形花4裂，裂瓣圆钝。

左：叶片上具有不规则的黑褐色斑纹，叶末端缺刻处着生珠芽。

右：锦蝶的花色鲜明，紫色花萼及橘红色钟形花与植株形成强烈对比。

■青锁龙属 Crassula

青锁龙属约200种，株形大小差异极大，有株高达180厘米的灌木，也有仅3～5厘米的多年生草本植物。本属多肉植物广泛分布在全世界，观赏栽培用的品种主要分布在南非开普敦东部。

→翡翠木（Crassula ovata），肉质的卵圆形叶片，十字对生。翠绿色的叶片具红色叶缘，外形讨人喜欢。

外形特征

青锁龙属多肉植物叶片多肥厚、肉质。叶形外观差异大，有卵圆形、三角形至近长披针形等。叶几乎无柄或有不明显的短叶柄；叶序排列紧密，叶片由上而下，以十字对生为主。部分品种叶片上具有毛状附属物或白色蜡质粉末，部分品种叶片无毛、具光泽。

↑纪之川（Crassula 'Moonglow'），毛茸茸的叶片往上堆叠。

↑梦巴（Crassula setulosa），叶片呈十字对生，层层堆叠。

→火祭（Crassula 'Campfire'）红通通的叶片也呈十字对生。

花瓣数与雄蕊数为5枚，花白色或红色；花形小，合生成圆球状的花序，于茎顶上开放。

↑ 都星（*Crassula mesem-bryanthemopsis*）白色的小花合生成球状花序，开放在茎顶。

↑波尼亚（*Crassula browniana*）的小花，自叶腋间开放，花白色，花瓣数5枚，雄蕊数5枚。

↑吕千绘（*Crassula* 'Morgan's Beauty'）的粉红色小花形成圆球状花序，开放在茎顶。

青锁龙属多肉植物耐旱，太冷或太热都会造成叶片损伤或死亡，部分品种可耐低温及霜冻。栽培管理与其他多肉植物一样，应使用疏松且排水性良好的介质栽培，并放置在温暖、干燥及阳光充足或半日照的环境下。夏季休眠时或生长停滞的高温期应注意通风，遮阴或避免阳光直接曝晒。在生长季节则应提供充足光照并定期给水，有利于植群生长。

繁殖方式

以扦插为主，茎插常见，繁殖以冬、春季为适期。取顶芽进行扦插，视品种，将长3～9厘米的顶芽剪下后，放置在阴凉处，待伤口干燥后再插入盆中即可。

Crassula browniana
波尼亚

异　　名	*Crassula expansa* ssp. *fragilis*
英 文 名	fragile crassula
繁　　殖	扦插

波尼亚的中文名音译自种名 *browniana*。本种枝条纤细、易断裂，英文名 fragile crassula 可译成"易碎的景天"。原产自南非、坦桑尼亚和马达加斯加岛等地。植株强健，繁殖容易，栽培管理较粗放，半蔓性的枝条及株形使其可作为地被植物。繁殖以冬、春季为适期，可剪取 3～5 节顶芽，待伤口干燥后扦插。波尼亚需要阳光充足、凉爽干燥的环境，耐半阴，怕水涝，忌闷热、潮湿；具有冷凉季节生长、夏季高温休眠的习性。

↑小型花呈白色，于冬、春季开放。

形态特征

波尼亚为小型种的多年生草本植物，植群常丛生成垫状。茎暗红色，呈细柱状、纤细、易断裂。叶卵圆形、对生，叶片上满布细毛。光线充足时植物叶片排列较为紧密，叶色偏黄。花期为冬、春季，花白色，花瓣 5 枚。

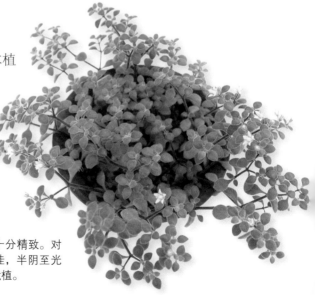

→波尼亚外观十分精致。对光线的适应性佳，半阴至光线明亮处皆可栽植。

Crassula capitella ssp. *thyrsiflora*
茜之塔

异 名	*Crassula corymbulosa*
英 文 名	sharks tooth crassula
繁 殖	扦插

　　茜之塔的中文名沿用日本名。原产自南非。植株强健，栽培容易，为花市常见的品种。茜之塔的叶片像十字形的飞镖，堆叠而生，英文名以sharks tooth（鲨鱼牙齿）来形容它们。繁殖时可剪取嫩茎顶端3～5厘米为插穗，待伤口干燥后再插入介质即可。

↑叶片十字对生，具白色细锯齿状叶缘。光线充足时叶片平展，向上堆叠；光线不足时叶片会向上生长。

形态特征

　　茜之塔植株矮小，株高 5 ～ 8 厘米。宝塔状的株形略丛生，平贴于地表或略呈匍匐状生长，植群直径可达 10 ～ 12 厘米。叶呈心形、长三角形，无柄，基部交叠；叶序向上生长，呈十字对生；叶色浓绿，叶具细锯齿缘。

↑圆锥状的聚伞花序，开放于茎顶端。

变　种

Crassula capitella ssp. *thyrsiflora* 'Variegata'
茜之塔锦

　　茜之塔锦是茜之塔的锦斑品种。锦斑的表现在冬、春季较为明显。

→锦斑的表现于心叶或嫩茎处较为明显。

栽培种

Crassula 'Campfire'
火祭

异　　名	*Crassula* 'Flame'/ *Crassula* 'Blaze'
英文名	campfire crassula

　　火祭又名秋火莲。原产自南非。本种应是园艺选拔出的栽培品种，部分学名与茜之塔的学名互用。栽培种应以 *Crassula* 'Campfire' 或 *Crassula* 'Flame' 表示。

　　火祭根、茎短，根系粗壮，常呈丛生状。叶序排列紧密，以十字对生方式生长；叶面有毛点。生长期间，日照充足、温差大时，叶色鲜红如火；若光线较不充足，叶色会转为绿色或黄色。

↑多年生的火祭，植株呈地被丛生状。

→火祭锦。

Crassula deltoidea

白鹭

繁　殖｜扦插

　　白鹭原产自非洲纳米比亚、南非卡鲁等地区。常见单株生长在开放的干旱砾石地，株形与生长地周围的砾石相似，植群能融入自然环境里，具类似拟态的特性。白色的花具有蜜汁，可吸引蛾类授粉。

↑叶白色，叶面具小点。

形态特征

　　白鹭为多年生肉质草本植物，生长缓慢，需栽种数年后才会开花，在原生地成株至少需5年才具备开花能力。株高5～8厘米，最高也不及10厘米。叶形变化大，呈长三角形、匙形或菱形，叶无柄，叶序排列紧密，以交互对生的方式生长。叶白色，叶面具小型凹点。花期为冬、春季，花白色，花序开放在茎部顶端。花后会结果，蒴果小，内含细小如尘的黑色种子，成熟后开裂，通过风力传播。

→叶肥厚，长三角形叶片交互而生。

Crassula exilis
花簪

别　　名	乙姬
繁　　殖	扦插、分株

花簪原产自南非开普敦东北部地区，常见生长在干旱地区或壁面岩石缝隙间。种名 *exilis* 源自拉丁文，意为小巧精致或外观纤细等，说明本种具有迷你、秀气的外观。取嫩茎扦插或以分株方式繁殖皆可。

↑叶表具有深色斑点。

形态特征

花簪为多年生肉质草本地被植物，外观呈丛生状。单叶呈披针形、长卵形或匙形，以十字互生或近轮生的方式着生于枝条上。叶灰绿色，叶背红色或紫红色，叶表具有深墨绿色或红褐色斑点，叶缘茸毛状。花期为冬、春季，花粉红色，聚伞花序，具白色柔毛，开放在枝条顶端。

↑叶片互生或近轮生，着生在具匍匐性的枝条上。

↑丛生状的花簪虽然外观秀气，但其实植株强健，对环境的耐受性佳。

Crassula 'Frosty'
松之银

繁　　殖	分株、扦插

　　松之银的中文名沿用网络上的俗称，形容其叶片像撒上白色粉末一样。可能为杂交品种（*Crassula deceptor* × *tecta*）。

↑灰绿色的叶表具有白色细颗粒状附属物。

形态特征

　　松之银为多年生肉质草本植物，成株后易形成丛生姿态。株高 5 ~ 6 厘米，花开时，连同花序长度，株高可达 15 厘米。灰绿色卵圆形的叶片肥厚、无柄，叶序十字对生、排列紧密，叶面粗糙，具有白色的细颗粒状附属物。花期为冬、春季，花乳白色，雄蕊粉黄色，花小，花瓣 5 枚，花序开放在茎顶端。需异株授粉，才能结果、产生种子。

←松之银易生侧芽，成株呈丛生状。

冬型种

Crassula hemisphaerica

巴

异　　名	*Crassula alooides*
繁　　殖	叶插、分株

巴原产自南非，原生地常见生长在干燥的灌木丛下方。株高 5 ～ 15 厘米，为常绿的多年生肉质草本植物。冬、春季为主要生长期，入夏后会进入休眠期；宜通风及略遮阴，并减少浇水次数，协助越夏。秋凉后开始生长，浇水以介质干透后再浇水为原则。可叶插或自基部分株新生侧芽繁殖。

↑叶缘白，为白色毛状附属物所构成。

形态特征

巴具短茎。半圆形叶肉质，上下交叠呈十字对生。叶绿色、具光泽，叶面略粗糙，具有密生的小突起。叶缘白，实为白色毛状附属物。基部易生侧芽。花期为春、夏季，异株授粉，自花不易产生种子。聚伞花序，花白色，于茎顶处开放。

↑叶序以十字对生为主。

↑白色小花聚合成聚伞花序，开放在茎顶。

Crassula mesembryanthemopsis
都星

繁　殖 | 播种、扦插、分株

　　都星原产自南非及纳米比亚等地。为许多青锁龙属杂交栽培种的亲本。栽培时应注意通风干燥，可减少病菌入侵，维持叶片的美观。

形态特征

　　都星生长缓慢，为小型种的多年生肉质草本植物，株高约 2.5 厘米。叶片对生，叶序致密、状似轮生，灰绿色的叶片 1 ~ 2 厘米长、0.3 ~ 0.6 厘米宽，叶面上具凸起颗粒。

　　都星的花期为冬、春季，小花筒状，花白色，簇生状的聚伞花序开放于茎顶，具香气。

↑ 5 枚花瓣基部略合生成筒状，花萼上具毛状附属物。

↑叶序以十字对生为主。

↑白色小花聚合成聚伞花序，开放在茎顶。

冬型种

Crassula muscosa
青锁龙

英 文 名	watch chain, princess pine, lizard's tail, zipper plant, toy cypress, rattail crassula, clubmoss crassula
繁 殖	扦插

青锁龙原产自非洲纳米比亚。外观与近似种若绿十分相似，常见共享学名。若绿学名以 *Crassula muscosa* var. *muscosa* 或 *Crassula muscosa* 'Purpusii' 表示，可能为青锁龙的变种或是选拔出来的栽培种。另有栽培品种大型若绿（*Crassula muscosa* 'Major'）。部分资料会将若绿与青锁龙的中文名称混用；英文俗名多共享，统称这类植物。本种或这类群的植物外观就像是缩小版的龙柏鳞状叶，英文名 toy cypress（玩具柏树）表达得最为传神。茎枝断裂后易萌发不定根，剪取顶梢 3 ~ 5 厘米扦插即可；若不扦插，仅将枝条横放于排水性良好的介质表面，亦能发根存活。

↑青锁龙株形较大，具鳞片叶且排列致密，花较少见。

→大型若绿，除株形较大之外，鳞片叶呈圆柱状，无法紧密排列。

←若绿叶色浅，鳞片叶排列较松散。

形态特征

不论是青锁龙还是若绿，均为多年生肉质亚灌木，易自茎基部萌发新生的侧枝，成株时易成为丛生状外观。枝条上均紧密排列三角形的鳞片叶，叶子对生。但青锁龙的叶片排列整齐，且三角形的鳞片叶叶色较深；而若绿的叶片则排列较松散，叶色较浅。整体而言，这类群的植物茎枝上具 4 列排列致密的叶片。花期为冬、春季，花极小，不明显，开放在三角形的鳞片叶腋间。

Crassula ovata
翡翠木

英 文 名	jade plant, friendship tree, lucky plant, money tree
别　　名	花月、玉树、发财树
繁　　殖	扦插

翡翠木原产自南非。为常绿的肉质灌木或亚灌木，株高可达90厘米。20世纪50～60年代的中国台湾，常见在其肉质叶片上系上红蝴蝶结缀饰，以发财树之名栽培。因椭圆形的叶片肥厚、具光泽、状似玉而得名jade plant（玉树）。性耐旱，可待介质干燥后再浇水。喜好在光线充足及空气流通的环境中生长。经驯化，可栽培在室内或光线明亮处，光照不足时不易开花。环境过热或太干燥时会以落叶方式减少水分散失。常见剪取一段顶生枝条，待伤口干燥后扦插，冬、春季为扦插适期。

形态特征

翡翠木的嫩茎呈红褐色，基部木质化后呈灰褐色。单叶呈椭圆形至圆形，叶对生。叶全缘，质地肥厚，叶色浓绿、具光泽，叶缘常为红褐色。不具托叶，叶柄短而不明显。花期为冬、春季，聚伞花序于枝条顶端开放，花白色，花瓣5枚。

↑椭圆形至圆形的肉质叶对生，具光泽。

↑叶片具红褐色叶缘。

251

Crassula ovata 'Gollum'
筒叶花月

筒叶花月又名"史瑞克耳朵",形容其奇特的叶形。

↑筒叶花月仍保留红色叶缘的特征。

↑叶为圆柱形的变异品种。

Crassula ovata 'Himekagetsu'
姬花月

姬花月为小型种。株形迷你,叶片为橄榄绿色。

→具有红褐色叶缘。

Crassula ovata 'Variegata'
花月锦

花月锦为翡翠木的叶片锦斑变异品种。同时具有红色、黄色锦斑的变异品种，称为三色花月锦（*Crassula ovata* 'Tricolor'）。

↑黄色锦斑变异栽培种。

↑金黄色的变异栽培种。

→三色花月锦，为同时具有红色与黄色锦斑的变异栽培种。

Crassula perfoliata var. *falcata*

神刀

异 名	*Crassula falcata*
英 文 名	propeller plant, scarlet paintbrush, airplane plant
别 名	尖刀
繁 殖	叶插、茎插

神刀原产自南非。原为 *Crassula perfoliata* 下的一个变种，后提升为种，以 *Crassula falcata* 表示。本种生长缓慢，喜好温暖干燥的环境。空气湿度较高时易得锈病及灰霉病等真菌性病害，于春、夏季湿度较高的季节，可喷洒杀菌剂预防。对光线适应性强，全日照下、半阴处或光线明亮处皆可栽培。繁殖以扦插为主，春、夏季之间适合进行叶插或茎插。

形态特征

神刀株高 50 ~ 60 厘米，最高可达 1 ~ 1.2 米，生长缓慢，略呈灌木状。叶灰白色或灰绿色，呈镰刀状、互生，叶片基部会互相交叠而生。花期为夏、秋季，花序顶生，花红色。

→镰刀状的叶片互生，基部互相交叠，向上堆叠生长。

Crassula 'Morgan's Beauty'

吕千绘

　　吕千绘又名赤花吕千绘，中文名沿用日本俗名。为神刀与都星（*Crassula falcata* × *mesembryanthemopsis*）杂交选育出来的栽培品种。本种与其亲本神刀和都星，叶片上都易出现锈色的斑点，尤其湿度高时好发，可能为病菌感染于好发季节所引起的；除适时喷洒杀菌剂控制外，应将植物放置于光线充足、通风良好的地方，减少发病的机会。繁殖以扦插为主。

　　吕千绘为多年生肉质草本植物，兼具神刀与都星的外形特征。株高 10 ~ 15 厘米。叶略呈圆形，灰绿色，叶面粗糙，叶表有白色粉末。花期为春、夏季，小花略呈筒状，花红色，圆球状的聚伞花序开放于茎顶。

↑灰绿色的叶片，环境湿度较高时易出现锈色的斑点。

↑红色的花序具观赏价值。

↑花色较浅的个体。

↑花萼上具有毛状附属物。

255

Crassula 'Moonglow'

纪之川

　　纪之川的中文名沿用日本名。为 20 世纪 50 年代，由美国以稚儿姿和神刀（*Crassula deceptor × falcata*）为亲本育成的杂交后代。植株外观以丛生状或柱状为主。喜好充足光线，可栽植于窗边。介质选择排水性佳者，易栽培，于生长期间施用缓效性肥。可取茎顶一小段进行扦插繁殖。

　　纪之川的叶灰绿色或浅绿色，呈三角形，肉质的叶片十字对生，向上交叠构成柱状的植物体外观，叶片上具有短而致密的银灰色毛状附属物。

↑ 具有柱状外观，老株会自基部增生侧芽，略呈丛生状。

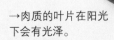

→ 肉质的叶片在阳光下会有光泽。

Crassula perforata
星乙女

↑光线不充足时，叶色偏绿，红色叶缘不鲜明。

英 文 名	baby necklace, necklace vine, string of buttons
别 名	十字星
繁 殖	扦插

星乙女原产自非洲南部、南非北部及开普敦东部等地区。星乙女是相对生长快的品种。光线充足及日夜温差较大时，红色叶缘及斑点较为明显。英文名为 string of buttons 或 necklace vine，译为"一串纽扣"或"项链藤"。除剪取顶梢 3 ~ 5 厘米长的枝条进行扦插外，也可以剪取一对叶片的单节进行扦插。

形态特征

星乙女为多年生肉质草本植物，株高达 50 ~ 60 厘米。茎直立，灰绿色的三角形肉质叶片对生，抱合于茎节上。具细锯齿状叶缘，全株披有白色蜡质粉末。花期为春季，开放时间较不统一，花黄色，花序开放在枝条顶梢。

变 种

Crassula perforata 'Variegata'
星乙女锦

星乙女锦为星乙女的锦斑变异品种。锦斑较不稳定，如栽培环境不适宜时，会因返祖现象变成全绿的星乙女；必要时可剪取斑叶的枝条来繁殖，或将返祖的全绿枝条去除。

→又名南十字星。

Crassula rupestris

冬型种

博星

英 文 名	rosary plant, sosaties, bead vine
繁 殖	扦插

中文名博星可能沿用了日本俗名。原产自南非干燥地区，在 1700 年左右引入欧洲，被广泛栽培在温室及庭园中。种名 *rupestris* 说明本种喜好生长在干燥的岩石地。本种有许多亚种（subspecies, ssp.）及型（forma, f.）。另有叶色偏黄且叶缘呈红色的品种，如爱星（*Crassula rupestris* f.）。博星在原生地为蜂类的蜜源植物，通过蜜蜂及部分蛾类授粉后，可产生大量细小的种子。

↑在人工栽培环境下，常见非细锯齿状的绿色叶缘，叶片中间较白。

形态特征

博星为多年生的肉质草本植物，外形与星乙女相似。叶片较为厚实，呈三角形至卵圆形，但较为狭长。叶色浅绿，不具红色叶缘；因叶片中间部分较白，外观上看似具有绿色叶缘；但在原生环境中，博星种群还是会出现红色叶缘，然而在人工栽培环境下，红色叶缘的特征并不明显。

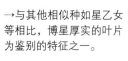
→与其他相似种如星乙女等相比，博星厚实的叶片为鉴别的特征之一。

Crassula rupestris ssp. *marnieriana*
数珠星

异　　名	*Crassula marnieriana*
英 文 名	jade necklace

　　一些花友戏称数珠星为"烤肉串"，中国俗名为"串钱景天"。部分分类认为它是博星的亚种，但亦有以栽培品种（*Crassula* 'Baby Necklace'）方式标注的。与小米星外观相似，两者同样被视为杂交选育出的栽培种，亲本为博星与星乙女（*Crassula rupestris* × *perforata*）的杂交后代，是由日本杂交选拔出的栽培种，亦称姬寿玉。

　　数珠星的扦插繁殖适期以冬、春季为佳，除剪取顶端枝条扦插繁殖外，与星乙女、博星、小米星等，均可以剪取单节（带一对叶片）扦插。

　　数珠星成株时株高可达 30 ～ 50 厘米，外形虽与小米星相似，但株形较高，枝条易因茎生长而呈匍匐状。厚实的叶片呈十字形堆叠，叶片排列更为致密；叶形较为浑圆，状似念珠，故英文名以 jade necklace（翡翠项链）称之；叶片呈圆形或卵圆形，无柄，对生且基部合生，叶片上下交叠生长在枝条上。花期为春季，花白色，花序开放在枝条的顶端。

↑数珠星外观特殊，组盆时为极佳的配角或主角。

↑数珠星叶片较圆润，叶幅较宽。成株后因枝条生长而略呈匍匐状。

Crassula rupestris 'Tom Thumb'
小米星

异　名｜*Crassula* 'Tom Thumb'

　　小米星应是博星与数珠星（*Crassula rupestris × marnieriana*）杂交后选育出的栽培品种。繁殖以扦插为主。

　　小米星成株时株高为 20 厘米左右，茎枝直立，易生侧枝，形成丛生的外观，就像是缩小版的星乙女或博星。叶片呈三角形或卵圆形，无柄，对生且基部合生，叶片以上下交叠的方式长在枝条上。冬季光线充足且日夜温差大时，红色叶缘更为鲜明。花期为春季，花白色，具香气。

←细看十字对生的叶片，叶形较长，具有红色叶缘。

→株形直立，不因枝条延长而呈现匍匐状。

Crassula sarmentosa 'Comet'
锦乙女

异　　名	*Crassula sarmentosa* 'Variegata'
英 文 名	showy trailing jade
别　　名	长茎景天锦、彩凤凰、锦星花
繁　　殖	扦插

栽培锦乙女时常见因返祖现象，枝条还原为失去锦斑的绿叶枝条；需适时修剪，避免全绿叶的枝条生长迅速，替代掉具有斑叶的枝条。对气候适应性佳，植株强健，明亮的叶色极具观赏价值。冬、春季为生长期，光线充足时，茎节短，叶色表现良好。

↑叶对生是景天科青锁龙属植物的特征之一。

不耐低温，应栽培在5℃以上的环境中。繁殖时可取顶芽3～5节，长度5～6厘米的插穗，待伤口干燥后，扦插即可。冬、春季为繁殖适期。

形态特征

锦乙女的茎呈红褐色。叶肉质、光滑，呈卵圆形，对生。叶基圆，叶末端渐尖，具短柄。叶缘呈细锯齿状。叶绿色，斑叶品种黄、绿相间。花期为冬季，伞形花序，花白色。

←锦乙女的花序开放在枝条末梢。阳光下枝叶致密，叶片也较为饱满。

Crassula setulosa

梦巴

| 繁　殖 | 分株、叶插 |

↑灰绿色或橄榄绿色的叶色与花簪相似。

梦巴原产自南非开普敦东部及南部海拔约600米的地区。常见生长在干燥的砾石地及壁面的岩石缝隙里，以地理区隔方式避免动物取食。外观像是放大版的花簪，虽易生侧芽，但不似花簪呈现丛生状，且花簪叶片光滑无毛。常见以侧芽分株繁殖，或剪取对生的叶片进行叶插繁殖。

形态特征

梦巴株高5～10厘米，花开时株高可达25厘米。叶呈长卵形或卵形，十字对生，与多数的青锁龙属多肉植物一样，有着飞镖的外观；叶呈灰绿色或橄榄绿色，具有毛状叶缘；叶片上具深色凹点，质地粗糙，具短毛。花期为冬、春季，小花直径约0.3厘米，花白色，5枚花瓣略合生成筒状，聚伞花序开放在茎梢顶端。

→夏季休眠时，应节水并移至阴凉处栽植。

Crassula volkensii
雨心

繁　殖｜扦插

雨心原产自非洲东部，如肯尼亚及坦桑尼亚等地。繁殖以冬、春季为适期，剪取嫩梢3～5厘米长扦插即可。

↑雨心是青锁龙属中好栽植的品种之一，开放的小花和波尼亚的相似。

形态特征

雨心为多年生肉质草本植物，株高15～30厘米，不易丛生，主枝与副枝明显，成株时略呈树形。卵圆形的叶片对生，无叶柄；叶片上具红褐色斑点及叶缘，光线充足时叶色表现较佳，光线不足时叶色转绿。花期为冬、春季，花白色，小花开放在顶梢的叶腋间。另有锦斑品种。

→橄榄绿色的卵圆形叶，叶片上具红褐色斑点及叶缘。

景天科

■伽蓝菜属 Kalanchoe

伽蓝菜属又名灯笼草属、长生草属。本属有 125 ~ 200 种，产自热带。仅 1 种产自美洲；主要分布在非洲，东非及南非有 56 种，马达加斯加岛约有 60 种；小部分分布在东亚等亚洲热带地区。伽蓝菜属的属名起源仍是谜，据说源自中国的伽蓝菜（*Kalanchoe ceratophylla*），属名与伽蓝菜的广东话发音相似。

本属内的许多品种适合新手栽种，其中又以长寿花最为著名，它是中国重要的盆花之一。经园艺栽培及杂交选育，长寿花品种丰富。

外形特征

大部分为灌木或多年生肉质草本植物，小部分为一、二年生的草本植物。多数品种株高可达 1 米左右。茎的基部略呈木质。单叶，对生，叶柄短，叶片除卵圆形外，部分为羽状裂叶或羽状复叶。

↑月兔耳长有长卵圆形叶片，叶片上具有大量白色毛状附属物。

↑斑叶灯笼草，叶片圆形或近匙形，叶光滑，具有乳黄色的锦斑变异。

↑大本鸡爪癀，绿色的叶片为羽状裂叶。

↑虎纹伽蓝菜，叶片卵圆形，上面具有不规则的紫色斑纹。

鹅銮鼻灯笼草又名鹅銮鼻景天，为中国台湾特有种，分布于台湾南部恒春半岛，常见生长于海岸礁岩上的缝隙中。它株高 10 厘米左右，单叶或三出复叶，对生；叶片有绿叶及褐色叶等形态，具叶柄，叶全缘，略具有钝齿状结构。耐旱性强，耐阴性也佳。

↑姬仙女之舞，叶片十字对生，满布褐色茸毛。

↑原生的鹅銮鼻灯笼草具有褐色叶。

↑经实生繁殖，鹅銮鼻灯笼草亦有绿色叶。

伽蓝菜属的多肉植物花期多半集中在冬、春季，花后部分一、二年生的品种会死亡，如鹅銮鼻灯笼草。花有黄色、粉红色、红色或紫色等，小花形成顶生的聚伞花序；萼片及花瓣 4 枚或 4 裂，向上开放，花瓣基部合生成壶状或高脚碟状；雄蕊 8 枚。果实为蓇葖果，4 裂，内含大量细小种子。

↑黑褐色的细小种子。

↑4 裂蓇葖果，内含大量种子。

↑千兔耳的花序具有短毛，浅粉红色花瓣 4 枚，基部合生，略呈壶状。

↑长寿花，花红色，花瓣4枚，花合生成圆锥状聚伞花序。

↑匙叶灯笼草，花瓣4枚，花序开放在枝条顶梢。

↑仙女之舞，白色小花开放在顶端叶腋间。

繁殖方式

扦插与播种，繁殖适期为冬、春季。除以带顶芽的枝条扦插外，与拟石莲花属及胧月属多肉植物一样，可进行叶插，但再生小苗的速度较慢。

生长型

大多为冬型种。夏季生长缓慢或停滞，但本属中的多肉植物都能适应台湾平原的气候环境。在夏季休眠期，节水并移至阴凉处即可。待秋凉后，可取顶芽扦插，更新老化的植株；若是一、二年生的种类，以重新播种的方式建立种群。

上：唐印锦用胴切以去除顶芽的方式促进侧芽发生，再将侧芽切下，待伤口干燥后扦插。

下：月光兔锦通过顶芽扦插进行商业生产的情形。

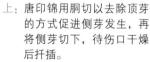

Kalanchoe bracteata
白蝶之光

英 文 名	silver teaspoons
别　　名	白姬之舞、银之太鼓
繁　　殖	扦插

　　白蝶之光原产自非洲马达加斯加岛。外观与 *Kalanchoe hildebrandtii*（长有绿白色的苞片）极为相近，两者仅有花色上的差异。种名 *bracteata* 形容本种花序引人注目的火红色苞片。又与仙人之舞外观相似，但叶呈银灰色。英文名为 silver teaspoons，可译为"银色茶匙"。

↑在原生地可形成近 5 米高的灌木丛。

形态特征

　　白蝶之光为大型种的多年生肉质灌木，在原生地及地植时，茎干直立；灌木丛状的株形，株高可达 5 米。叶卵圆形，有柄，叶片上密布银灰色细茸毛，略向内凹，有浅中肋。视环境条件，部分新叶或幼株会具有褐色叶缘。花期为冬、春季，花白色，花序开放在枝梢顶端。

→卵圆形叶具有浅中肋，露天栽培时具有浅褐色的叶缘。

冬型种

景天科

Kalanchoe beharensis
仙女之舞

英 文 名	velvet leaf
繁　　殖	扦插

仙女之舞原产自非洲马达加斯加岛南部地区。株高可达 3 米，茎干木质化，为多年生肉质灌木。因全株满布茸毛，就连触感也接近触摸到绒毛布或毛毯，故英文名以 velvet leaf（绒毛叶）称之。

仙女之舞适应中国台湾的气候环境，在台湾中南部地区常见露地栽培的植株。即便是夏日，在外观上也看不出生长缓慢或停滞的现象。

↑仙女之舞类群的小苗枝条，与月兔耳外观相似，但叶形不同。

形态特征

仙女之舞褐色的茎干粗壮，上面留有叶片脱落后的叶痕，其钝刺状叶痕质地坚硬，栽种时不慎也会刮伤皮肤。叶片三角形或长椭圆形，具有波浪状或深裂状缺刻。具叶柄，叶片对生，叶面及叶背满布茸毛。叶片颜色因品种不定，有银白色、红褐色，还有无毛的亮叶品种。花期为春季，圆锥花序于茎顶叶腋间抽出，钟形花，花冠 4 裂。

←叶片具深裂状缺刻，叶色变化多。图为叶片具褐色茸毛的品种。

Kalanchoe beharensis 'Fang'
方仙女之舞

　　方仙女之舞的中文名沿用中国俗名，"方"为栽培种名'Fang'的音译。因本种叶背具有尖刺状突起，又有"獠牙仙女之舞"之名；在日本或中国台湾以方仙女之舞统称。常见株高80～100厘米，叶形接近三角形，缺刻不明显。新叶平展，成熟的老叶会向内凹或略向内包覆。叶片上具有尖刺状突起，叶缘棕色或褐色。花期为春季，花序长50～60厘米。

↑方仙女之舞叶背具有尖刺状突起。

←成熟的老叶略向内凹，叶片上的深裂状缺刻或波浪状叶缘较不明显。

Kalanchoe beharensis 'Maltese Cross'
姬仙女之舞

英 文 名 | Maltese cross

　　姬仙女之舞又名"马耳他十字仙女之舞"，以栽培种名'Maltese Cross'翻译而来。为仙女之舞的小型变种，株高可达80～90厘米。单叶，深裂，具短柄，叶片十字对生，排列紧密。全株满覆金色至黄褐色茸毛。花期不明，在台湾栽培并未观察到开花的情形。

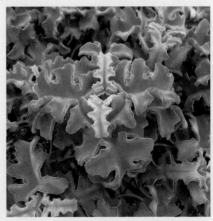

↑姬仙女之舞叶片深裂，呈十字对生。

269

Kalanchoe blossfeldiana
长寿花

英 文 名	flaming katy, Christmas kalanchoe, florist kalanchoe, Madagascar widow's thrill
繁　　殖	播种、扦插

长寿花原产自非洲马达加斯加岛。国内冬、春季常见的盆花植物，花期长达 4 个月左右，故得"长寿花"之名。又因"长寿"一词讨人喜欢，且本种耐旱性及耐阴性佳，栽培管理容易，因而成为圣诞节和春节时最应景、适合馈赠亲友的盆花小品。

↑较早引入中国的长寿花品种，花色鲜红，讨人喜欢。

形态特征

长寿花为多年生肉质草本植物，株高 30 ～ 40 厘米，近年因杂交选拔的结果，有许多矮性及重瓣花品种。深绿色、肉质的椭圆形或长椭圆形叶具有蜡质和光泽，叶缘浅裂，十字对生。花期为冬、春季，经短日照处理可以提前开花；原生种小花为红色，杂交品种花色则多变，有红色、粉红色、黄色、白色等；小花组成圆锥状的聚伞花序，于顶端叶腋间抽出。

↑矮性及重瓣长寿花的杂交品种。

↑杂交的长寿花园艺品种，花色丰富，重瓣花型使长寿花状似一束束缩小版的玫瑰花束。

Kalanchoe eriophylla
福兔耳

英 文 名	snow white panda plant
繁 殖	扦插

福兔耳原产自非洲马达加斯加岛。和月兔耳是同属不同种的植物，但外观十分相似，叶片上的毛状附属物更为显著，状似羊毛。英文名为 snow white panda plant，形容它具有雪白的外观。生长较为缓慢，十分耐旱。

↑成株后自基部横生侧枝，形成地被状。

形态特征

福兔耳为多年生肉质草本植物，株高 15 ～ 20 厘米，不似月兔耳可以长成灌木状的外形；成株后会自基部侧向长出横生枝条，且节间间距较长，像地被植物般丛生。叶子披针状，成株后，三出的齿状叶缘较为明显，叶末端及齿状叶缘处具有褐色斑点；叶片上具有长茸毛状附属物。花期为冬、春季，花开放在枝条顶端，花大型，粉红色或紫罗兰色，为 4 瓣的筒状花。

↑叶末端及齿状叶缘处具褐色斑点，全株密布白色长茸毛状附属物。

↑ 4 瓣的筒状花，花粉红色或紫罗兰色。

Kalanchoe luciae
唐印

异　　名	*Kalanchoe thyrsiflora*
英 文 名	paddle plant, flapjacks plant, desert cabbage, white lady
别　　名	银盘之舞、冬之滨
繁　　殖	分株

　　唐印的异名 *Kalanchoe thyrsiflora* 也是一种多肉植物，两者外观十分相似，有些分类认为两种为不同的植物，但从外观上并不易区分，因此本书以异名的方式标注。银盘之舞、冬之滨等名沿用了日本俗名。

↑冬、春季的唐印红色叶缘明显。

　　唐印原产自南非荒漠草原及砾石地。因对生的大型圆形叶状似船桨或煎饼，常见英文名以 paddle palnt （船桨植物）或 flapjacks plant（煎饼植物）称之。易自基部产生侧芽，看起来状似叶片包覆的甘蓝，故英文名称为 desert cabbage（沙漠甘蓝）。因全株密覆白色的蜡质粉末，故又名 white lady（洁白淑女）。常见分株或取花梗上的不定芽繁殖。

形态特征

　　唐印为多年生肉质草本植物，茎粗壮，全株灰白色，易自基部产生侧芽。倒卵形或圆形的叶先端钝圆，全缘，叶序排列紧密，对生。叶浅绿色或黄绿色，全株覆有白色蜡质粉末。在冬、春季生长季节，阳光充足、日夜温差大时，叶缘红色。花期为冬、春季，花梗高达 1 米；4 瓣的筒形花呈白色，花梗及花序上密布银白色蜡质粉末，开花后母株即死亡；花梗上会产生不定芽散布后代。

↑花白色，总状花序开放在茎顶，筒状花裂瓣 4 枚，披有白色粉末。

Kalanchoe luciae 'Variegata'
唐印锦

异　　名	*Kalanchoe* 'Fantastic'
英 文 名	Variegated paddle plant

　　唐印锦是唐印的锦斑变异栽培种，叶片上具有乳黄色锦斑。当光照充足、日夜温差大时，叶色有近乎血红色的表现。与唐印一样，植株强健，栽培并不困难。夏季生长稍缓慢，仅注意节水管理即可；光线不足时易徒长。

↑光线稍不足时，叶片较大且叶序较为开张；光线充足时，叶片较小但饱满，叶序紧致。

↑春季光线充足、日夜温差大时，唐印锦叶色近乎血红色。

←栽培于半日照及光线充足的环境中，冬、春季时，叶片上开始出现乳黄色锦斑。

Kalanchoe millotii

千兔耳

夏型种

英 文 名	millot kalanchoe
繁　　殖	扦插

千兔耳原产自非洲马达加斯加岛等地区。喜好全日照环境。本种耐热性佳，在中国台湾适应良好，植株强健，病虫害少，可露地栽植。

↑丛生状的千兔耳，银白色外观很讨人喜欢。

形态特征

千兔耳为多年生肉质草本植物或小灌木。全株满布白色细茸毛，株高 30 ～ 50 厘米。茎直立，木质化。叶呈三角形或略呈圆形，十字对生，灰绿色叶片具锯齿状叶缘。花期为冬、春季，花浅粉红色或浅黄色，呈钟形或管状。长花序开放在茎的顶梢。

↑花呈钟形或管状，具4 枚裂瓣，花浅粉红色或浅黄色。

←生命力旺盛的千兔耳，很适合新手栽种。

→花序开放在枝条顶端。

Kalanchoe orgyalis
仙人之舞

英文名	copper spoons
别名	天人之舞、银之卵、金之卵
繁殖	扦插

仙人之舞原产自非洲马达加斯加岛南部及西南部，常见生长在沿海地区干燥的岩砾地。别名沿用日本俗名。本种新叶满覆红铜色细茸毛，英文名为 copper spoons，可译为"铜色汤匙"。种名源自希腊文 orgaya，为一种丈量的距离，约两臂展开的长度，说明本种植株高度可达 180 厘米。

↑叶片呈十字对生。

形态特征

仙人之舞为多年生肉质草本植物或亚灌木，茎干木质化。叶呈卵圆形，有柄，叶全缘，新叶两侧略向内凹。新叶上满布红铜色细小茸毛，叶片十字对生。花期为冬、春季，花亮黄色，花序开放在枝梢顶端。

←叶片上满布红铜色细小茸毛，特殊的叶色令人印象深刻。

275

Kalanchoe rhombopilosa
扇雀

英 文 名	pies from heaven
别 名	姬宫
繁 殖	扦插

　　扇雀原产自东非及马达加斯加岛。中文别名沿用日本俗名；英文名 pies from heaven 更是有趣，可译为"来自天堂的派"。有花友更喜欢以"巧克力碎片"戏称之，贴切地形容了本种叶片上不规则的咖啡色斑点。对中国台湾的气候适应性佳，仅生长较为缓慢。

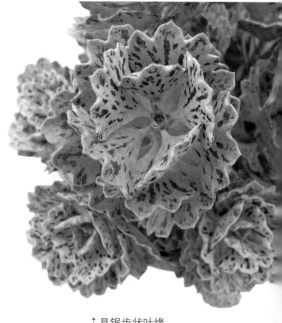

↑具锯齿状叶缘。

形态特征

　　扇雀为多年生肉质草本植物或小灌木，茎干基部略木质化。生长缓慢。三角形或扇形叶片呈灰白色，有短柄，对生，锯齿状叶缘。花期为春、夏季，但成株才会开花。花小型，筒状花黄绿色，具有红色中肋，圆锥花序开放在茎的顶部。

↑成株 20 ~ 30 厘米高。

↑叶片上有不规则的咖啡色斑点。

Kalanchoe rhombopilosa var. *argentea*

碧灵芝

碧灵芝是扇雀的变种，外形与扇雀相似，但株形小，生长更为缓慢。叶呈三角形，不具有锯齿状叶缘，叶末端中央具有尾尖；叶呈灰白色，不具咖啡色斑点。俯视时，对生的叶片状似玫瑰。

Kalanchoe rhombopilosa var. *viridifolia*

绿扇雀

绿扇雀是扇雀的变种，外形与扇雀相似。相比扇雀生长较快。叶绿色、光滑，叶缘灰白色，近看遗留有咖啡色小斑点。

↑叶绿色，质地光滑，不具有粉末状物质。图为叶插苗。

←锯齿状叶缘呈灰白色，叶背处可观察到咖啡色小斑点。

Kalanchoe sexangularis
朱莲

繁　殖｜扦插

　　朱莲原产自非洲津巴布韦及莫桑比克一带，常见生长在岩石缓坡上或半遮阴处，如树下或大型灌木丛下方。外观与 *Kalanchoe logiflora* var. *coccinea* 相似。种名 *sexangularis* 源自拉丁文，sex 为 six（即数字 6）的意思，angularis 则意为有角度的，描述了朱莲略呈六角形的茎干外观。

↑具锯齿状叶缘。

形态特征

　　朱莲为多年生肉质草本植物或亚灌木。株高约80厘米。叶片卵圆形，有柄，具锯齿状叶缘；叶序十字对生。冬、春季生长期间，若日照充足、日夜温差大，全株会出现令人惊艳的红色光泽。花期为春季，具长花梗，花鲜黄色。

↑红色叶片呈十字对生，叶片质地厚实，具光泽。

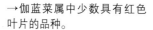

→伽蓝菜属中少数具有红色叶片的品种。

Kalanchoe synsepala
双飞蝴蝶

英 文 名	cup kalanchoe, walking kalanchoe
别 名	趣蝶莲
繁 殖	扦插

双飞蝴蝶原产自非洲马达加斯加岛及科摩罗等地，是少数产生走茎的多肉植物。英文名 walking kalanchoe，形容它是"会走路的伽蓝菜属植物"。成株的双飞蝴蝶会产生走茎，前端会形成不定芽。大型的对生叶状似飞舞的蝴蝶。植株强健，适应中国台湾的气候环境，栽培管理并不困难，是可以露天栽培的品种之一。取走茎上的不定芽进行扦插繁殖。

↑走茎上的不定芽只要轻触地面即可发根，建立新的种群。

形态特征

双飞蝴蝶为多年生常绿的肉质草本植物。株高 40 ~ 50 厘米，主茎短缩、不明显。具有大型的卵圆形叶片，若栽培得当，单片叶直径可达 50 ~ 60 厘米；叶片十字对生，生长在茎干上，具角质化的锯齿状叶缘。成株后，会于叶腋处产生走茎，走茎具有不定芽。花期为冬、春季，花小、不明显，生长在走茎前端，萼片合生。

→走茎上的不定芽，就像一只蝴蝶围绕在母株周围飞舞着。

Kalanchoe tomentosa
月兔耳

英 文 名	panda plant, pussy ears
别　　名	褐斑伽蓝、兔耳草
繁　　殖	扦插

　　月兔耳原产自非洲马达加斯加岛。对中国台湾的气候适应性强，植株强健，耐旱性及耐热性佳，栽培管理容易。全株被有白色茸毛，长卵形叶片状似兔子的耳朵，但英文名却是以熊猫（panda plant）及猫耳朵（pussy ears）来形容它的。喜好生长在光线充足的环境下，光线不足时叶形狭长、株形松散，易徒长而生长不良。以取茎顶5～9厘米的枝条扦插繁殖为主；亦可叶插，但小苗的生长速度较慢。

形态特征

　　月兔耳为多年生肉质草本植物或小灌木，分枝性良好，易呈树形或灌木状。全株灰白色，密布白色茸毛。叶片长卵形，上半部具有齿状叶缘，叶缘处有褐色斑点；叶序对生或以近轮生的方式紧密排列。花期为春、夏季，开花时顶端枝条会向上抽高，花序密布茸毛，小花为管状花或钟形花，具有4枚裂瓣；花浅褐色至褐色，花瓣上着生褐色茸毛。在台湾不常见开花。在月兔耳学名下标注的变种或型不少。由于园艺选拔的结果，另有锦斑变异品种，如黑兔耳、闪光月兔耳等。

↑灰白色的月兔耳易管理，是新手必栽的品种之一。

↑光线充足及长期缺水，下位叶偏黄。

→齿状叶缘处具有褐色斑点，光线充足时斑点色泽较深。

Kalanchoe tomentosa 'Variegata'
月兔耳锦

　　月兔耳锦为月兔耳的锦斑变异品种。其锦斑变异以黄覆轮较多，成熟叶表现较新叶鲜明。

→黄色锦斑在叶片两侧，成熟叶较为明显。

Kalanchoe tomentosa f. *nigromarginatas*
黑兔耳

　　黑兔耳为月兔耳的一种型（forma，f.）。型在学术分类上多半是指种群中还未能提升为变种的一个种群，为了便于园艺分类的整理，使用 forma 来区分，但在国际分类规约上仅接受种及亚种。*nigromarginatas*，字根 nigro 为黑色或黑人之意，字根 marginatas 为边缘的意思，形容其具有特殊的连成一线的黑色叶缘，与充足光线下生长的月兔耳叶缘处出现的近乎黑褐色的斑点不同。

↑整个叶片均布有连成一线的黑色叶缘。

↑叶形较月兔耳狭长。

景天科

Kalanchoe tomentosa 'Laui'
闪光月兔耳

闪光月兔耳为月兔耳的栽培种，又名达摩兔耳，沿用日本俗名；又以长毛月兔耳等俗名来称呼。其最大特征是全株密布较长的白色茸毛，背光下，看来像是会发光的。

→本种生长较为缓慢。

Kalanchoe tomentosa 'Chocolate Soldier'
巧克力兔耳

巧克力兔耳为园艺栽培种（cv.），但 cv. 可以省略不写，而以 'Chocolate Soldier' 的方式标注栽培种名。栽培种名可译为"巧克力战士"，又名孙悟空。巧克力兔耳株形较小，叶片上着生褐色茸毛，且齿状叶缘不明显。

Kalanchoe tomentosa 'Golden Girl'
黄金月兔耳

黄金月兔耳为园艺栽培种（cv.），不省略 cv. 时学名应以 *Kalanchoe tomentosa* cv. Golden Girl 表示。主要特征是其叶片上着生金色茸毛，而非银白色茸毛，黄澄澄的，外观特别讨人喜欢。

→新叶及成熟叶上均覆有金色茸毛。

Kalanchoe tomentosa × dinklagei

月之光

月之光又名月光兔耳。为月兔耳的杂交种。以剪取顶芽扦插的方式繁殖，有利于锦斑的保留。本种生长快，分枝性良好。

月之光为多年生草本植物，成株后略呈灌木状，株高50～80厘米。灰绿色的叶片呈长椭圆形，上半部具钝齿状叶缘，叶缘末端具褐色斑。

↑月之光植株健壮，具有钝齿状叶缘，叶缘末端具褐色斑。

↑月之光适应性强，为新手栽植的入门种之一。

Kalanchoe tomentosa × dinklagei

月之光锦

月之光锦为月之光的锦斑变种，糊斑变异较多，偶见黄覆轮或黄斑个体。本种易出现返祖现象，栽种后易出现全绿的个体。若为保存锦斑特性，除提供光线充足的良好栽培环境外，出现的全绿枝条应剪除，以防止锦斑变异消失。

→新叶及新芽因叶片内凹的特性而有蜷缩感，看起来像一团包覆住的叶片。

■胧月属 *Graptopetalum*

胧月属又名风车草属、缟瓣属。属名 *Graptopetalum* 字根源自希腊文 graptos（绘画及标记）和 petalon（花瓣），说明本属多肉植物的花瓣上具有斑纹的特征。本属有 15 个左右的品种，主要产自墨西哥及美国亚利桑那州落基山脉一带，部分品种分布在海拔 2400 米的山区。为多年生草本植物，叶序丛生或呈莲座状排列。

外形特征

肉质叶平滑，无波浪状叶缘，叶色以灰绿色、粉红色或带有蜡质的绿色为主。花瓣 5 ~ 6 枚，雄蕊为花瓣数的 2 倍；花瓣上具有斑点或斑纹（部分品种无）。为避免自花授粉，其雄蕊具有向后弯曲的特性。

胧月属多肉植物与拟石莲花属多肉植物外观相似，但亲缘上与景天属（*Sedum*）植物较为接近；早期在分类上，胧月属曾一度归类在景天属中。

↑银天女的花瓣末端也具有特殊的斑纹。

↑胧月的花盛开后，雄蕊向后弯，避免自花授粉。花萼、花瓣 5 枚，花呈星形，花瓣上有特殊的斑纹。

↑美丽莲具有美丽的花色，花形也大，但花瓣上不具有特殊斑纹。

胧月属的多肉植物常以石莲来通称。分别可与拟石莲花属及景天属多肉植物进行跨属的远缘杂交：若与拟石莲花属进行属间杂交，属名则以 × *Graptoveria*（由胧月属与拟石莲花属的属名组成）表示；若与景天属进行属间杂交，属名则以 × *Graptosedum*（由胧月属与景天属的属名组成）。

黛比
与拟石莲花属的属间杂交种。保留了胧月属叶色会转为紫色或粉红色的特性。

秋丽
与景天属的属间杂交种。综合了两属的叶片特征，但叶片肥厚硕大，呈地被状生长。

厚叶草属的东美人（*Pachyphytum oviferum* 'Azumabijin'）与胧月外观十分相似，是同样在台湾大量栽培用来食用的品种，两者的叶形、花朵构造及色彩略有不同。

↑生长期及日夜温差较大时，叶色转为紫红色。叶片大且较为平展，叶末端渐尖。

↑5枚花瓣平展开张，花瓣上有特殊的暗色斑点分布。

东美人

↑匙状叶，叶末端较圆润，且略向中央弯曲。

↑5枚花瓣张开时不平展，且间隔较远；花瓣上没有特殊的缟斑，仅有红色斑。

　　胧月属多肉植物相比于拟石莲花属多肉植物来说适应性佳，栽培也容易。多数品种及其属间的杂交品种夏季栽培并不困难，越夏较为容易。

繁殖方式

　　以扦插繁殖为主。除剪取带顶芽的嫩茎进行扦插外，本属的多肉植物叶插繁殖容易，由叶片扦插的小苗生长也较快。本属是初学栽培多肉植物较易入门的一个属别。

↑大杯宴，大量繁殖时以带顶芽的嫩茎扦插，盆栽的外观较为一致。

↑白牡丹叶插3～4个月后的情形。

↑白牡丹，茎插繁殖的成品。

Graptopetalum bellum
美丽莲

异　　名	*Tacitus bellus*
英文名	Chihuahua flower
繁　　殖	叶插、分株、播种

↑美丽莲植株平贴于介质表面，叶呈匙状至三角形。

1972 年，Alfred Lau 先生于墨西哥西部奇瓦瓦州与索诺拉州边界、海拔 1460 米的山区发现美丽莲。分布于陡峭的地形，生长于石缝间，仅部分时段可以见到直射的光线，因此不需强光或全日照环境，可栽培于半日照至光线明亮的环境下。喜好干燥、排水性良好的土壤。因叶序紧密，好发粉介壳虫，应定期喷药防治。繁殖时可取成熟的下位叶放置于沙或蛭石上，以利于叶片发芽成苗。

形态特征

美丽莲的茎短或不明显，植株贴于介质表面生长。叶灰绿色或红铜色，呈匙状至三角形，叶末端尖，叶尖略带红色；叶片平展，叶序呈莲座状紧密排列，单株直径可达 10 厘米以上。易生侧芽，呈丛生姿态。花期为春、夏季之间，花形大，单花直径约2 厘米，为胧月属中花形最大的一种。可自花授粉产生种子。

↑花朵为鲜丽的粉红色至鲜红色，花瓣不具特殊斑纹，为胧月属中的例外。早年归类在 *Tacitus* 属下。

Graptopetalum mendozae
姬秋丽

英 文 名	Mendoza succulent
繁　　殖	叶插、顶芽扦插

姬秋丽原产自墨西哥，分布于海拔 100 ~ 1150 米的地区。中文名沿用日本名。为胧月属中的小型种。叶片易掉落，轻触或不慎碰撞，都易使姬秋丽叶片掉落。掉落的叶片易发根，再生成新生的植株。繁殖以冬、春季为佳。

↑光线不足时叶色较绿，株形不紧密，茎易有徒长现象。

形态特征

姬秋丽株形小，单株直径 1 ~ 1.5 厘米。叶匙形，尾尖不明显，叶呈灰白色或灰绿色，具有珍珠般的光泽。在强光下或光线充足时叶片较短，叶形更加饱满，而叶色转为橘红色。

↑光线充足时叶色丰富，株形较为紧密。

Graptopetalum macdougallii
蔓莲

繁　殖 | 分株、扦插

种名 *macdougallii* 源自美国植物学家 Tom Macdougall 先生之名，纪念其耗尽半生的时光研究墨西哥植物的功绩。繁殖以分株为主，可将走茎上的不定芽剪下后，再扦插发根。

↑光线充足时叶尖略呈粉红色。夏季高温时进入休眠期，株形会趋闭合。

形态特征

蔓莲为小型、生长快速的品种，单株直径5～6厘米。易自基部增生走茎，呈现丛生姿态。叶青绿色或浅绿色，叶末端具尾尖，叶片平滑，质地透明，叶面覆有白粉。生长期间株形较为开张，休眠期间株形趋闭合且无光泽。光线充足时叶尖略呈粉红色。花期为春、夏季。5瓣的星形花，花底色为白色或乳黄色，花瓣上具有红色斑纹。

→冬、春季生长期间水分供应要充足，株形才会大且较为开张。

Graptopetalum paraguayense
胧月

英 文 名	ghost plant
别　　名	石莲、风车草
繁　　殖	叶插、顶芽扦插

1965 年胧月自日本引入中国台湾后，广泛栽培在台湾各地；近年在台湾更将其入菜，成为餐桌上的佳肴，以生食厚实的叶片为主。叶插或取顶芽扦插繁殖均可，繁殖适期为冬、春季。

↑在台湾，胧月商业栽培以供食用。

形态特征

胧月为多年生草本植物。根部纤细，茎健壮，成株后茎部木质化，初为灌木状，成熟后呈匍匐状。菱形或匙状的叶片肉质，叶序呈莲座状。叶呈银灰色或灰绿色；光线充足及环境温差大时，叶序紧密，叶色灰白（或带有浅浅的紫红色），叶面上覆有白色蜡质粉末，以减少水分蒸发并折射过强的光线。花期为春季。

←胧月的花于春季盛开，花萼及花瓣均为5枚。

Graptopetalum pentandrum 'Superbum'
超五雄缟瓣

| 繁　　殖 | 叶插 |

超五雄缟瓣原产自墨西哥。本种最大的特征是叶序排列非常平整，看似扁平状。俗称"华丽风车"。日照充足时叶色鲜丽，株形紧致，叶片肥厚；光线不足时叶较狭长，叶色偏绿。

↑叶序扁平或平整，生长缓慢，老株茎部会呈灌木状。

形态特征

超五雄缟瓣叶片肥厚，呈三角形或卵形，叶末端有尾尖，叶缘圆弧状。叶序扁平，呈莲座状排列。叶呈粉红色或紫粉色，叶片上有白色蜡质粉末。茎干初为灌木状，随株龄增加，木质化的茎会略呈匍匐状。花期为春、夏季之间，花序长 30 ~ 50 厘米，星形花 5 瓣，花序会分枝呈簇状，花白色或浅黄色，花瓣末端呈暗红色，有斑点。

→光线充足时叶呈粉红色或紫粉色，上面覆有白色蜡质粉末。

Graptopetalum rusbyi
银天女

景天科

繁　殖	分株

　　银天女原产自美国亚利桑那州东南部至墨西哥中北部，为胧月属中的小型种。生长缓慢，喜好全日照环境；夏季休眠，此时要减少给水并移至通风处或增设遮阳网，协助越夏。以分株繁殖为主，自基部会产生侧芽；或去除顶芽诱发基部叶腋上的侧芽发生后，再以分株方式繁殖。

↑叶片长卵形，叶末端有尾尖，叶尖微红。

形态特征

　　银天女茎不明显，株形扁平。叶长卵形，丛生，莲座状叶序平贴地面。中心嫩叶略带粉红色，叶呈灰绿色或灰蓝色，并带紫色或红色；叶末端具尾尖，叶尖微红并向上生长。叶片表面具有规则的小突起。花序从叶序间抽出，向上生长、开花；花黄色，花瓣上带有暗红色花纹，花瓣末端呈红色。

←花瓣 5 ~ 7 枚，花色以黄色为基底，带有暗红色斑纹。

栽培种

冬型种

× *Graptoveria* 'Amethorm'

红葡萄

别　名	紫葡萄
繁　殖	分株、叶插

红葡萄耐干旱，介质干透后再浇水为佳。日照充足时叶色艳丽，株形饱满；若光线不足，叶色偏绿，且株形因徒长而松散。易于基部产生匍匐茎，于母株附近再萌发新芽，可以分株繁殖；或取厚实的叶片于生长季进行叶插。

↑叶片饱满厚实，具有短尾尖。

形态特征

红葡萄的叶呈灰绿色或灰蓝色，匙状叶呈莲座状排列。叶肥厚饱满，叶缘红晕或淡晕，叶有淡淡的中肋。叶末端具有短尾尖。叶背具有紫色小斑点及突起。叶面具蜡质，不具有白色粉末。花期为夏季。

→光线充足时株形饱满，叶色艳丽。

× *Graptoveria* 'Bainesii'
大杯宴

科

别　　名	厚叶旭鹤、伯利莲
繁　　殖	叶插

　　大杯宴的中文名沿用日本名，又称为厚叶旭鹤、伯利莲。大杯宴为属间杂交的品种，亲本已不详。大杯宴适应中国台湾的气候环境，成为花市常见的品种之一。另有缟斑品种，名为银风车或大杯宴缟斑。

↑大杯宴是台湾花市常见的品种，叶呈银灰色或灰绿色。

形态特征

　　大杯宴与胧月外形相似，但叶幅较宽，叶形较为浑圆，叶末端有尾尖（突起）；叶片两侧略向上升，叶面略呈 V 形。叶色以银灰色或灰绿色为主，但光线充足及温差较大时，在生长期间全株略带酒红色或有红晕般的叶色。

←光线充足或温差大时，叶色会略带红晕或呈酒红色。

冬型种

× *Graptoveria* 'Debbie'
黛比

别　　名	粉红佳人
繁　　殖	叶插

黛比在冬季日夜温差较大时，叶片泛有粉红色调，十分美观。

夏季休眠时，节水并移至遮光处以利于越夏。

↑日照充足时叶序紧致，叶片上具有粉红色蜡质粉末。

形态特征

黛比的匙形叶呈灰绿色或灰紫色，互生，以莲座状排列。叶末端具有短尾尖，全株被有白粉。冬季低温或日夜温差大、光线充足时，全株转为粉红色。花期为冬、春季之间，花梗自叶腋间抽穗，花钟形，花浅橘色。

→黛比的叶片肥厚，环境适宜时全株转为粉红色。

× *Graptoveria* 'Silver Star'
银星

繁　殖｜分株

↑叶末端具有红色长尾尖。

　　银星为菊日和（*Graptopetalum filiferum*）与东云（*Echeveria agavoides var. multifida*）的属间杂交种。在中国台湾适应良好，植株强健。叶片的排列十分有趣。银星易烂根，栽培时要注意水分的管理。光线充足有利于株形及叶序的展现，但在露天直射光下栽培，叶片易晒伤。基部易增生侧芽，待侧芽够大时切离母株，以分株方式繁殖。

形态特征

　　银星叶多，叶序以莲座状堆叠。灰绿色叶呈长卵形，质地光滑；叶缘有淡晕；叶末端具有长尾尖，叶尖红色。叶片具光泽，乃因叶肉组织结构的关系，叶片反射光线形成银色光泽。

←叶呈灰绿色，十分明亮，为属间杂交种。

× *Graptoveria* 'Titubans'
白牡丹

异　　名	× *Graptoveria* 'Acaulis'
别　　名	玫瑰石莲
繁　　殖	叶插

　　白牡丹为胧月（*Graptopetalum paraguayense*）与静夜（*Echeveria derenbergii*）的属间杂交种。对气候的适应性佳，植株强健，栽培管理容易，生长迅速。

↑叶色灰白，叶片肥厚。

形态特征

　　白牡丹的老茎易因叶片重量，生长向一侧倾斜。全株覆有白粉。叶倒卵形，互生，叶末端有尾尖；叶序呈莲座状排列。叶灰白色至灰绿色，冬季叶缘略具有浅褐色晕。花期为春季，花黄色，花瓣 5 枚，具红色细点。

→老株易倾斜向一侧生长。

景天科

冬型种

× *Graptosedum* 'Bronze'
姬胧月

异　　名	*Graptopetalum paraguayense* f. bronz
繁　　殖	扦插

姬胧月为胧月（*Graptopetalum paraguayense*）与玉叶（*Sedum stahlii*）的属间杂交品种。适应性强，栽培管理容易，生长迅速。部分人认为它是胧月下的一种型。

↑外观像是缩小版的红色胧月。

形态特征

姬胧月的外观与胧月相似，但株形较小，叶片上不具有白色粉末。叶匙形，呈紫红色、珊瑚红色或铜红色等，光线充足时叶色鲜艳；莲座状叶序丛生，茎会向上延伸生长；叶末端有短尾尖。花期为春、夏季之间，花黄色。

↑适应性强，群生后十分美观。

× *Graptosedum* 'Francesco Baldi'
秋丽

异 名	× *Graptosedum* 'Vera Higgins'
繁 殖	茎顶扦插、叶插

秋丽极可能是胧月（*Graptopetalum paraguayense*）与乙女心（*Sedum pachyphyllum*）的属间杂交种。对气候的适应性强，植株强健。

↑夏季或高温季节，叶呈灰绿色。

形态特征

秋丽全株被有白色蜡质粉末。叶长披针形，互生。夏季或温度较高的季节，叶呈灰绿色；冬、春季低温时期，叶黄绿色，叶片末端黄色或浅红色。花期为冬、春季，花黄色，具5枚花瓣。

→冬、春季低温时期，叶呈黄绿色。

299

■摩南属 Monanthes

属名 *Monanthes* 源自希腊文，其字意为单花。摩南属多肉植物株形矮小，为景天科中的小型种。本属仅有 10 种左右，有一年生及多年生品种。与银鳞草属及山地玫瑰属多肉植物一样，产自北非、西班牙等。

多数分布在海拔 150 ～ 2300 米的地区，但摩南属多肉植物不耐霜冻，与银鳞草属、山地玫瑰属及卷绢属多肉植物的亲缘关系较为接近。

摩南属　摩南景天

银鳞草属　黑法师

山地玫瑰属　山地玫瑰

卷绢属　卷绢

外形特征

摩南属多肉植物的叶片密生，呈莲座状排列。花瓣数多于 5 枚的品种占多数。在中国台湾平原栽培相对较为不易，然而少数品种在台湾平原若是管理得当也能越夏。

繁殖方式

繁殖以分株或取侧芽扦插为主。

←于秋凉季节取走茎不定芽直接扦插后，生长 3 ~ 4 个月的情形。光线充足时，摩南景天叶柄短，叶色较浅。

↓自短缩的茎基部横生走茎，走茎末端形成不定芽。光线不足时叶柄较长，叶色翠绿，株形较为松散。

Monanthes brachycaulos
摩南景天

繁　殖｜扦插

　　摩南景天原产自北非、西班牙。本种可耐1℃的低温。栽培不困难，可以浅盆栽植，使用排水性良好的介质。越夏时稍注意管理，节水并移至遮阴处即可；生长期间可充分给水。春、秋季为繁殖适期，取走茎不定芽扦插即可。

↑生长旺盛时，容易满溢出盆外。

形态特征

　　摩南景天株高1～2厘米。卵圆形的叶具长柄，叶片轮生于短缩茎上。叶光滑，全缘。成株后于茎基部会横生走茎，走茎前端会形成不定芽。生长旺盛时，呈地被状或满溢出花盆之外。花期为春、夏季之间，花瓣数为5的倍数，花色浅绿，呈半透明状。

↑花色浅绿，质地半透明，花瓣数为5的倍数。

Monanthes polyphylla
瑞典摩南

繁　殖	分株

种名 *polyphylla* 为多叶片的意思，形容本种具有大量的叶片。原产自北非、西班牙。栽培与摩南景天相似，但生长缓慢。每2～3年应换盆或更新介质。以分株繁殖为主，可于秋凉后进入生长期时进行。

形态特征

瑞典摩南株高可达10厘米左右。生长旺盛时外观呈地被状。小叶绿色至褐色，肉质，具短柄，轮生。

↑堆叠状的轮生叶序，一株株像绿色的小花簇。

苦苣苔科
Gesneriaceae

苦苣苔科目前已知全世界有 150 ~ 160 属，3220 种以上，原生于热带及亚热带地区，少数生长在温暖地区，分布遍及美洲、非洲、亚洲等地。石吊兰又称吊石苣苔、岩豇豆，广泛分布在中国、日本、越南等地，为着生型小灌木，茎长 7 ~ 30 厘米，茎无毛或披细柔毛，叶对生，常见着生在中、低海拔的潮湿岩石、树干上。俄氏草为中国台湾原生的苦苣苔科植物，常见生长在季风雨林内阴凉处的潮湿石灰岩壁上，1864 年英国人 Richard Oldham 在台湾发现后于同年收集到英国皇家植物园；常见为温带或冰原植物的生殖行为，却发生在亚热带植物上。

本科植物在花市中最常见的盆花为大岩桐（*Sinningia speciosa* hyb.）及非洲堇（*Saintpaulia* hyb.）。部分苦苣苔科植物因生长环境较为严酷，具有根、茎球状及叶片肉质、肥厚的特性，也列为广义的多肉植物，像断崖女王及小海豚就常被收录在各类多肉植物图鉴中。

■报春苣苔属 *Primulina*

本属原为唇柱苣苔属（*Chirita*），后因分类更名为报春苣苔属。本属植物主要分布在热带亚洲及亚热带地区，像尼泊尔、印度、中国、中南半岛、马来半岛等地；中国分布有 150 种左右。本属植物有亚洲非洲堇的雅称，多为岩生的喜钙植物，常见生长在石灰岩地区，生存环境的土壤大多浅薄且贫瘠。

因分布区域狭隘，被中国列为重点保护的野生植物。本属植物常与苔藓及耐阴湿的植物伴生，喜好高湿环境，能生长在相对弱光的环境（约正常光照度的 1/4）中，偏碱性的硬质水才能供其生长；但少数品种能生长在石灰岩洞外或崖上，较耐干，也能适应全日照环境，叶肉质，可列为广义的多肉植物。

延伸阅读

http://www.dollyyeh.idv.tw/
http://www.gesneriadsociety.org/
http://www.brazilplants.com/

Primulina ophiopogoides
条叶报春苣苔

异　名	*Chirita ophiopogoides*
繁　殖	播种、分株、扦插

↑春季若光照充足，开花性良好。

条叶报春苣苔原产自中国，分布于广西扶绥及龙州，生长于海拔 160 ~ 600 米的石灰岩山林的陡峭崖壁上。与刺齿报春苣苔（*Primulina spinulosa*）及文采报春苣苔（*Primulina wentsaii*）都具有肉质化叶片，以适应广西西南部石灰岩地区干热少雨的环境。种群分布有限，面积少于 500 平方千米，本种为《中国物种红色名录》中 6 种报春苣苔中的一种。

本种怕冷，喜好温暖的环境，冬季若低于 10℃需进行防寒；喜好疏松、偏碱性且排水性良好的介质，忌积水；可生长在全日照环境下，通常应放置在光线充足至半日照环境下栽培。本种可侧芽分株及叶插繁殖。

形态特征

条叶报春苣苔为多年生草本植物，茎短缩、不明显，根状茎粗壮、木质化，株高约 30 厘米。常见叶多数簇生，着生于茎上；叶无柄，呈长披针形至线形，深绿色；叶缘具有疏刺状小锯齿；叶片上常有灰白色的粉状物质。易自茎基部萌发侧芽。花期为春季，花序腋生，盛花时可同时萌发 3 ~ 5 枝花序，花梗长 6 ~ 8 厘米，呈二回分枝；小花 5 ~ 7 朵，花瓣粉白色，略带浅紫色晕。

↑条叶报春苣苔易生侧芽，呈群生状。

■岩桐属 *Sinningia*

岩桐属为苦苣苔科中较大的一属，75 种左右。花市中常见的大岩桐多由 *Sinningia speciosa* 杂交而来。原产自南美洲，下胚轴膨大形成圆球状的块根，用来储存水分及养分，以利于越过不良的季节。岩桐属多肉植物常见生长在石灰岩的岩壁缝隙中，部分品种则生长在树干上。花瓣 5 枚合生成筒形或钟形。蒴果 2 裂，种子细小，呈咖啡色或黑色。喜好生长在温暖及光线充足的环境中，当气温低于 15℃时，地上部分会枯萎并进入休眠状态。

Sinningia bullata
泡叶岩桐

| 繁　殖 | 播种、扦插 |

泡叶岩桐原产自巴西圣卡塔琳娜州的大西洋森林（Atlantic Forest in Santa Catarina State）内，常见生长在半遮阴环境的岩石地或岩壁缝隙中。中文名参考产自中国广西的泡叶报春苣苔（*Primulina bullata*）而来。种名 *bullata* 源自拉丁文，为"鼓起"或"泡泡"的意思，形容本种特殊的皱皱的叶片质地。可播种或扦插繁殖，但以播种为主。

→花萼上满布茸毛，橘色的花鲜明亮丽，花筒处有暗色斑点。

形态特征

泡叶岩桐为具有根茎的多年生草本植物，株高约 25 厘米。翠绿色的卵形叶对生，叶背及茎节上密覆白色茸毛。花期为春、夏季之间，筒状花 5 瓣，花 4 ~ 5 厘米长，呈橘色。

→ *bullata* 形容其皱皱的叶片质地。

Sinningia cardinalis

繁　殖｜播种、扦插

本种原产自巴西圣卡塔琳娜州的大西洋森林内。常见生长在半遮阴环境的岩石地或岩壁的缝隙中。红花的栽培品种在日本称为断崖之绯牡丹。*Sinningia cardinalis* 有许多品种内的杂交种。繁殖以播种为主。

↑常见的橘色花品种，红色及白色花品种较不易种植。

形态特征

本种为具有根茎的多年生草本植物，株高约25厘米。翠绿色的卵形叶对生，叶背及茎节上密覆白色茸毛。花期为春、夏季之间，筒状花5瓣，花4～5厘米长，花色有白色、橘色、红色三种。有许多杂交种。

↑花序开放在茎部顶端。

→全株密布毛状附属物。

夏型种

Sinningia insularis

繁　殖 | 播种、扦插

本种原产自巴西圣保罗州。常见露天生长在裸露的岩石地区。可以播种或扦插方式繁殖，但以播种为主。

↑小花橘红色，具有长花梗。

形态特征

本种为具有根茎的多年生草本植物，株高可达 35 厘米。翠绿色的卵形叶对生，全株披有茸毛。与断崖女王一样为有限生长型种，每个新芽都会开花。花期为春、夏季之间，筒状花 5 瓣，花约 4 厘米长，橘红色。

↑叶色较深，叶缘具浅裂。

→冬季休眠后，春、夏季会于块根上生长新芽。

Sinningia iarae
虎耳断崖

繁　殖 | 播种、扦插

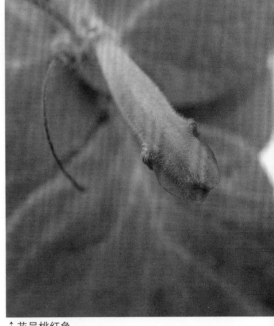

↑花呈桃红色。

　　本种原产自巴西。常见分布在半日照或全日照的露天岩石地区。

形态特征

　　本种为具有根茎的多年生草本植物，株高可达 35 厘米。翠绿色的卵形叶对生，全株披有茸毛。与断崖女王一样为有限生长型种，每个新芽都会开花。花期为春、夏季之间，筒状花 5 瓣，花 5 ~ 6 厘米长，呈桃红色。繁殖以播种为主。

↑可将基部的球状块根半露在地表上，作为茎干型的多肉植物欣赏。

← 外观与 *Sinningia cardinalis* 相近，但球状块根较大，对环境的适应性更强。

Sinningia leucotricha
断崖女王

英文名	Brazilian edelweiss
别　名	月之宴、巴西雪绒花
繁　殖	播种

断崖女王为原产自南美洲巴西等地的多年生草本植物，在原生地常见生长在石灰岩地形的石缝或石壁空隙中。冬季进入休眠期或生长缓慢。为著名的根茎型多肉植物之一。以播种繁殖为主。

↑银绒色的叶片与橙红色的花对比强烈，十分美观。

形态特征

断崖女王的叶全缘，略呈椭圆形，呈十字对生。株高 20～30 厘米。下胚轴肥大形成块根，块根呈球形，具须根。春、夏间于球形块根处抽出当年度的新芽。成株后，于新芽顶端开放橙红色花序。未成株时，休眠期不明显或不开花，会于顶梢再长出于次年生长的新芽。

生长型

断崖女王喜好半日照或光线明亮的环境，以排水性良好及富含矿物质的介质为宜。每年春季开始萌芽，萌芽后定期给水，施通用性的缓效肥一次。当年度的新芽花后或入秋时会枯萎，植株进入休眠期，可剪除枯萎的地上部；休眠的植株以节水或保持介质干燥协助其越冬。

←全株披有白色茸毛。

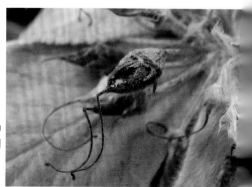

→虽然断崖女王种子量大，但育苗期长且损耗率高。

Sinningia sellovii
铃铛岩桐

英 文 名	hardy red gloxinia
别 名	红铃铛、一串铃铛、沙漠岩桐
繁 殖	播种

铃铛岩桐原产自南美洲阿根廷、巴西等地。为无限生长型品种，花序会不断生长、开花，花期长达一季以上。

形态特征

铃铛岩桐全株密布白色茸毛。块茎肥大。单叶对生，偶有三叶轮生；叶卵状，不分裂，叶端渐尖，叶基截形，叶缘锯齿形，叶面粗糙，双面具毛；网状脉，叶脉明显。两性花，聚伞花序，细长花梗呈红色，披有白毛；花萼翠绿色，先端4~5裂，密披白毛；花冠吊钟形，花色有红色、橘色或黄色等。

↑光线充足时，节间充实、不徒长；若光线较不足，则茎干徒长，株形略呈蔓生状。

↑铃铛岩桐的花为无限花序，若生长状况良好，随着花序的生长会一直开放。

←具有肥大块茎，栽培时可将其露出，以欣赏特殊的株形。

■旋果花属 *Streptocarpus*

旋果花属又称海角樱草属、好望角苣苔属等，因为其产地为南非好望角（海角）且植物花朵外形酷似樱草科植物而得名。*Streptocarpus* 字根源自希腊文，字根 streptos 字意为扭曲的、螺旋状的，字根 karpos 字意则为果实。本属植物蒴果 2 裂，具有螺旋状特性，称为旋果花属较为贴切。其可再细分为 2 个亚属，*Streptocarpus* 亚属多肉植物为冬型种，喜好冷凉环境，茎短缩、不明显，叶子自短缩茎上萌发，仅有 1 枚或数枚叶子自地表展开，应栽培在光线明亮的散射光下；*Streptocarpella* 亚属多肉植物为夏型种，喜好温暖的气候环境，具有明显的茎，叶片圆形或椭圆形，以对生或轮生方式生长于茎上，栽培在光线充足的环境中为佳。

夏型种

Streptocarpus saxorum
小海豚

异　　名	*Streptocarpella saxorum*
英 文 名	false African violet, cape primrose
繁　　殖	扦插

小海豚与苦苣苔科中著名的室内盆花植物非洲堇一样，原产自非洲肯尼亚及坦桑尼亚等地。为直立性堇兰的一种。小海豚在日本佐藤勉著的《2300 种世界多肉植物彩色图鉴》中被收录在广义的多肉植物中。种名 *saxorum* 意为在岩石上生长的，说明本种喜好生长于岩石环境。春、夏季为繁殖适期，剪取顶芽扦插即可。

↑光线充足时小海豚株形致密，圆形肉质叶对生或轮生，具螺旋状的蒴果。

形态特征

小海豚为多年生草本植物，分枝性佳，易群生成丛状。圆形或长椭圆形的叶肉质，叶对生或轮生，叶色浅绿，全株密覆茸毛。株高 15 ～ 30 厘米。花期长，冬、春、夏季均会开花。单花，腋出，具有长花茎，花瓣 5 枚合生成筒状，花形状似樱草花，花浅蓝色。螺旋状果荚细长。

风信子科
Hyacinthaceae

风信子科植物为多年生草本植物。鳞茎具毒性，不慎误食会引发头晕、胃痉挛、拉肚子等过敏症状，体质敏感或严重时可导致瘫痪、危及生命。

本科包括约 30 属、300 ~ 700 种。多数具有鳞茎，部分属别内的植物被列为广义的茎干型多肉植物，以欣赏其特殊的鳞茎造型及细丝状、之字形生长的蔓生茎。生长型有夏型种及冬型种。花有白色或黄色等，部分具有特殊气味。

繁殖除播种之外，常见以分株繁殖。也可使用鳞茎表皮进行扦插繁殖。

↑天鹅绒是风信子科中常见的盆花及花坛植物。

↑风信子科植物多数具有鳞茎，被列为广义的根茎型多肉植物。图为发叶苍角殿。

↑以播种繁殖为主。幼株有直线形蔓生茎，成株后蔓生茎分叉或呈之字形生长。图为嘉利仙鞭草小苗。

■哨兵花属 *Albuca*

哨兵花属又名弹簧草属。在风信子科中，哨兵花属植物约有 100 种，主要产自南非。本属与虎眼万年青属（*Ornithogalum*）十分相近。哨兵花属植物的英文名常见表示为 slime lilies。

延伸阅读

http://pacificbulbsociety.org/pbswiki/index.php/Bowiea
http://www1.pu.edu.tw/~cfchen/index.html
http://www.plantzafrica.com/plantab/boophdist.htm
http://www.cactus-art.biz/schede/LEDEBOURIA/Ledebouria_socialis/Ledebouria_socialis/Ledebouria_socialis.htm
http://www.pacificbulbsociety.org/pbswiki/index.php/Ledebouria_socialis
http://zh.wikipedia.org/wiki/%E9%A3%8E%E4%BF%A1%E5%AD%90%E7%A7%91
http://www.bihrmann.com/Caudiciforms/subs/orn-sar-sub.asp
http://desert-plants.blogspot.tw/2009/06/ornithogalum-sardienii.html

Albuca humilis

哨兵花

冬型种

繁　殖	分株

　　哨兵花原产自南非东部山区，生长在海拔 2800 米的岩屑地环境。花市常见的品种，植株强健、耐旱，栽培时介质以排水性佳者为主，以全日照至半日照环境为宜。本种易生子球，繁殖以分株为主。

↑多年生球根植物，易生子球，植群常见丛生状生长。

形态特征

　　哨兵花为多年生球根植物，具有鳞茎。肉质线状或近丝状叶片自鳞茎中心抽出，植株外观状似禾草。花期集中在夏、秋季。星形花，花瓣 6 枚，外瓣白绿色，内瓣黄色，具有淡淡的香气。

→光线充足时，肉质的丝状叶片较短，具有杂草状的外观。

■ 苍角殿属 *Bowiea*

本属植物原产自南非、纳米比亚及坦桑尼亚等地。为多年生的单子叶植物，具大型肉质鳞茎，鳞茎露出地面，表皮光滑，呈绿色或白色。属名为纪念英国皇家植物园的植物收藏家 James Bowie（1789—1869）先生而来。全株具有毒性，如人畜误食，会引发心脏衰竭而死亡。在原生地作为药用植物，可治疗眼疾、皮肤病、不孕症等，还能炼制成强心剂。除药用外，人们更相信本属植物能使战士无惧、更有勇气、所向披靡，能守护旅客、见证爱情等。

冬型种

Bowiea gariepensis

嘉利仙鞭草

异　　名	*Bowiea volubilis* ssp. *gariepensis*
英 文 名	climbing onion, sea onion, Zulo potato
繁　　殖	播种、扦插

嘉利仙鞭草原产自非洲纳米比亚及南非开普敦的西北地区。原归纳在大苍角殿（*Bowiea volubilis*）下，后因外观明显不同、花白色、于冬季生长而自大苍角殿中独立出来。繁殖以播种为主；亦可剥去外表受损的鳞片进行扦插，会于基部产生新生的小鳞茎。

↑花大型，白色，花瓣平展，具有漂白水或消毒水的气味。

形态特征

嘉利仙鞭草生长期间鳞茎顶端有灰绿色或银灰色的蔓生茎。花大型，白色，于冬、春季开花，具有类似漂白水的特殊气味。花后会结出蒴果，内含 2 ～ 3 颗黑色种子。

夏型种

Bowiea volubilis

大苍角殿

英 文 名	climbing onion, sea onion, Zulo potato
繁　　殖	播种、分株、鳞片扦插

　　大苍角殿广泛分布在非洲乌干达至南非等地，为夏季生长型的风信子科多肉植物。大苍角殿成株后，如心部受损，易自行分裂成 2 ~ 3 个球，可用分株的方式进行繁殖。

↑花绿白色或黄绿色，花瓣会反卷，气味较不明显。

形态特征

　　大苍角殿具绿色鳞茎，直径最大可至 25 厘米。生长期间自鳞茎顶端生长出翠绿色、质地较纤细的蔓生茎。绿白色或黄绿色的小花气味较不明显。花期为春、夏季之间。蒴果，内含 2 ~ 3 颗黑色种子。

↑大苍角殿为夏季生长型多肉植物，翠绿色的蔓生茎具有浪漫气息。

↑具有肥大的鳞茎，栽培时可将其露出，以欣赏特殊的株形。

■斑点草属 *Drimiopsis*

斑点草属多肉植物原产自热带地区，与红点草属（*Ledebouria*）多肉植物外观相似，但子房的形状除外。斑点草属多肉植物长有无皮鳞茎；而红点草属多肉植物的球茎为有皮鳞茎，在球茎外会包覆一层鳞皮构造。

冬型种

Drimiopsis maculate
阔叶油点百合

异　　名	*Ledebouria petiolata*
英 文 名	little white soldiers, African hosta
繁　　殖	分株、扦插

阔叶油点百合栽培容易，生长迅速。可栽培于全日照环境下，用小盆栽植或旱培，以呈现其特殊的外观，营造出盆景感。可自异名的种名 *petiolata* 得知，本种具有明显而较长的叶柄。易生子球且生长迅速，分株为主要繁殖方式；亦可使用鳞茎的鳞片进行扦插繁殖。

形态特征

阔叶油点百合心形的叶片具叶柄，自鳞茎中抽出，叶片互生。叶表具有黑褐色斑点，光线充足时斑点明显且株形矮小；光线不足时斑点不明显，株形较大。亦有斑叶品种。

↑又名宽叶油点百合，但与大叶油点百合不同属。

↑花具香气，花苞为白色，成熟时转变。

317

■红点草属 *Ledebouria*

本属多肉植物原列在绵枣儿属（*Scilla*）内，后自绵枣儿属中区分出来。为多年生植物，主要分布在非洲撒哈拉沙漠、南非干旱草原及夏季降雨的地区，小部分分布在印度及马达加斯加岛。需异株授粉才能结果，多为夏季生长型的植物，冬季则休眠。

夏型种

Ledebouria crispa

英 文 名	squill
繁　殖	分株

本种原产自南非。冬季休眠期间易烂根，除节水外，栽植时应将球茎露出土表，可避免烂根。种名 *crispa* 有卷曲、皱褶之意，形容本种具有特殊的波浪状叶缘。

形态特征

本种的球茎直径 1.5 ～ 2.5 厘米。长披针形叶于生长期自球茎中抽出，叶长约 5 厘米，具有波浪状叶缘。光线充足时，波浪状叶缘明显。叶片上无斑点。花期为春、夏季之间。

↑本种为具有特殊波浪状叶缘的品种，叶片上不具有斑点。

→半日照下的植株，叶片上的波浪状缘较不明显，且叶片较长。

Ledebouria socialis
油点百合

夏型种

异 名	*Scilla violacea*
英 文 名	silver squill, violet squill
繁 殖	分株

油点百合原产自南非夏季降雨的干旱地区。叶片上的斑点是为了模拟灌木丛下的阴影，以类似拟态的方式融入原生地环境中。为根茎型的多肉植物，对环境的适应性强，栽培容易。

↑叶表具红褐色斑点。球茎会生长在地表上，外覆干燥的鳞皮，为有皮鳞茎。

形态特征

油点百合为小型种的常绿型植物。叶长 10 ~ 15 厘米，叶宽约 2 厘米，光线充足时叶形较小；长卵形叶自鳞茎中抽出，互生，叶片向上生长；叶肉质，呈银灰色或灰绿色，叶表具红褐色斑点，叶背红色。花期为春、夏季之间，小花钟形，十分可爱，每个花序约有 20 朵花。

↑浅绿色的花瓣与红色花芯近观时很美丽。

↑如经授粉，会产生果实。

319

■绵枣儿属 *Scilla*

绵枣儿属多肉植物主要分布在欧洲、亚洲和非洲的森林、沼泽、海岸及沙滩等地区。常见于春、夏季开花，仅少数品种于秋、冬季开花。

冬型种

Scilla paucitolia
大叶油点百合

繁　殖	分株

大叶油点百合的中文名常与阔叶油点百合的名字混淆。外观上本种不具有叶柄。在自然状态下，球茎会埋在地表下，不外露或生于地表上。

形态特征

大叶油点百合的叶片自球茎中心抽出，叶序互生，叶片平展，贴于地表或盆面上。叶灰绿色或浅绿色，叶片上具有深绿色斑点。另有斑叶变异品种。

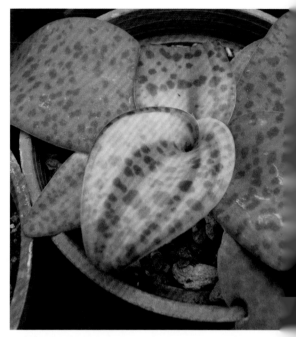

↑ 具锦斑变异的栽培品种。若环境不适，锦斑变异会消失。

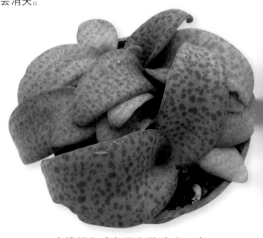

↑ 浅绿色或灰绿色的叶片，叶末端圆润，叶表有深绿色斑点。

←大叶油点百合的球茎常埋在介质中，不会外露于地表上。

■裂纹苍角殿属 *Schizobasis*

本属于 1873 年由 John Gilbert Baker 先生所创立，与辛球属（*Drimia*）相近，有些分类将本属列在辛球属中。本属植物为球茎植物，幼年期仅生 1 ～ 2 枚叶，但叶片寿命不长，很快会枯黄、凋零。待分枝状的蔓生茎生长出来后，表示成株可开花，花夜间开放；花被 6 枚，花白色。花后会结出蒴果，种子小，黑色。

Schizobasis intricata
发叶苍角殿

夏型种

| 繁　　殖 | 分株、播种 |

发叶苍角殿为原产自南非的风信子科小型种植物，属广义的多肉植物，为夏季生长型植物。半透明的白色球茎状似灯泡，翠绿色丝状蔓生茎外观奇特。播种后 3 ～ 5 年可养成，球茎直径达 1.5 ～ 2 厘米后可开花。

形态特征

发叶苍角殿的球茎直径 5 ～ 8 厘米。蔓生茎半透明，绿色至褐色；成株后蔓生茎呈之字形生长，未成熟的植株蔓生茎为直线形。冬、春季开花，花瓣白色，花径小，易自花授粉。蒴果内含 3 ～ 5 颗类似纸质的黑色种子。

↑绿白色的球茎半透明。幼年期时，蔓生茎为直线形。

→成株后蔓生茎分枝。丝状的蔓生茎细如发丝。

■虎眼万年青属 Ornithogalum

本属植物原产自南非开普敦西部、北部地区，本属又名天鹅绒属或圣星百合属。本属中有许多美丽的品种，其中最为著名的是用作切花生产的伯利恒之星（Ornithogalum saundersiae）及盆花植物天鹅绒（Ornithogalum thyrsoides）。其中部分品种为广义的多肉植物。本属植物在原生地多半冬季休眠，但在北半球温带、亚热带地区栽培时，则多数夏季休眠。

冬型种

Ornithogalum caudatum

海葱

异 名	*Ornithogalum longibracteatum*
英 文 名	false sea onion, pregnant onion
繁 殖	分株

海葱原产自南非海拔 300 米以下的地区。外观与洋葱相似，但易自鳞茎上产生子球，得名 pregnant onion（怀孕的洋葱）。在原生地，海葱的叶片用来治疗刀伤或瘀伤，据说其功效与芦荟类似；人们更相信使用其叶片与冰糖烹煮成的糖浆可治疗感冒。本种易生子球，以分株繁殖为主。

形态特征

海葱绿色的球茎大型，表皮光滑，直径可达 10 厘米左右，在球茎的四周易生子球。绿色肉质的带状叶片约 40 厘米长。花期为夏、秋季，花梗长 50 ~ 70 厘米。花白色，花瓣上具绿色中肋纹。

↑易生子球，在表皮下常见增生的小球茎。

↑有皮鳞茎，具一层薄薄的褐化表皮。

Ornithogalum sardienii
迷你海葱

繁　殖│播种、分株

迷你海葱原产自南非开普敦，常见生长在干旱地区或石缝中。喜好排水性良好的介质及光线充足的环境，待介质干了再浇水。

形态特征

迷你海葱的球茎小型，易增生子球，球茎多生长于地表上，群聚成塔状。肉质、近丝状的叶片长 3 ～ 5 厘米。花期为夏、秋季，花梗长约 10 厘米，花白色。

↑夏季开花。

↑迷你海葱常呈群生状。

323

桑科
Moraceae

桑科包含琉桑属，琉桑属又名臭桑属。本属植物全世界有 170 种左右，阿拉伯半岛、非洲东北部、印度及热带美洲雨林内都有分布。本属植物的叶片呈长圆形或披针形，叶缘呈波浪状；叶互生，但生于粗大的茎枝顶端，近似簇生。

■琉桑属 *Dorstenia*

外形特征

琉桑属植物的茎呈圆柱形，具明显叶痕，株高 30 ～ 40 厘米。部分品种根茎肥厚，茎基部呈圆球状，为广义的多肉植物。本属植物叶片形态多变，共同特征即具有盘状花序。

↑本属植物叶片形态多变，共同特征为具有盘状花序。

延伸阅读

http://www.plantoftheweek.org/week183.shtml

http://www.cactus-art.biz/schede/DORSTENIA/Dorstenia_foetida/Dorstenia_foetida/Dorstenia_foetida.htm

繁殖方式

用种子繁殖，可在盘状花序上套上网袋、封口袋或丝袜等，收集种子。取得种子后于夏季或温度 21℃以上时播种。若不收集种子，在母株四周常可观察到自生的小苗，用移植的方式亦可取得新苗。另外可扦插繁殖，但根茎的姿态较不美观，因此常以播种繁殖为主。

生长型

夏型种。琉桑属的多肉植物主要鉴赏其特殊的茎干姿态。栽培时选择排水性良好的介质即可，放置于全日照至半日照的环境中为佳，如满足喜好强光的生长需求，株形表现较佳。本种管理容易，夏季生长期间可定期给水，并略施磷、钾含量较高的缓效肥一次。介质干了再浇水即可，冬季减少给水次数或保持介质干燥。

Dorstenia foetida
琉桑

异　　名	*Dorstenia* sp. 'Foetida Form'
繁　　殖	播种

　　本种的中文名以属名代之，统称为琉桑或臭桑。本种广泛分布于非洲及阿拉伯半岛等地，常见生长在海拔 100 ~ 210 米的荒漠灌木丛、岩石地等开放区域。在阿曼，当地人会食用煮熟后的琉桑块茎，但并不建议食用。

↑本种因叶形变化及叶柄长短的不同，个体形态多样。

形态特征

　　琉桑为多年生常绿亚灌木。叶柄长短、叶片形式多样，形态丰富多变。株高约 30 厘米。绿色的叶片具有波浪状叶缘。植株受伤会分泌无色、无味、无毒的汁液。花期为春、夏季之间，花黄绿色，呈特殊的盘状，种子嵌在盘状构造的花序表面。种子成熟后会以弹射的方式自力传播。

变　种

Dorstenia foetida 'Variegata'
琉桑锦

异　名	*Dorstenia foetida* f. *variegata*

琉桑锦为琉桑的斑叶变种。

桑科

桑科

Dorstenia elata
厚叶盘花木

英 文 名	Congo fig
别　　名	黑魔盘、刚果无花果
繁　　殖	播种

厚叶盘花木又名黑魔盘，因其特殊的盘状花序而来；另译自英文名，称为刚果无花果，但并不产自非洲刚果，而是原产自南美洲巴西热带雨林中。为草本植物，不像无花果为木本植物。本种喜欢潮湿环境，对于光线的适应性强，强光及弱光环境下皆可生长。

↑ 因特殊的盘状花序，又名黑魔盘。

形态特征

厚叶盘花木为多年生肉质草本植物，株高20～40厘米。叶片着生在茎顶上，近轮生，叶类似纸质。尖形的叶片深绿色，具光泽，叶末端尖锐，叶基微向内凹，叶背浅绿色，叶面具蜡质，叶柄红褐色。花期集中于春、夏季，温室栽培时全年可开花，花开放于叶腋间。花序特化成盘状构造，花盘上密布雌花。种子深埋在盘状构造中，成熟后会向四周弹射。

↑ 矛形叶，叶末端尖锐，叶面具蜡质。

↑ 花柄及叶柄为红褐色。

胡麻科
Pedaliaceae

胡麻科下有 13 属、近 50 种，主要分布在非洲、澳洲等热带地区。胡麻科中原产于非洲的芝麻（*Sesamum indicum*），营养价值极高，更是重要的油料作物。

本科植物多为一年生的草本植物，极少数为木本植物。胡麻科中的黄花艳桐草为茎干型的多肉植物之一。

■艳桐草属 *Uncarina* 　夏型种

Uncarina decaryi
黄花艳桐草

异　　名	*Harpagophytum grandidieri*
别　　名	黄花和尚头
繁　　殖	播种、扦插

黄花艳桐草原产自非洲马达加斯加岛，属茎干型的多肉植物。为夏型种，冬季休眠。繁殖时以枝茎段扦插的植株，不具有肉质、粗大的根基部；播种的实生小苗因下胚轴肥大，成株后具有粗壮肥大的根基部，茎干姿态较为奇特、有型。

↑花季长，花色鲜黄。

形态特征

黄花艳桐草为多年生木本植物，具肥大根基部。近掌状叶浅裂，具长柄，对生或互生。叶片上具有茸毛，茸毛具有腺体，因此以手触摸具有黏腻感。花大型、腋生，花瓣 5 裂，花萼 4 ～ 5 枚，花鲜黄色。蒴果纵裂，外具有倒钩刺。种子黑色。

胡椒科
Piperaceae

　　胡椒科椒草属（豆瓣绿属，*Peperomia*）的植物有1500种左右，广泛分布在热带及亚热带地区，小部分产自非洲地区，主要集中在中南美洲一带。椒草属英文名称为radiator plant，可能因该属植物肉穗状的花序于冬、春季花期时，自茎顶部抽出，像是雷达的天线而得名。本科中有几个叶片肉质化的品种，被归类在广义的多肉植物中，与芦荟科的多肉植物一样，在肉质的叶片上会具有窗（window）的构造。

　　椒草属的多肉植物为小型的多年生草本植物，茎直立或丛生，常以着生的方式生长在树干或岩壁上。耐阴性佳，是少数可栽培在室内环境中的多肉植物。光线充足时植株节间短，株形紧凑；若光线不足，节间会徒长，株形较为松散。室内栽培时，应放置在光线充足的地方。

中国台湾原生的椒草（*Peperomia japonica*）生长于台湾低海拔石壁上的情形。

■椒草属 *Peperomia*

栽培管理

　　椒草属多肉植物常归纳在冬型种的多肉植物中。虽喜好在较为冷凉的季节生长，但其实极不耐低温，温度低于5℃时，易发生冻伤而死亡。冬季低温期间应注意保温，温度过低或过于干旱时，下位叶会出现黄化凋落现象。

　　生长季应充足给水，但忌积水，栽培时可增加排水性佳的介质的比例，以利于排水。夏季高温期间生长缓慢，温度高于35℃时生长停滞。在夏季生长缓慢或休眠期时，应减少给水，移至阴凉处，保持通风，有利于越夏。

↑肉穗状花序自茎顶处开放。

↑气温过低或严重缺水时，下位叶会有黄化现象。

繁殖方式

　　椒草属多肉植物以扦插繁殖为主，冬、春季为繁殖适期。可剪取顶芽长 3 ~ 5 厘米的枝条插穗；多数椒草也可以叶插方式繁殖，但成苗的速度较慢。

Step2
去除花序及下位枯黄叶，静置待伤口干燥或略收口后即可。

Step1
于冬、春季生长期间，剪取带有顶梢的强壮枝条 5 ~ 8 厘米长。

Step3
将枝条插入盛有干净介质的 6 厘米盆中。3 ~ 4 周后长根。

Peperomia asperula

糙叶椒草

别　　名	灰背椒草、银背椒草、雪椒草
繁　　殖	扦插

糙叶椒草原产自秘鲁。株高10~15厘米。叶对生，叶片肉质化，叶面凹陷、半透明，具窗的构造。叶背灰绿色或灰白色，质地粗糙。花期为春、夏季，具黄绿色的肉穗状花序。

Peperomia 'Cactusville'

仙人掌村椒草

别　　名	山城莉椒草、小叶斧叶椒草
繁　　殖	扦插

仙人掌村椒草为经杂交选育出的栽培品种。茎直立，肉质叶翠绿光滑。叶面凹陷，呈半透明状。外观与斧叶椒草类似，但株形与叶形明显较小。是以塔椒草为母本育成的栽培品种。

Peperomia columella
塔椒草

英 文 名	pearly columns
繁　　殖	扦插

　　塔椒草原产自南美洲西部的沙漠地区，为典型的旱生多肉植物。叶片极度肉质化，并具有明显的叶窗构造，以利于光合作用进行。可于生长季节适度修剪，调整株形，可用修剪下来的枝条进行扦插繁殖。

形态特征

　　塔椒草肉质化的叶片聚集合生，因向上排列呈塔状而得名。成株后，因枝条生长略呈蔓性而倒伏。

↑ 粗短的肉穗状花序，生长在枝条的顶梢。

↓ 肥厚的叶片上具有窗的结构。

331

Peperomia dolabriformis
斧叶椒草

英 文 名	prayer pepper
别　　名	大叶斧叶椒草
繁　　殖	扦插

　　斧叶椒草原产自南美洲。英文名因其叶子状似合十的双掌而称为 prayer pepper（祈祷椒草）。本种为多肉椒草中最大的一种，枝干肉质化。适度修剪，可具有盆景的姿态。叶色翠绿，叶片光滑，叶面凹陷处半透明。

形态特征

　　斧叶椒草为常绿的多年生草本植物，茎、叶肉质化。株高 24 ～ 30 厘米。因其叶子状似豌豆荚或斧头而得名。

Peperomia graveolens
红椒草

异　　名	*Peperomia* 'Ruby Glow'
英 文 名	Clusia leaved peperomia
繁　　殖	扦插

　　红椒草为厄瓜多尔的特有种植物。叶形像弯曲的香蕉，叶片肉质化，叶肉透明，中央凹陷，叶背红褐色是最大特征。因造型、色彩美丽，为多肉椒草中普及的种类。

Peperomia ferreyrae
刀叶椒草

英 文 名	pincushion peperomia
别 名	柳叶椒草
繁 殖	扦插

　　刀叶椒草与斧叶椒草同为中大型种的多肉椒草，但茎干的肉质化较不明显。叶狭长，先端尖，叶面处凹陷，呈半透明状。

↑左边两片为刀叶椒草的叶片。右边两片为斧叶椒草的叶片。

→刀叶椒草轮生状的叶序。叶片中肋处有透明的窗结构。

马齿苋科
Portulacaceae

马齿苋科共计约20属，500种左右，广泛分布于全球，美洲分布最多。两性花，花瓣辐射对称或左右对称；萼片通常为2枚；花瓣数不定，常见4～6枚，花瓣寿命不长，仅开放一日就凋萎；雄蕊数多枚，为花瓣数的2～4倍，常见10枚；雌蕊柱头2～5裂。具蒴果，蒴果开裂，可以2～3瓣的方式开裂。

外形特征

马齿苋科植物常见为肉质草本植物或亚灌木。叶片互生或对生，叶肉质，全缘（即叶片无特殊的叶缘结构）。除亚灌木的品种外，多数肉质草本的马齿苋科植物的肉质茎平铺于地表而生，为地被植物。

↑毛马齿苋（*Portulaca pilosa*）原产自美洲，已驯化于各地，其特色为生长的顶梢有毛状附属物。

↑马齿苋科植物的果实为蒴果。种子小、色黑，具有顶盖，向上开裂后，种子借雨水喷溅之力传播。

繁殖方式

马齿苋科植物繁殖以播种及枝条扦插为主。喜好温暖的气候环境，春末当气温回暖后，可以开始进行播种繁殖，或取越过冬季的植株的强壮顶梢重新扦插繁殖。夏季为主要生长季节，对环境及介质的适应性强，但以半日照至全日照的环境以及排水性良好的介质为佳。可于小苗定植前施用适量的缓效肥作为基肥，以利于生长季的生长。

生长型

马齿苋科植物多数为夏型种，夏、秋季为主要生长期。

冬型种

Anacampseros alstonii
韧锦

异　　名	*Avonia alstonii / Avonia quinaria* sp. *alstonii*
繁　　殖	播种、扦插

↑初学者栽种韧锦，栽培介质以颗粒状介质为佳，避免过度给水。发生积水或介质过湿时，易自根茎处腐烂。

　　韧锦原产自南非纳马夸兰北方的地区，生长在岩石的空洞处及富含石英的岩屑干旱地区。地上部密集生长或局部群落生长。地下部为肥大的根茎，半埋在地表下。需经过数十年生长，地上部植群株径才能达 8 ~ 10 厘米。十分耐旱，忌积水，以颗粒状、排水性佳的介质栽植为宜。生长期为冬、春季，生长期间也不需要经常浇水，介质干透后再浇即可。夏季应保持干燥及通风的环境，以利于越夏。以播种繁殖为主，但生长十分缓慢；亦可剪取其白色的茎进行扦插，冬、春季为适期，扦插后会先自枝条基部长出小小的根茎后再发根。

形态特征

　　韧锦为多年生的根茎型多肉植物，外观状似萝卜、芜菁。根茎上部扁平，地上部则丛生或密生大量的茎。外披银白色三角形的类似纸质的托叶。叶片则缩小，如球状突起，包被在银白色托叶基部，以 5 列纵向排列在茎上生长。花期为夏季，花白色或略呈粉红色，花朵直径 3 厘米，状似梅花，花瓣 5 枚，可自花授粉。蒴果长约 0.7 厘米。种子咖啡色、细小。

↑生长十分缓慢，因此价格不菲。

夏型种

Anacampseros baeseckei
葡萄吹雪

繁　殖｜扦插

　　葡萄吹雪的中文名沿用花市俗名，形容其球形肉质叶状似葡萄。叶片上着生白色的毛状附属物。以扦插繁殖为主。剪取枝条顶梢插入排水性良好的介质中，待发根后成苗。春、夏季为繁殖适期。

形态特征

　　葡萄吹雪的叶绿色或橄榄绿色；球状或短圆柱状叶片轮生，密生于枝条上；在光线充足的环境下，叶片表面满布白色毛状附属物，光线不足时白色毛状附属物较少。花期为春、夏季，花粉红色。

↑球形的肉质叶密生于枝条上，状似一串串的葡萄。

夏型种

Anacampseros crinita
茶笠

繁　殖｜扦插

　　茶笠的中文名源自日本俗名，日本俗名为茶伞或数珠之轮。以扦插繁殖为主，局部剥除枝条基部的叶片，可促进侧芽发生。

形态特征

　　茶笠圆形或短柱形的肉质叶排列紧密，轮生于枝条顶端。叶基处有毛状附属物。光照充足时叶片上的深色斑点较为明显，光线不足时叶色较绿。

↑忌潮湿，栽培时选择排水性佳的颗粒状介质较好。

Anacampseros rufescens
吹雪之松

↑绿色的叶片轮生于枝条上，叶基处着生毛状附属物。

繁　殖│扦插

　　吹雪之松的中文名沿用日本俗名。回欢草属植物为原生于南非的一群马齿苋科多肉草本植物。属名 *Anacampseros* 为一种古老的草药名，是失恋时使用的草药，用于拯救失去的爱情，译成"回欢草属"十分贴切。本种生长期为夏季，冬季低温期间生长缓慢或休眠。生长期间可充分给水，缺水时叶片表面会发皱。休眠期间则减少给水，保持介质干燥以协助越冬。以扦插繁殖为主；剪取枝条顶梢插入排水性良好的介质中，待发根后成苗。春、夏季为繁殖适期。

形态特征

　　吹雪之松植株矮小或略呈匍匐状。叶绿色或橄榄绿色，矛形、近圆形或菱形肉质叶轮生在枝条上，叶基处有毛状附属物。花期为春、夏季，自枝条顶端生长出长花梗，杯状花，粉红色或紫红色花向上开放，可自花授粉。

→春、夏季生长期间充足给水生长较快，叶片具光泽。

337

马齿苋科

Anacampseros rufescens 'Sakurafubuki'

樱吹雪

　　樱吹雪的中文名沿用日本俗名，应是日本选育出的斑叶栽培种。又名吹雪之松锦或斑叶回欢草等。叶片有红色、黄色等的变化，叶色丰富，为花市常见的品种。

↑叶片具有红色、黄色的变化。

↑光线不够充足时，叶色较不鲜明。

←春、夏季期间，成株于茎部顶梢抽出花梗。

338

马齿苋科

Portulacaria afra
树马齿苋

英 文 名	elephant bush
别 名	银杏木
繁 殖	扦插

树马齿苋原产自南非。对生的叶片及叶形与银杏相似，故又名银杏木。耐旱性佳，栽培管理可粗放。肉质的枝干古朴，经造型及修剪可制成小品盆栽供欣赏。繁殖容易，全年皆可进行，但以春、秋季为佳；剪取枝条扦插于排水性良好的介质中，保持介质湿润，约1个月左右可发根成苗。

↑对生的倒卵形或三角形叶与银杏相似，又名银杏木。

形态特征

树马齿苋为肉质亚灌木，茎干肉质化，株高可达1米。叶肉质，单叶对生，倒卵形或三角形。叶光滑，具光泽。花期为夏、秋季，花极小，于顶梢开放，花粉红色，但不常见开花。

对气候的适应性强，常见在冬、春季萌发新梢。

→树马齿苋露天栽培的状况。

Portulacaria afra 'Foliis-variegata'

雅乐之舞

英文名 | rainbow bush, variegated elephant bush

雅乐之舞的中文名沿用日本名，又名斑叶树马齿苋或花叶树马齿苋。叶色明亮，叶片上有黄色或白色的锦斑变化，为树马齿苋的锦斑变异品种。栽培管理与树马齿苋一样，因斑叶变种的缘故，本种生长较为缓慢。

↑雅乐之舞为叶色美丽的锦斑变异品种。

Portulacaria afra 'Aurea'

金叶树马齿苋

金叶树马齿苋的中文名译自栽培种名'Aurea'，'Aurea'与 aureus、aureum 同义，为金叶之意。与雅乐之舞一样是树马齿苋的锦斑变异品种，但金叶树马齿苋斑叶的表现在嫩叶上较明显。若栽培在光线充足的环境中，金叶可保持得更长久，特征也更明显。

↑金叶树马齿苋的新叶为明亮的金黄色。

Portulacaria afra 'Medio-picta'

中斑树马齿苋

中斑树马齿苋的中文名因其叶斑特征而来。树马齿苋的锦斑变异品种之一，与雅乐之舞叶缘出现的锦斑特征不同。本变种较雅乐之舞更易出现全白化的枝条；若出现全白化的枝条，建议剪除，避免植群弱化。

↑'Medio-picta' 一词常指叶片中脉或中肋处出现白化或锦斑的特征。

■马齿苋属 *Portulaca*

夏型种

Portulaca grandiflora
松叶牡丹

英 文 名	bigflower purslane, moss rose, rose moss
别　　名	大花马齿苋、半支莲、龙须牡丹、洋马齿苋、太阳花、松叶玫瑰
繁　　殖	播种、扦插

↑红色、白色及红白双色的松叶牡丹为夏季花坛上常用的品种。

　　松叶牡丹原产自南美洲阿根廷、巴西及乌拉圭等地区。种名 *grandiflora* 表示其具大花的特征。适应性良好，管理可粗放，耐干旱，喜好全日照环境，成为夏、秋季重要的花坛及地被植物。花朵寿命不长，仅半日而已，上午开放，午后即凋谢。播种以春播为宜，于清明节后进行播种；以撒种、不覆土的方式进行播种，待小苗长大后，可移植、分株育苗，夏初时可定植于花圃或花槽中。扦插法较快，可于春末、夏初取顶梢 5～9 厘米长，插入排水性良好的介质中，约 2 周即发根成苗。

形态特征

　　松叶牡丹为一、二年生或多年生的肉质草本植物，茎叶肉质，株高 10～15 厘米，茎多分枝，具匍匐特性，呈地被状蔓生在地表上。圆柱形或线形叶互生，簇生状的叶片形似松叶，顶梢及嫩茎的叶片基部具毛状附属物。单花顶生，花色有红色、白色、黄色、紫色等，亦有双色花品种；花单瓣、重瓣的品种都有；花期为夏、秋季。全日照环境下开花良好，半日照环境下开花量变少，开花性也较差。

↑黄色花及橘色花品种。

Portulaca gilliesii

小松叶牡丹

别　　名	紫米饭、紫糯米、米粒花、流星马
齿苋（沿用日本俗名）	
繁　　殖	播种、扦插

　　小松叶牡丹原产自南美洲玻利维亚、阿根廷及巴西等地。叶紫红色，又因短圆柱状的叶似米粒而得米粒花、紫米饭、紫糯米等别名。与松叶牡丹同属不同种，管理可粗放，耐干旱，喜好全日照环境，为夏型种的多肉植物。小松叶牡丹的叶片易脱落，但脱落的叶片易发根再生成小苗。全日照环境下生长及开花良好，半日照环境下则易徒长，叶色较绿；若适逢雨季，徒长现象更为明显，雨季时应节水或移至防雨处，可减少徒长的现象。

↑冬季生长缓慢或进入休眠状态。待春暖后稳定供水，有利于小松叶牡丹的生长。

　　春、夏季为扦插适期，可取顶梢 3 ~ 5 厘米长插入排水性良好的介质中，1 ~ 2 周后即发根成苗；叶插则可取掉落的叶片，撒播在介质表面，不需覆土，可自叶基处发根后再生小苗。

形态特征

　　小松叶牡丹为多年生肉质草本植物，茎叶肉质，株形小，茎多分枝，呈地被状蔓生在地表上。米粒状的叶互生，顶梢及嫩叶呈绿色，成熟叶呈紫红色。单花顶生，花红色，开放在枝梢顶端。花期为夏、秋季。

→紫红色的米粒状叶。

Portulaca 'Hana Misteria'
彩虹马齿牡丹

英 文 名	summer purslane, moss rose 'Hana misteria'
别 名	彩虹马齿苋
繁 殖	扦插

彩虹马齿牡丹为日本选育出的马齿牡丹的斑叶园艺栽培种。与松叶牡丹一样，喜好生长在温暖地区，冬季常因低温而大量落叶，仅存枝条。冬季栽培时宜移至防风处，减少水分供给以协助越冬。春暖后再剪取嫩梢更新植群。取嫩茎进行扦插繁殖即可，春、夏季为繁殖适期。

↑叶片上具有黄白色或乳白色锦斑，外常有红晕，具粉红色叶缘。

形态特征

彩虹马齿牡丹的茎具匍匐性，植株常呈地被状生长。茎肉质、红色。叶卵圆形、互生，叶末端钝圆，全缘；叶片色彩丰富好看。托叶退化成毛状附属物或无。花期集中在夏、秋季，两性花，单出或簇生，花瓣5枚，桃红色。

→彩虹马齿牡丹即便不开花，叶色也十分丰富好看。

Portulaca molokiniensis

云叶古木

英 文 名	ihi
别 名	圆贝古木
繁 殖	扦插

云叶古木为夏威夷的特有种植物，仅局限分布在夏威夷莫洛基尼岛（Molokini Island）及附近岛屿的松散火山碎石陡坡上。种名 *molokiniensis* 即以发现地莫洛基尼岛命名。英文名沿用夏威夷语 ihi。性耐旱，喜好光线充足的环境。丛生状的肉质枝干及对生的圆形叶片很吸引眼球。喜好全日照至半日照环境。

↑云叶古木的浅绿色圆形对生叶片丛生在枝梢顶端。

应栽植在排水性良好的介质中，介质干透后再浇水。耐低温，但冬季应节水，因为在湿冷的环境中易自茎基部发生腐烂。云叶古木好发粉介壳虫害，少量时应以清除的方式处理，害虫量大时，可喷洒水性杀虫剂。以扦插繁殖为主，适期为春、夏季，剪取顶梢枝条，待伤口干燥后插入排水性良好的介质中即可。

形态特征

云叶古木为肉质的亚灌木或小灌木，株高达 30 ~ 40 厘米。茎干会自基部分枝，枝条直立向上生长。浅绿色的圆形叶对生于枝梢顶端，叶全缘，叶柄不明显。花期为春、夏季之间。鲜黄色的杯状单花于顶梢开放。

→花期为春、夏季之间，鲜黄色的杯状花开放在枝条顶端，花朵寿命仅半日，午后就凋谢。

■土人参属 *Talinum*

夏型种

Talinum napiforme
芜菁土人参

繁　殖│播种

芜菁土人参原产自墨西哥，为根茎型的多肉植物。冬季低温期间会大量落叶，进入休眠状态，休眠期间应节水。播种繁殖的实生苗具有肥大的根基部，较具观赏价值。

↑光线充足环境下的植株枝叶繁茂，株形紧凑、好看。

形态特征

芜菁土人参为多年生肉质草本植物，全株无毛，因下胚轴肥大，根基部粗大。茎褐色、肉质，稍木质化。肉质的线形叶全缘、无叶柄，着生于枝条顶端。花白色，花梗自叶腋处抽出，自花结果。种子小型，呈黑色。

→肉质的线形叶密生于茎梢顶部。光线较不充足处，新梢叶片较长且软。

荨麻科
Urticaceae

依据不同的分类方法，本科全世界有 54 ~ 79 属，大约 2600 种，大多为草本植物，小部分为灌木，广泛分布在世界各地，其中冷水花属下的物种最多。

本科植物的茎皮具有较长的纤维，表皮细胞具有钙质结晶体，因此在叶片及枝干上具有点状或长形浅色斑纹。单叶，常两侧不对称。花细小，多单性，聚成二级头状或假穗状花序。果实为坚果或核果。

■冷水花属 *Pilea*

本属植物有 250 ~ 400 种，广泛分布在全世界的热带和亚热带地区。多数生长在潮湿的森林阴影低处，十分耐阴，常见为多年生草本植物或者亚灌木，极少数为灌木。

外形特征

本属植物为茎肉质的多肉植物，茎易折断，折断后的茎易生根，再独立形成一株。常见叶片于两侧成对而生；有托叶，但有些品种托叶早落。叶片具三出脉，自叶基部延伸至叶尖。为单性花或两性花，但通常花细小，花瓣不明显，只见合生的花序。

↑以小叶冷水麻（*Pilea microphylla*）为例，花朵细小、不易分辨，只能看见叶腋下方合生的花序。

↑荨麻科植物多为草本植物。在中国台湾的原生植物中，原产自兰屿的红头咬人狗（*Dendrocnide kotoensis*）是荨麻科中少数的木本植物。半透明的紫色浆果可食用。

Pilea glauca
灰绿冷水花

异　　名	*Pilea glauca* 'Greizy'
英 文 名	silver sprinkles, gray artillery plant, gray artillery fern
繁　　殖	扦插

　　灰绿冷水花原产自中美洲哥斯达黎加等地，为广义的茎肉质的多肉植物。常用于多肉植物的组合盆栽作品中，可与冬型种景天科及芦荟科等的多肉植物合植，使组合盆栽增加飘逸及动态的趣味。

形态特征

　　灰绿冷水花植株低矮，匍匐密贴于地面生长。茎略呈肉质，褐色，纤细、易分枝生长。蔓生的茎接触介质易发根。灰绿色的小叶卵圆形、阔卵形或略呈圆形，直径约 0.5 厘米，单叶十字对生，叶全缘、略呈肉质，叶具有细小白毛及托叶 2 枚，但早落。

生 长 型

　　本种植株强健，但夏季生长缓慢，并有落叶现象，应移至阴凉处以利于越夏。

Pilea globosa

荨麻科

露镜

异　　名	*Pilea serpyllacea* 'Globosa'
繁　　殖	扦插

　　露镜原产自南美洲，中文名沿用日本名。以扦插繁殖为主，于秋凉后或春季进行为宜。自茎顶剪下 3 ～ 5 厘米长的茎段，去除下位茎节上的叶片后，插入干净的介质中即可。

形态特征

　　露镜的茎肉质，直立。圆形小叶饱满、肉质，无托叶，叶对生，叶紫红色，叶背半透明。花期为春、夏季，于叶腋间开放红色小花，因花瓣退化，不明显。

生 长 型

　　冷水花属的多肉植物耐阴性佳，但光线不足时徒长得很快，应视株形调整放置的地方；光线充足时株形较为致密。在平原越夏需注意遮光及维持湿度。

Pilea peperomioides
中国金钱草

英 文 名	Chinese money plant, Chinese missionary plant
繁 殖	分株

中国金钱草为原产自中国云南一带的多年生草本植物。英文名 Chinese missionary plant 译为"中国传教士植物"，说明本种极可能由传教士引入西方。为广义的多肉植物，外观很难使人联想到是荨麻科植物。以分株繁殖为主，于秋凉后进行。在木质茎上具有新生侧芽，自母体上分离下来即可。

↑叶片基部具有褐色的托叶。

形态特征

中国金钱草具有棕色圆柱形的木质茎，株高 3 ~ 5 厘米。绿色圆盘状的叶，类似革质、略带肉质。嫩叶具有光泽，老叶则失去光泽。花期为春季，微小的白色花序于叶腋间开放。

生 长 型

中国金钱草夏季生长缓慢或停滞，会出现下位叶大量黄化及凋落的现象；应移至阴凉处，节水但仍要维持较高的湿度才有利于越夏。

↑于秋凉后可进行分株，自木质的茎干基部将侧芽分离下来即可。

←分株后的侧芽，先以较小的盆器栽植为佳。

仙人掌科

Cactaceae

多肉植物种类繁多，仙人掌科只是多肉植物中的一个科别，但因其内含栽培种及变种，总数超过 5000 种，在多肉植物中种类及数量最为庞大，因此常将仙人掌科的植物自多肉植物中独立出来讨论。

仙人掌科植物原产自美洲，广泛分布在美洲地区。生长的环境可不是人们刻板印象中的沙漠或半沙漠地区，其实在草原、高山的荒漠环境以及热带雨林地区都有仙人掌科植物分布。美国得克萨斯州以南、墨西哥、阿根廷、秘鲁、玻利维亚、乌拉圭、巴西等地都有其踪迹，其中墨西哥地区分布的种类及数量最多，那里是仙人掌科植物的分布中心。在美洲地区分布最为广泛的是团扇属（仙人掌属，*Opuntia*）植物，仅少数的仙人掌科植物，如丝苇（*Rhipsalis baccifera*），分布在非洲大地上，极有可能是洲际鸟类迁徙、洋流或早期水手意外携入造成的。

↑士童属的小狮丸是产自草原地区的仙人掌，夏季适逢雨季或湿度高时会开花。

↑团扇属的仙人掌在美洲地区分布最广泛。

↑丝苇是少数分布在美洲以外地区的仙人掌科植物。

外形特征

在植物分类上，仙人掌科植物属被子植物门、双子叶植物纲、石竹目，为多年生双子叶植物，属于茎多肉植物。植株多数叶片已退化，为适应干旱地区，经长期演化后与一般植物的外观已经大大不同。退化的叶子演化成针状的刺，无叶子的构造，直接减少了蒸腾器官，缩减了全株表面积来降低水分的散失。肉质化的茎干，增加了水分与养分的储存空间。

为增加行光合作用的面积以及制造足够使用的养分，仙人掌科植物具有棱（ribs）或是疣状突起（tubercles）的构造，增加绿色的体表面积，有利于光合作用进行。根部则以浅根并向四周广泛分布的方式，来截取吸收生长季少量的降水。

1. 刺座（areoles）

刺座为仙人掌科植物的主要特征之一。

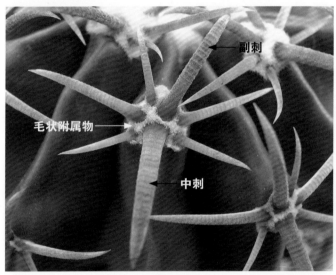

副刺

毛状附属物

中刺

←刺座由中刺、副刺（边刺、辐射状刺）和毛状附属物组成，形形色色的刺座形式也是仙人掌鉴赏的内容之一。

中刺（central spine）

↑一本刺成株，1枚黑色的中刺十分鲜明。

↑各类凌波个体。刺座上具1枚扁平、微向下弯的中刺。

副刺（radial spine）

↑多数乳突球属的仙人掌中刺退化，仅存大量的副刺。图为金手指缀化。

↑明星，大量放射状的副刺，构成刺座的主体及仙人掌的外观。

↑杜威丸，具有羽毛状的副刺，偶见中刺1~2枚。

毛状附属物

↑许多无刺的仙人掌，刺退化后仅存毛状附属物。

↑琉璃兜的刺座，点状的毛状附属物十分可爱。

↑银冠玉的刺座。长毛状的附属物。

　　植物学上看待"刺"这个构造，可简单分为三种：

　　spines：由叶的部分组织形成，视为叶片的一部分，可能由叶片或托叶变态演化而来。刺槐叶柄基部的刺乃由托叶演化而来。

　　prickles：由植物表皮组织变态演化而成。通常在夹竹桃科的多肉植物上常见，其茎干上的刺是由表皮组织特化而来的。

　　thorns：由枝条、茎变态而成。如九重葛的刺由花序变态而成，美国樱桃的刺乃由枝条变态而成。

↑仙人掌科植物的刺由叶片变态而来。

↑缟马。夹竹桃科中的萝藦亚科多肉植物，肉质茎干上的刺由表皮组织特化而成。

↑九重葛为刺轴花序，若未开花则花序会变成刺。

■仙人掌科植物的主要特征——刺座构造

　　有刺的植物并不能通称为仙人掌，仙人掌的"刺"与其他植物的"刺"在结构上大大不同，虽然有许多植物会形成刺，但却不具备"刺座"的构造。

　　刺座为仙人掌科植物的主要特征，由叶腋的生长组织特化而成；刺座更是仙人掌科植物与其他植物最大的不同之处。如从仙人掌科木麒麟属的月之蔷薇的叶片构造来看，数枚刺以丛生方式生长于叶片上方的叶腋处，为腋芽组织的一部分。经演化，叶片退化，这生长出刺的腋芽构造最后演化成刺座。刺座如同其他植物的腋芽组织一样，可长出刺、花或者侧芽，这是其他科植物所没有的构造。

↑月之蔷薇的刺座构造，于节位上方长出新生枝条，侧芽下方则生长着刺座。

　　除刺座外，仙人掌科植物还有一些其他特征，如以多年生的乔木或灌木为主、具有肉质化的茎。多数喜好阳光，能在全日照至光线充足的环境下生长。

2. 棱（ribs）

棱为仙人掌科植物的主要外部形态之一。简单来说其外形就像阳桃一样，除了可以增加茎部的储水空间外，也有助于增加光合作用的表面积，协助散热与吸收水分，因此多数仙人掌科植物具有棱。

↑绯牡丹锦的球状茎由7条棱组成。

↑龙神木的柱状茎由5条棱组成。

↑振武玉具有特殊的波浪状棱。

3. 疣状突起（疣粒）（tubercles）

疣状突起为棱或刺座的特化形态，目的在于增加储水空间及增加光合作用的面积。有些仙人掌（如岩牡丹属多肉植物）的疣状突起特化成了扁平的三角形结构，另外梅杜莎的特化成了枝条状的突起。

↑象牙丸为疣状突起鲜明的品种。

↑岩牡丹属的仙人掌具有三角形的特殊疣状突起。

↑梅杜莎长有特化的枝条状疣状突起。

仙人掌科植物的花

仙人掌科植物为观花植物，花期集中在春、夏季之间，盛花期的仙人掌十分美观，很难想象其貌不扬的它们能开出这么美丽的花朵来。

从花的结构来看，花萼与花瓣的区分较不明显，花萼与花瓣具有渐进式的变化，而其他常见的植物花瓣与花萼具有倍数关系；常为两性花，但雄蕊多数，子房下位。

■花萼与花瓣不易区分，雄蕊多数，花瓣具有特殊的珍珠光泽。

↑振武玉

↑瑞昌玉

↑兜

↑苦苣苔科的非洲堇，花瓣数为5枚。

↑鸢尾科的青龙鸢尾，花萼及花瓣数为3枚。

↑石蒜科的孤挺花，花瓣数为3枚，雄蕊数为3的倍数。

■其他植物的花萼与花瓣具有倍数的关系。

■仙人掌科植物的果实为单室浆果，由一个心皮发育而来，种子多数散布在浆果之中。

↑巨鹫玉，黄色浆果。

↑胭脂掌的红色浆果。

↑一本刺，浆果成熟后开裂，内含大量黑色种子。

繁殖方式

1. 播种（seeding，sowing）

　　大量繁殖仙人掌最好的方式之一。仙人掌果实为单室浆果的形态，只要采摘成熟的浆果，将具黏液的果肉清洗干净，再把种子晾干，即可进行播种作业。有些仙人掌的浆果黏液并不多，成熟后会自然开裂，释放出大量种子；可以在成熟开裂前采下果实，置放于白纸上，以便于收集种子。

　　若未能马上播种，可将种子储存在封口袋中，置于冰箱中冷藏。多数仙人掌科植物的种子寿命为1～3年。

↑播种是大量繁殖仙人掌最好的方法之一。

↑仙人掌的小苗，多数不需直射光，必要时应加盖黑网保护。

↑种子繁殖时，需加盖保湿，以利于种子发芽。

　　仙人掌科植物的播种适期为春、夏季。生长季不需特别处理，播种后予以保湿、盆上加盖或封保鲜膜即可。种子如新鲜，播种后7～14天能发芽。多数仙人掌生长缓慢，以播种的实生方式养至成株，少则3年，多则5年，有些可能需要6～8年的育成期才能养至成株。

Step1
雪晃浆果成熟时为黄绿色，在果实开裂前采收。

Step2
具有很多黑色种子。浆果干燥、开裂后会释放出种子，或以直接清洗果肉、晾干种子的方式取得。

Step3
种子直播不必覆土，保湿情况下 7 ~ 10 天发芽。

Step4
播种 3 周后可见幼苗具有一对子叶。

Step5
播种 8 ~ 9 周后具备雪晃的雏形。

Step6
播种约 1 年后的小株。

2. 扦插（cutting）

扦插是仙人掌科植物繁殖常用的方式之一。做法很简单，剪取一段仙人掌的茎节，静置 30 分钟至数日不等，待伤口结痂、干燥或收口后，再将这段茎节插入干净的介质中即可。常见的火龙果、琼花、蟹爪仙人掌以及团扇仙人掌等，都可用这样的方式繁殖出一个新的个体。

仙人掌科植物多数为夏季生长型，在春、夏季之间进行扦插繁殖最为适宜。

然而，仙人掌科植物的有些品种易在刺座上长出侧芽（一种不定芽形态）。常见的金盛丸、牡丹玉、丽蛇丸、象牙丸等，均易于仙人掌球体上产生侧芽，因此可用侧芽扦插的方式繁殖。

↑疣插
疣状仙人掌（如象牙丸）可剪取球体上的疣进行扦插。

Step1

丽蛇丸锦，花市常见的裸萼球属仙人掌之一，易生侧芽。

Step2

自母球上摘取适量的侧芽。侧芽成熟的判定，以容易脱落者为佳。

Step3

取下侧芽后，将侧芽基部朝下，均匀放置于介质表面。

Step4

扦插约2个月后的情形，侧芽已发根，恢复生长。

　　此外，像金晃这种不易发生侧芽，但商业上需大量繁殖的仙人掌，可使用胴切去除生长点的方式，刺激茎干上环状排列的刺座长出新生的侧芽（子球），再将侧芽剪下，进行扦插。

3. 嫁接（grafting）

仙人掌嫁接的技术一点都不难，在趣味栽培上广泛运用。常见的生长缓慢的石化、缀化品种及几乎全锦的仙人掌（红色或黄色的绯牡丹）多半都会使用嫁接的方式，让砧木稳定提供养分，使那些失去叶绿素的仙人掌球能够保留难得的美丽。

↑生长缓慢的梅杜莎以蒲袖为砧木，利用嫁接方式促进生长。

↑牡丹锦的小苗利用嫁接方式促进生长之外，还能保留美丽的锦斑变异。

↑牡丹类仙人掌以麒麟团扇作为砧木。其他常见的砧木还有火龙果（三角柱仙人掌）、蒲袖、龙神木等。

嫁接在仙人掌栽培上，多半是为了创造栽培的趣味性，或是为了育种选拔，以及缩短仙人掌的育苗时间。嫁接仙人掌并不难，成功的关键除了嫁接动作熟练之外，还有嫁接时机得当，常见在生长期进行，以春、夏季之间为宜。

此外，砧木的选择也很重要，不同的仙人掌有其适合的砧木。砧木要选择强健、适应气候环境的仙人掌种类，不同的砧木也会影响到嫁接是否成功及接穗育成的速度。常见的用于嫁接的砧木有火龙果（三角柱仙人掌）、蒲袖、龙神木、团扇仙人掌及月之蔷薇等。

嫁接方式可分为平接、劈接及嵌接等。

平接

接穗——兜锦，砧木——火龙果（三角柱仙人掌）。

嫁接前作业：

1 砧木的养成

取 15 ～ 30 厘米长的当年生的火龙果枝条扦插，待枝条发根。砧木越长，就具有越多绿色的表面，可生产较多的营养物质，滋养接穗，但长度仍以适中、方便嫁接操作为宜。

2 接穗的准备

可取 1 ～ 2 年生的播种实生苗，或取自仙人掌侧芽。

3 嫁接的器具

以方便操作的刀具为宜。进行嫁接之前，应先用酒精或其他方式消毒。

4 嫁接的时机

春、夏季之间，选在晴天及气候相对稳定时操作。

嫁接后的管理：

1. 接穗与砧木的固定：接合初期，有利于避免接合处的滑动及异位。

2. 遮阴与保湿：接合后初期应置于遮阴及保湿处，可防止小型接穗的脱水，并有利于接合处伤口的愈合。

3. 判断是否嫁接成功：球体恢复光泽并开始生长或开始滋生新芽等现象是嫁接成功的标志。

Step1
嫁接作业前先将火龙果的刺座削除，避免自体的侧芽生长，造成与接穗的竞争。平切去除顶部，可观察到中央部有圆形的髓部及维管束组织。

Step2
兜锦 2 年生的实生小苗。

Step3
将小球茎基部平切。同样于球体中央部可观察到圆形的髓部及维管束组织。

Step4
将接穗与砧木接合，在接合部位使圆形的维管束组织互相密合，将接穗的圈接合砧木上的圈。

Step5
接穗与砧木接合后，可用手指于接穗上施压，让接穗能与砧木固定密合。

Step6
使用棉线或橡皮圈，由上往下绕过花盆固定。图中以透明胶带固定，这样做有保湿作用，有利于接合。

Step7
嫁接 6 ~ 8 周后的情形。兜锦小苗开始生长后可去除透明胶带，或是待球体自行生长到够大，自体撑开透明胶带。

常见用在蟹爪仙人掌及孔雀仙人掌等具叶状茎的仙人掌的嫁接上。取一段叶状茎，茎的基部两侧以斜面削除的方式让两侧维管束组织外露后，再将砧木髓部中央向下劈切，深度 1 ~ 1.5 厘米，接着将接穗插入劈切的伤口中。

生长型

以夏型种为主，仅少数为冬型种。多数仙人掌科植物为了适应原生地夏雨冬干的气候环境，集中于春、夏季的雨季生长，在秋、冬的旱季进入休眠状态。因此在栽培管理上应注意，冬季休眠期间要节水或保持介质干燥，以利于越冬。

仙人掌科可细分为 4 个亚科。

常用在一些石化或缀化的仙人掌的嫁接上。接穗于基部两侧对切，做出 V 形；砧木则于顶部做 V 形切口，再将两者嵌合在一起。本方法也常用在夹竹桃科的沙漠玫瑰及大戟科植物的嫁接上。

1. 木麒麟仙人掌亚科 Pereskeideae

本亚科又称麒麟仙人掌亚科。本亚科植物外形呈灌木状、乔木状或攀缘状，仅有木麒麟一属。

2. 拟叶仙人掌亚科 Maihuenioideae

只有 *Maihuenia* 一属植物具小灌木的外观，叶片丛生在顶端。有唯——属行 C_3 型光合作用的仙人掌。只分布在阿根廷与智利。

↑ 月之蔷薇，木麒麟仙人掌亚科的代表，为蔓性灌木。

3. 团扇仙人掌亚科 Opuntioideae

本亚科植物的茎呈掌状或扁平状，部分为细圆柱状或圆筒状，茎节间具有"关节"，不具有棱的构造。刺座上除了刺以外，具有特殊的倒钩状刺毛（芒刺，glochids）。叶片早落，于新生的掌状茎干上可见幼嫩新叶。

↑团扇仙人掌的嫩茎上可观察到嫩叶，待茎成熟后叶片会脱落。

↑红乌帽子（赤乌帽子）刺座上虽不具中刺及副刺，但却有大量的芒刺。

↑胭脂掌为少数没有芒刺的团扇仙人掌。

4. 仙人掌亚科 Cactoideae

本亚科又称柱状仙人掌亚科。本亚科的仙人掌种类最多。茎的形态多样化，有扁球状、圆球状或柱状，茎部具明显的棱。

←仙人掌亚科植物中以茎的形态变异最多。图为大型的柱状仙人掌——鬼面角。
↓各类常见的圆球状或扁球状仙人掌均为仙人掌亚科成员。

■刺萼柱属 *Acanthocereus*

↑丛生的侧芽，5 条棱的柱状茎群生姿态很热闹。

夏型种

Acanthocereus tetragonus 'Fairy Castle'

神仙堡

仙人掌科

异　　名	*Cereus tetragonus* 'Fairy Castle'
英 文 名	fairy castle cactus
别　　名	仙女阁、连山、万重山
繁　　殖	扦插、分株

　　神仙堡原产自南美洲巴西一带；但神仙堡可能是园艺选拔出的石化品种或迷你品种，易群生侧芽，姿态与原生种（*Acanthocereus tetragonus*）的五棱角不太相似。

　　以扦插繁殖为主；于春、夏季，可剪下成熟或较为粗壮的枝条，长度 5 ~ 9 厘米为宜，待伤口干燥后扦插即可。分株时可视植群生长状况，以用手剥除或用刀切割的方式，将其一分为二或一分为三，待伤口干燥后重新栽植于盆器中即可。

形态特征

　　神仙堡为深绿色的柱状仙人掌，具 5 条棱，棱上排列着生刺座，中刺不明显，副刺毛状、多数并着生毛状附属物。易自柱基部刺座上再生新侧芽，形成群生姿态。株高约 30 厘米，茎直径约 2.5 厘米。不易开花。

生 长 型

　　神仙堡应栽培于全日照至半日照环境中，常见问题为因光线不足导致的徒长、植株变形。可将徒长的部分剪除后移至光线充足处，变形的神仙堡会再渐渐恢复成原本茂盛的状况。

→神仙堡锦为锦斑变种。冬季低温时黄色锦斑会略微泛红，锦斑变种生长较为缓慢。

罗纱锦属 *Ancistrocactus*

夏型种

Ancistrocactus uncinatus
罗纱锦

异　　名	*Glandulicactus uncinatus /*

Sclerocactus uncinatus

英 文 名	cat claw cactus, Texas hedgehog
别　　名	猫爪仙人掌、得州刺猬
繁　　殖	播种

↑罗纱锦的灰绿色表皮及
圆突状的棱，造型奇趣。

罗纱锦原产自墨西哥及美国得克萨斯州等地，常见生长在干燥的荒漠、草原地区。因刺具有弯钩、状似猫爪而英文名以 cat claw cactus（猫爪仙人掌）称之；也因原产自得克萨斯州，全身布满长刺，而被称为 Texas hedgehog（得州刺猬）。其属名源自希腊文，字根 ancistron 为鱼钩的意思，字根 cactus 源自希腊文 kackos，为刺的意思。而种名 *uncinatus* 源自拉丁文，意为弯钩。学名在形容本种仙人掌的刺有鱼钩状弯曲。本属仙人掌在不同的植物分类中，因鉴别上特征认定的缘故而有许多异名，还有被并入白虹山属（*Sclerocactus*）中的说法。以种子繁殖为主，可于春、夏季以撒播方式育苗。

形态特征

罗纱锦是茎表皮为灰绿色至绿色的短圆柱状仙人掌。株高可达 20 厘米，茎直径达 8 厘米。具 13 条棱，呈圆突状。刺座于成株后会延伸突出变长。中刺 1 枚，幼株较不明显；红褐色副刺 7 ～ 8 枚，均有鱼钩状弯曲。花期为春季。栗色的花具有深褐色中肋，十分特殊。漏斗状的花直径约 3 厘米，花朵开放于茎顶处。浆果艳红色。

生 长 型

罗纱锦喜好生长于通风良好的环境中，以全日照至半日照环境为佳，光线越充足，对于刺的表现及株形的养成越好。根系敏感，过度浇水易烂根；栽种时应以排水性良好的介质为佳，可于惯用的介质中添加一份砾石及沙，增加介质的排水性及透气性。

仙人掌科

夏型种

Ariocarpus sp.
牡丹类仙人掌

异　名	*Ariocarpus* hyb.
英文名	living rock cactus
繁　殖	播种、嫁接

　　岩牡丹属的仙人掌原产自美国得克萨斯州至墨西哥海拔 200 ~ 800 米的山区，常见生长在全日照的石灰岩地区。岩牡丹属仙人掌均为 CITES（《华盛顿公约》）一级保育类植物，禁止野采贩卖。属名 *Ariocarpus* 源自希腊文，字根 ario 为橡树之意，字根 carpus 为果实之意，形容本属仙人掌的果实与橡实相似。播种至成株，需要 6 ~ 10 年育成期；常见使用麒麟团扇为砧木，以嫁接的方式缩短育苗期。

↑ 具粗大明显的主根。植株由三角形的疣状突起以莲座状排列组成。

形态特征

　　牡丹类仙人掌的刺座着生于突起末端，仅存毛状附属物，刺座上的刺已退化，刺多半仅见于幼苗期。茎表皮颜色因品种而不同，浅绿色、灰绿色至墨绿色都有。疣状突起表面光滑、微凹或有小皱褶，部分覆有白粉。突起间偶有浅黄色或米白色的毛状附属物。花期集中在夏、秋季。

生长型

　　岩牡丹属仙人掌具有肥大的主根系，栽培时首重排水性良好的介质，若浇水过度易发生烂根状况。生长季宜介质干了再给水；冬季当环境温度低于 12℃时，则需注意保暖。

→ 牡丹类仙人掌的花开放于顶部，单花寿命有数日之久。

Ariocarpus agavoides
龙舌牡丹

↑老株呈丛生状，在疣状突起末端可见仅存的毛状附属物刺座。

异　　名 | *Ariocarpus kotschoubeyanus* ssp.
agavoides

龙舌牡丹原产自墨西哥海拔1200米处的冲积平原，在产地因农业开发及过度采集等，已濒临灭绝。原为黑牡丹中的变种，后独立成为新品种。种名*agavoides*表示外观与龙舌兰属（*Agave*）植物相似。株高2～6厘米，具深绿色或绿色外观。植株扁平，但疣状突起呈长三角形，长3～7厘米，宽0.5～1厘米。具向上挺举的生长特性，刺座仅存毛状附属物，着生在长三角形的突起末端。花期为冬、春季，花洋红色。

Ariocarpus fissuratus
龟甲牡丹

龟甲牡丹具肥大主根。株形扁平，钝三角形的疣状突起十分肥厚，略呈放射状。株径可达20厘米。茎顶部具有丛生的毛状附属物。花期为秋、冬季，花紫红色，可开放数日。

→疣状突起表面具颗粒状突起。

Ariocarpus kotschoubeyanus
黑牡丹

　　黑牡丹具粗大主根。植株扁平，深绿色或墨绿色的三角形疣状突起短、肥厚。植株呈放射状、星形，常见单生。花期为秋、冬季，花粉红色至紫红色。外观与姬牡丹（*Ariocarpus kotschoubeyanus* var. *macdowellii*）相似，唯姬牡丹株形更小，为黑牡丹的小型变种，生长十分缓慢。

↑黑牡丹成株易群生。茎顶部丛生毛状附属物，疣状突起中央亦有毛状附属物着生。

↑黑牡丹墨绿色的外观近乎墨黑色。

←姬牡丹为黑牡丹的小型变种。图上方为姬牡丹。黑牡丹与姬牡丹成株除了株形大小有差异外，黑牡丹疣状突起表面的蜡质较少、皱褶多，而姬牡丹疣状突起表面的蜡质多、较光滑。

Ariocarpus retusus
岩牡丹

异　名 | *Ariocarpus kotschoubeyanus* ssp. *agavoides*

　　岩牡丹为岩牡丹属仙人掌中形态变化最多的一种，其中有不少变种及园艺杂交的选拔栽培品种。浅绿色或灰绿色外观，疣状突起基部较宽，有些上面有瘤状物或皱褶。岩牡丹类的仙人掌与花牡丹类的仙人掌外观相似，两者在分类上原为同种，而花牡丹类的仙人掌为前者的变种，两者的差异在疣状突起末端刺座上有无毛状附属物。具毛状附属物的为岩牡丹类仙人掌，如岩牡丹及玉牡丹；不具毛状附属物的为花牡丹类仙人掌，如花牡丹、象牙牡丹、青瓷牡丹等。

↑常见的岩牡丹外观。

↑疣状突起表面略有不规则突起的品种。

Ariocarpus furfuraceus
花牡丹

异　名 | *Ariocarpus retusus* var. *furfuraceus*

　　花牡丹为岩牡丹的变种，后来可能因为其三角形疣状突起较为圆润饱满及种群原因，自行独立成为新的一种。

369

夏型种

Astrophytum myriostigma

鸾凤玉

英 文 名	bishop's cap cactus, bishop's hat or bishop's miter cactus
繁 殖	播种、嫁接

鸾凤玉原产自墨西哥中部及北部的高海拔山区。本种经人工栽培及园艺选拔后，栽培种众多，为无刺仙人掌的种类之一。属名由 astro 及 phytum 字根组成，即为星球植物的意思。以播种繁殖为主，春、夏季为播种适期。

↑花开放在茎顶端，花黄色，具有淡淡的香气。

形态特征

鸾凤玉为圆形或圆柱形仙人掌。茎表皮着生灰白色或银灰色毛状鳞片，有些变种不具白色鳞片。株高 60 ～ 100 厘米，少数个体可达 150 厘米。直径 10 ～ 20 厘米，不易产生分枝。具 3 ～ 7 条棱，常见 5 条棱。刺座不明显或刺座上仅存毛状附属物，少见刺着生。花期为春、夏季，花为大型的漏斗状花，花黄色，直径 4 ～ 7 厘米，开放于球体顶端。红色的浆果外覆白色茸毛及褐色鳞片。

生 长 型

鸾凤玉较好栽培，以排水性佳的矿物性介质为主，可加入部分泥炭土栽培。春、夏季施以低浓度的氮肥促进生长。生长期间可定期给水，以增加湿度的方式促进生长；冬季休眠期则以节水及降低湿度的方式应对。全日照至半日照环境下均可栽培。

→星星状的外形，酷似阳桃，又像是主教的帽子，是受欢迎的仙人掌之一。

↑ 碧琉璃弯凤玉（*Astrophytum myriostigma* 'Nudum'）为园艺选拔出的不具有毛状鳞片的个体。

↑ 弯凤玉白色的外观由表皮着生的灰色毛状鳞片造成。有些栽培品种的白色毛状鳞片特别明显，有些则不规则分布。

↓ 3 条棱碧琉璃弯凤玉，棱数少或多也是栽培星球属仙人掌的趣味之一。

↑ 复隆弯凤玉，具有在棱之间不规则增生的特征。

↑ 4 条棱弯凤玉。

↑ 星球属的仙人掌可进行属间杂交，弯凤玉常见与兜进行种间杂交。

夏型种

Astrophytum asterias
兜

英 文 名	star cactus, sea urchin cactus
别　　名	星叶球
繁　　殖	播种、嫁接

兜原产自墨西哥及美国得克萨斯州南部的低海拔地区，常见生长于荒漠及植被稀疏的砾石地区，会生长在邻近灌木丛下方或岩石附近略有遮阴处。植株会平贴于地表或略陷入地表而生。在原生地，仙人掌球体表面易因过度日照发生晒伤。与鸾凤玉同属，具有星星般的外表，故英文名以star cactus（星星仙人掌）称之；外形与海胆相似，故又称为 sea urchin cactus（海胆仙人掌）。为 CITES 一级保育类仙人掌，在原生地已濒临绝种。所幸通过种子繁殖，经长期选拔后，有许多不同的栽培种。

以种子繁殖为主，可于春、夏季以撒播方式育苗。苗期应避免强光直射及过度干燥。因根系较为脆弱，不需经常性移植，待直径有 0.5 ～ 1 厘米后再移植为佳。若不以嫁接方式缩短苗期，小苗需经 5 ～ 6 年才能养成成株。

↑成株后，于夏、秋季开花。花黄色或橙色，开放在茎顶端。

形态特征

兜不易增生侧芽，常见呈单球生长。株高 2 ～ 6 厘米，茎直径可达 16 厘米。在人工栽培环境下，株形会呈球状或短圆柱状。5 ～ 11 条棱都有，但常见 8 条棱。具有肥大的主根及须根。刺座已退化，仅着生奶油色的毛状附属物；播种的实生苗幼株会有刺，但成株后会消失不见。茎表皮上会着生毛状鳞片（hairy scales），毛状鳞片的多寡及分布状况成为不同兜品种的特征。也有刺座仅分布呈一直线的个体。花期集中在夏、秋季。

↑兜锦，为具有锦斑变异的个体。

生长型

　　兜适应多种环境，栽培不难，但生长缓慢。栽培介质可使用疏松的矿物性介质。夏季每周给水一次，适时提高湿度并施以含钾量较高的缓效肥可促进生长。冬季休眠期节水即可。光照以全日照至半日照为宜。

↑深绿色的球状或扁球状仙人掌。

↑连星兜，为刺座呈一直线排列生长的个体。

↑碧琉璃兜，为茎表无毛状鳞片的个体。

↑悟空兜缀化，为兜石化及缀化的特殊变异个体。

↑乳疣龟甲兜，为刺座具有疣状突起的变异个体。

←超兜，为茎表面毛状鳞片较多的个体。毛状鳞片生长旺盛的个体还有花园兜、恩冢兜、V字兜等。

Astrophytum caput-medusae
梅杜莎

异　名	*Digitostigma caput-medusae*
繁　殖	播种、嫁接

　　梅杜莎局部分布在墨西哥少数区域，是 2001 年才发现的新品种，近年被归类在星球属中。种名 *caput-medusae* 源自拉丁文，形容本种外观状似蛇魔女梅杜莎的头部。生长缓慢，一般繁殖多以播种为主，取得小苗后再行嫁接，以促进小苗生长，缩短育苗期。

↑具单体双型的刺座。一型为花朵开放在长条状的疣状突起末端。

形态特征

　　梅杜莎的数条放射状长条茎节自肥大的主根上长出，实为疣状突起的一种形态。绿色茎表皮上具白色鳞片状附属物，成株后外表则着生毛状附属物。具有单体双型（dimorphic areole）的刺座结构，即刺座分为两部分：一部分细刺 0 ～ 4 枚，生于长茎状枝条的末端；另一部分则生于长条状茎节的表面上，以利于开花或新生侧芽。花期为冬、春季之间，花黄色，开放在长条状的茎节上。自花无法授粉、结果，需异花授粉后才行。浆果外具有白色毛状附属物及鳞片等结构。

生 长 型

　　梅杜莎喜好阳光充足，全日照环境下仍需提供部分遮光，或放置在半日照环境下。喜好通风环境，栽植首重排水性良好的介质。生长季应定期给水，冬季休眠期间则减少给水或保持介质干燥。

→实生小苗具有肥大的主根，于主根上长出长条状的疣状突起。

■ 天轮柱属 *Cereus*

夏型种

Cereus peruvianus 'Monstruosus'
岩石狮子

别　　名	山影拳、秘鲁天轮柱、六角仙人鞭
繁　　殖	扦插

岩石狮子原产自南美洲秘鲁一带，为六角柱（*Cereus peruvianus*）石化及缀化的天然变种。可于春、夏季自植群上切取茎干片段，待基部干燥后再扦插。

↑岩石狮子综合了缀化及石化变异。缀化：生长点变成线状的变异；石化：生长点变成立体状的变异。

形态特征

岩石狮子为茎表皮深绿色的柱状仙人掌，但已失去典型的柱状外形。刺座不明显，具有红褐色毛状刺。茎干的生长点常见鸡冠花状的缀化形态，或株形有如海底的树状珊瑚。本种栽培时不易开花。

生 长 型

岩石狮子植株强健，为花市常见的品种之一。应于全日照至半日照或光线充足的环境下栽培。夏季生长期间，待介质干透后再给水，如过度给水或未栽培于通风环境，易自茎干上发生腐烂或烂根。冬季休眠期间保持介质干燥即可。本种易丛生，可于每年春末时换盆一次。

↑岩石狮子还有锦斑变种。

■管花柱属 *Cleistocactus*

Cleistocactus strausii

吹雪柱

英 文 名	sliver torch, wooly torch
繁 殖	播种、扦插

吹雪柱原产自南美洲阿根廷或玻利维亚海拔3000米的高山地区。白色茸毛结构可保留住大量空气，在寒冷的夜晚及冬季可保暖。白色茸毛还可折射掉大量来自太阳的光线，成为防晒的最佳利器。常见以扦插法繁殖，春、夏季为适期；取下茎顶或茎节5～10厘米长后，放置在阴凉通风处，待伤口干燥并产生褐色的愈合组织后再扦插较易发根。

↑像是长满白发的柱状仙人掌。

形态特征

吹雪柱灰绿色的柱状直立茎高可达 3 米，茎直径约 6 厘米。柱状茎由 20～25 条棱组成，棱上密布刺座；黄褐色中刺 4 枚，白色毛状的副刺 30～40 枚。花期为夏季，老株或成株高达 45 厘米后才会开花；花为管状花或筒状花，深红色或酒红色，但花瓣不开张；雄蕊、雌蕊会突出于筒状花之外。

生长型

吹雪柱虽然来自南美洲高山地区，但适应多种气候环境，居家栽培并不困难。栽培于全日照至半日照环境下均可。喜好生长于富含矿物质且排水性良好的栽培介质中。生长期应定期浇水，冬季休眠时保持介质干燥即可。

→外观像覆着白色茸毛，主要用来防晒与防寒。

■ 顶花球属 *Coryphantha*

夏型种

Coryphantha bumamma
天司丸

异　　名	*Coryphantha elephantidens* ssp. *bumamma*
英文名	coryphantha
繁　殖	播种

　　天司丸原产自墨西哥，常见生长于大型的柱状仙人掌群间。自异名上来看，它被认为是象牙丸的亚种，除了花色、茎表皮色泽有些差异外，其他均与象牙丸相似。

↑不具有中刺；副刺 5～8 枚，灰色，尖端深褐色。

形态特征

　　天司丸为灰绿色或蓝绿色的球状或扁球状仙人掌，茎表皮具光泽，由大型的三角形疣状突起组成。生长至一定大小后才开始增生侧芽，植群直径有时可超过 50 厘米。实生苗具有明显的主根。幼株较光滑，成株后于茎顶生长出白色毛状附属物。刺座着生于疣状突起上，不具有中刺。花期为夏、秋季，花黄色，直径 5～6 厘米，花瓣末端中央带红褐色条纹。无法自花授粉，异花授粉后才能结出绿白色、带点红晕的棒状浆果。

生长型

　　天司丸栽植时应注意其具粗大主根，盆器不宜太小，以利于根系生长。夏季生长期间换盆，给予充足肥料及水分，可观察到球体茎顶处新生疣状突起的现象。冬季休眠期间应节水或停止浇水，保持介质干燥。自小苗栽培需 8～12 年的时间或茎顶端出现毛状附属物时（长为成株）才会开花。栽培环境若通风不良易发生锈病。

↑长至成株时，茎顶处开始着生毛状附属物。

←应栽培于全日照、半日照或稍遮阴的环境中，喜好通风环境及排水性良好的介质。

变　种

Coryphantha sp.

波霸天司丸

　　波霸天司丸可能为天司丸的选拔品种或天司丸与其他顶花球属植物杂交育成的栽培品种。为圆形或短圆柱形的仙人掌，株形较天司丸更为巨大，茎体上的疣状突起较为浑圆且刺较短。成株时茎顶会着生大量白色毛状附属物。常见以侧芽扦插或嫁接的方式繁殖。

Coryphantha elephantidens
象牙丸

英 文 名	elephant's tooth
繁　　殖	播种、嫁接、扦插

　　象牙丸原产自美国南部及墨西哥北部一带，广泛分布在干旱及沙漠地区。顶花球属植物在亲缘上与乳突球属植物较为接近，球体上有大型的疣状突起，最大特征为花朵开放在心部中间。属名 *Coryphantha* 字根源自希腊文 koryphe 和 anthos，前者指心部或顶部，后者指花朵。浆果成熟的时间很长，成熟后可取下种子，清洗、阴干后撒播。播种栽培至成株需 3 ~ 5 年，幼株刺不多。分株时则切下侧芽扦插或嫁接。

↑大型疣状突起让象牙丸的造型十分有趣，很像凤梨。

形态特征

　　象牙丸球体上的疣状突起粒粒分明、硕大，直径 2 ~ 3 厘米，最大可到 6 厘米。成株后顶部的疣状突起间会长出毛状附属物。刺座位于疣状突起顶部，具浅褐色至黑色的刺 5 ~ 8 枚，长 2 ~ 3 厘米，不具有中刺。花期为夏、秋季之间，花朵直径 6 ~ 8 厘米，以粉红色为主（亦有黄花品种），开放在球体心部，具淡淡的香气。

生 长 型

　　象牙丸生长在极为干旱的地区。应使用排水性良好的介质，生长期可定期给水。栽培环境以全日照及半日照环境为佳，夏季避免阳光直射，给予部分遮光，以减少夏季过强的光线。冬天休眠期，节水、保持介质干燥即可；象牙丸可耐 −3℃ 的低温。

→象牙丸粉红色的花开放在球体心部。

Coryphantha elephantidens 'Tanshi Zuogemaru'

短豪刺象牙丸

短豪刺象牙丸为选拔栽培种。可自成株上取下侧芽，待伤口干燥后扦插。但侧芽扦插到成株的时间较长，商业栽培多采用嫁接的方式，以火龙果（三角柱仙人掌）、蒲袖等为根砧，可缩短栽培至成株的时间。繁殖以分株、嫁接为主。

↑短豪刺着生于刺座上，成株后心部开始产生毛状附属物。

形态特征

短豪刺象牙丸为浅绿色扁球形的仙人掌，直径可达 18 厘米。疣状突起在成株后宽可达 6 厘米。刺座着生在疣状突起末端，刺座上有 5 ~ 8 枚短刺，仅 0.5 ~ 1.5 厘米长，质地坚硬。成株后心部会着生毛状附属物。花期为夏、秋季之间，花粉红色，具甜甜的香气。

生 长 型

短豪刺象牙丸为夏型种。使用排水性良好的介质，以全日照至半日照环境为佳。夏季可定期或适度给水，冬季则以节水、保持介质干燥为佳。应避免水浇到球体心部，并放置于通风的环境中，置于高湿环境中表皮易出现褐黑色疮痂。成株后每年都会开花。

→顶花球属的仙人掌经长时间育苗后，待球体顶端出现毛状附属物时表示已成株，具备开花结果的能力（象牙丸）。

夏型种

Discocactus placentiformis
圆盘玉

异　　名	*Discocactus crystallophilus*
别　　名	迪斯科仙人掌、扁圆盘玉
繁　　殖	播种、嫁接

圆盘玉原产自巴西，为仙人掌中生长于林荫下的品种，为 CITES 一级保育类植物。属名由拉丁文 disco 和 cactus 组成，意为"平的"与"仙人掌"，形容其外形扁平如盘。繁殖以播种为主，因植株生长缓慢又易烂根，常以嫁接方式养成。中文名以属名代称，也常以迪斯科仙人掌、扁圆盘玉称之。

↑ 成株后会于球体顶部着生白色茸毛状花座。

形态特征

圆盘玉为茎表皮深绿色至绿褐色的扁球状仙人掌，成株于顶部产生白色茸毛状花座。茎状似蛋糕，株高 8 ～ 9 厘米，直径约 15 厘米。具 6 ～ 7 条棱，圆形的刺座着生棱上，红褐色或灰褐色的刺 5 ～ 7 枚。花期为夏季，花白色，夜间开放，具有浓烈香气。白色浆果卵圆形。

生长型

圆盘玉为仙人掌中少数喜好高湿环境的品种，可栽培在半日照至光线明亮处。但根系较为薄弱、易烂根，以泥炭土或有机质等排水性佳的介质为宜；根系耐干旱，可忍受长期干燥。夏季生长期间定期给水，待介质干燥后再给水；冬季休眠时则保持介质干燥为宜。2 ～ 3 年应更换介质一次，于春季清明节后进行为宜。

↑ 圆形的刺座着生于棱上，
新生的刺座色泽较深。

Discocactus buenekeri
迷你迪斯科

异　　名	*Discocactus zehntneri*
英 文 名	squash cactus, moon cactus
别　　名	迷你圆盘玉
繁　　殖	扦插

迷你迪斯科原产自巴西。圆盘玉属中最小型的一种，易增生侧芽，常见呈群生姿态。本种以扦插繁殖为主，于春、夏季进行，自基部取侧芽，待侧芽基部干燥后扦插即可。

↑成株的茎顶处有白色茸毛状花座。在母株四周可见大量增生的侧芽。

形态特征

迷你迪斯科为球状的小型种仙人掌，茎表皮暗绿色。本种容易增生侧芽，成株茎直径 10 厘米左右，株高 7 ~ 10 厘米。约 20 条棱，具有近 1 厘米高的疣状突起，呈螺旋状排列组合。刺座为卵圆形，着生于疣状突起上，不具有中刺；白色的副刺 10 ~ 15 枚，1 ~ 2 厘米长，末端黄褐色或深褐色，略呈弯曲状。花期为春、夏季，成株于茎顶处会着生高 1 厘米、宽近 4 厘米的乳白色或浅黄色毛状花座，花座上每年都会开花；花量多，白色的钟形花达 9 厘米长，于夜间开放，花苞形成后于 24 小时内会开放，花具有强烈的香气。花后会结出白色浆果。

生 长 型

迷你迪斯科为圆盘玉属中最容易栽培的一种，但其根系较为薄弱，初学者栽种时要控制给水。十分怕冷或霜害，气温低于 15℃时应严格节水。在半日照至光线明亮处栽培，唯夏日午后的直射阳光可能会造成晒伤。首重介质的排水性，夏日生长期可定期给水，但冬季休眠时应节水或保持介质干燥。

→刺座着生于疣状突起上，不具有中刺，白色的副刺略弯曲，伏贴于仙人掌球上。

夏型种

Echinocactus grusonii
金琥

英 文 名	golden-ball cactus
繁 殖	播种

金琥原产自墨西哥中部 Rio Moctezuma 河谷及干燥的沙漠地区，因当地建设河堤大坝，在原生地十分稀少，被列为濒临绝种的植物。金琥在原生地多半会朝南或西南生长，常成为旅客的路标。为大型的圆桶状仙人掌。

↑金琥成株后，茎顶部会着生大量茸毛状附属物。浆果外覆茸毛。

形态特征

金琥是茎表皮为黄绿色的球状或圆桶状仙人掌，具 21 ~ 27 条棱，棱瘦长呈脊状，棱数多且十分明显。成株高与直径可达 1 米。刺座直线排列着生于棱上，具有金黄色的刺，中刺 3 ~ 4 枚，副刺 8 ~ 10 枚。花期为夏、秋季，茎顶处会开放金色的钟形花。浆果上有毛。

生 长 型

金琥是强刺类仙人掌。生长缓慢，会先长成球形，再向上生长成圆桶状。对介质适应性强，可使用沙土、黏土、砾石、泥炭土或腐叶土等介质，但以排水性良好为原则。每年春季可换盆一次，选择大一号的盆器更换即可；换盆可为根系提供新鲜的介质，将有利于其生长。

↑盆植的金琥生长更为缓慢，地植的金琥生长速度会快一些。

Echinocactus texensis
凌波

夏型种

异　　名	*Homalocephala texensis*
英 文 名	horse crippler cactus, candy cactus,
	devil's pin cushion
繁　　殖	播种

↑凌波的中刺具明显环状花纹，副刺长度不一。

　　凌波原产自美国南部得克萨斯州至墨西哥等地，生命力强，广泛分布在海拔 1400 米以下的地区，沙漠、草原及开放的灌木丛、疏林底层都有分布。属名中的 *Echino* 源自希腊文，指刺猬、豪猪，说明本属的仙人掌具有巨大的刺座及坚硬的刺。凌波刺座大，刺宽、质地坚硬，易给马匹造成伤害而有 horse crippler cactus（马跛仙人掌）之称。红色果实可食用，也能制成糖果食用，又名 candy cactus（糖果仙人掌）。繁殖时可取红色浆果，经清洗、阴干取得大量种子，再以撒播的方式播种。种子可置于冰箱中保存 3 ~ 5 年。

形态特征

　　凌波为灰绿色或草绿色的圆柱形或圆球形仙人掌，不易增生侧芽，常见单株生长。球体具有棱的构造。老株下半部木质化，半埋于土壤中。刺座着生 6 ~ 7 枚刺；红灰色的刺质地坚硬，下位刺特别宽厚且长，具有明显的环纹构造。花多半于春季开放，花形大，直径可达 10 厘米。花粉红色至银红色，花朵心部红色至深红色。卵形浆果红色。

生 长 型

　　全日照至光线充足的环境有利于凌波的生长，光线不足时会产生弱刺，严重时植株会变弱，最终死亡。冬季可忍受 −18℃左右的低温，但要保持根部干燥。栽培时以排水性良好的介质为佳，夏季生长时可充分给水。

←刺座构造是强刺类仙人掌最美丽的特征。

↑瑰丽的红色圆形浆果。

↑经园艺选拔，大量种子繁殖时，栽培者挑选出许多不同刺形态的实生变异品种，如中刺更为粗大的个体、具有狂刺（中刺会微弯或反卷）的个体或刺为黑色的黑刺型个体等。图为短刺的凌波（*Echinocactus texensis* var.）。

变　种

Echinocactus texensis var.
无刺凌波

　　无刺凌波是在大量播种时挑选出来的个体（实生变异）。刺座上只有极短的刺及毛状附属物。少了"重装备"的凌波，是不是多了一种清新可人的形象。

夏型种

Echinocereus subinermis
大佛殿

仙人掌科

繁　　殖	播种、扦插

　　大佛殿原产自墨西哥北部地区，常见生长于热带落叶的橡树林下。属名 *Echinocereus* 字根源自希腊文 echinos（刺猬）与拉丁文 cereus（蜡烛），形容本属仙人掌的株形似蜡烛，外覆大量的刺。常用播种的方式繁殖；亦可扦插，于春、夏季可自成株基部切取增生的侧芽，待伤口干燥后扦插。

↑大佛殿的花筒外布满刺，这也是鹿角柱属植物的特征。

形态特征

　　大佛殿为茎表皮灰绿色、略呈圆柱状或球状的仙人掌。达一定株龄后会增生侧芽，初期为单株状，后期呈丛生状。株高10～20厘米，茎直径7～9厘米。具5～11条棱，绒状的刺座着生于棱上。中刺1～4枚，副刺3～8枚。幼株具有短刺的刺座，但成株后刺座不明显或无刺。花期为春、夏季，花瓣黄色或柠檬黄色，雌蕊绿色，花朵可开放5～6天。灰绿色倒卵形的浆果具刺，成熟时会纵向开裂。

生长型

　　大佛殿花朵很美。易栽培，是少数原生于树林下的仙人掌品种，对光的需求性较低，可栽培在半日照至光线明亮处，若栽培在全日照环境下易发生晒伤。每年3～10月生长期可充分浇水，待介质干透后再浇；冬天休眠期间，若过度浇水易烂根。介质以排水性佳者为宜。

→大佛殿的刺座小，成株后不明显。达一定株龄后开始增生侧芽。

Echinocereus rigidissimus var. *rubrispinus*
紫太阳

异 名	*Echinocereus pectinatus* var. *rubrispinus*
英 文 名	rainbow cactus, ruby rainbow
别 名	红太阳
繁 殖	播种

紫太阳的英文名直译后，可以"彩虹仙人掌"来称呼。原产自墨西哥北部或西北部地区，为嫌钙性植物，生长在缺少石灰岩成分、偏酸性的土壤环境中。

↑喜好通风环境及排水性良好的介质。浇水时要注意，否则容易烂根。

形态特征

紫太阳为茎表皮浅绿色的柱状仙人掌。具 18 ~ 26 条棱，以纵向排列。刺座着生于棱上，无中刺，鲜红色的副刺 30 ~ 35 枚；初生刺座色泽鲜艳，老化后色泽变浅或呈灰白色。花期为春季，桃红色的花开放在仙人掌球体侧方，花筒上密布刺座。浆果暗绿色或紫红色。花后如经授粉，浆果需 3 个月的生长才能成熟。

生长型

紫太阳喜好近中性或偏酸性的土壤，介质的调配可以泥炭土为主，再添加部分排水性佳的砾石或大颗粒矿物性介质。喜好通风环境，栽培在全日照或半日照环境中为宜。光线越充足，刺座越鲜艳美观。夏季生长期可适量给水，温度高或较炎热时再给水；冬季休眠期则保持介质干燥。

↑生于顶端的新生刺座，色泽鲜艳美丽，赢得了 ruby（红宝石）和 rainbow（彩虹）的美名。

■ 多棱球属 *Echinofossulocactus*

夏型种

Echinofossulocactus lloydii
振武玉

异 名	*Stenocactus lloydii / Stenocactus multicostatus*
英 文 名	brain cactus, wave cactus
繁 殖	播种

振武玉原产自墨西哥中部。因具有特殊的波状棱，英文名常以 brain cactus（脑仙人掌）称之。夏季为播种适期。

↑花白色或浅粉红色，花瓣上具紫红色中肋。

形态特征

振武玉的茎近球形或扁球形。株高 7 ~ 20 厘米。茎直径 8 ~ 15 厘米，具 50 ~ 100 条波浪状的棱。刺灰白色或浅褐色，扁平。刺座具中刺 3 枚，边刺 10 ~ 15 枚。花期为春季，花白色或浅粉红色，花瓣上具有紫红色中肋。

生长型

振武玉因外形特殊，并具有其他无刺或短刺的栽培变种，为仙人掌爱好者不可错过的品种之一。栽培容易，以排水性良好的介质栽培为佳。喜好全日照至半日照环境。夏季生长期间可定期供水；冬季浇水时需注意，避免水分过多。

→具有特殊的波浪状棱。

夏型种

Echinopsis calochlora
金盛丸

英 文 名	hedgehog cacti, sea-urchin cactus, Easter lily cactus
别　　名	刺猬仙人掌、海胆仙人掌
繁　　殖	分株

金盛丸广泛分布在南美洲巴西、阿根廷、智利、厄瓜多尔等地，常见生长于沙地、岩屑地及山壁的石缝中。属名在拉丁文中意为 hedgehog（刺猬）或 sea-urchin（海胆），opsis 字根意为外表密布细刺。复活节百合仙人掌植物（Easter lily cactus）之名可能是

↑金盛丸的花白色，与八卦癀（长盛丸，*Echinopsis multiplex*）不同。

因金盛丸会开放出清香动人的大白花而来。富含特殊的生物碱，在传统医疗上使用多年。本属植物最大的特征就是会开放大型、管状的花朵。

形态特征

金盛丸为浅绿色扁球形或圆形的仙人掌球，易生侧芽，常见以群生或丛生的方式生长。直径最大可至 15 厘米。具 14 条棱，刺座直线排列，着生于棱上。刺座上具有 15 ～ 18 枚灰褐色的刺，中刺不明显。花期集中于夏季，大型花朵长 10 ～ 15 厘米，花径 5 ～ 8 厘米。

生长型

金盛丸适应力强，但栽种时仍以排水性良好的介质为佳，放置于全日照至半日照环境中为宜。光线充足时生长佳，至少要有半日照的环境。因生长力旺盛，2 ～ 3 年应进行分株，让植群能得到新的生长空间；或进行换盆、换土作业，可避免因介质酸化及根系生长过盛，造成根部呼吸不良。于春、夏季自基部切取侧芽，待伤口干燥后再扦插即可。

■ 昙花属 *Epiphyllum*

夏型种

Epiphyllum guatemalense
白花孔雀仙人掌

英 文 名	orchid cactus
繁　　殖	扦插、播种

　　白花孔雀仙人掌主要分布在墨西哥、中南美洲的委内瑞拉及加勒比海地区等，原生于热带雨林之中。花形、花色变化多，具香气，另有黄花或粉红花品种。中文名统称为孔雀仙人掌。花于夜间开放，可维持数小时，于次日午后凋谢。果实可食。以叶状茎扦插繁殖或种子繁殖。

↑花以白花为主。

形态特征

　　白花孔雀仙人掌根系强健，可附着于树干或岩壁上。具蔓生的叶状茎，其叶状茎具有波浪状缘，以利于垂挂在树枝及岩石上。刺座、新生嫩茎及花苞生于叶状茎缘凹处。花期为夏、秋季，花大型，具花筒，花筒上的线裂为白色，花瓣多为白色，花柱粉红色，柱头黄色。

生长型

　　白花孔雀仙人掌喜好生长在半日照及光线明亮的环境中，光线过强时叶状茎、叶色偏黄。冬季休眠，生长缓慢；夏季生长时除定期浇水外，可施以磷、钾含量较高的肥，以利于叶状茎生长与充实，有助于来年开花。

→花苞外会分泌蜜汁，以吸引蚂蚁造访。

Epiphyllum oxypetalum
琼花

英 文 名	Dutchman's pipe, queen of the night
别　　名	昙花、月下美人、叶下莲
繁　　殖	扦插、播种

　　琼花原产自墨西哥、危地马拉、委内瑞拉及巴西等地，1645 年由荷兰人引入中国台湾，在台湾普遍栽培。昙花属属名 *Epiphyllum* 源自希腊文，意思就是叶片之上。字根 epi 意为什么之上的，phyllum 即为叶片。

↑光线适宜时叶色翠绿；若光线过强，叶状茎会呈紫红色。

形态特征

　　琼花为多年生肉质的蔓性灌木，茎扁柱形。株高 1 ~ 2.5 米。老枝圆柱状，新枝扁平，具有波状浅锯齿缘，中肋明显，叶状茎。花期为夏、秋季。花着生于叶状茎缘凹处，白色花大型，于夜间开放，凌晨即凋谢，花具香气。花苞 30 厘米长，开放时花筒下垂，再向上翘起；花筒有紫色线裂及阔倒披针形的萼片。花柱白色，柱头黄色。

生 长 型

　　琼花喜湿暖的半阴环境，但不耐霜冻，冬季低于 5℃时应注意保暖或移入室内防寒。忌强光直射及全日照环境，可栽植于树荫下。介质以排水性佳及富含有机质的为宜。夏季生长期间可每月施肥 1 次，以磷、钾肥为主。盆植时应立支柱以支撑叶状茎。以叶状茎扦插繁殖或种子繁殖。

→叶状茎中肋明显，叶缘凹处会着生新生的嫩茎。

夏型种

Epithelantha bokei
小人之帽

异　　名	*Epithelantha micromeris* var. *bokei*
英 文 名	boke's button cactus, smooth button cactus, ping pong ball cactus
繁　　殖	嫁接

↑小刺以放射状排列，中心处会呈立体状堆叠。

　　小人之帽仅局限分布在墨西哥北部及美国得克萨斯州南部的奇瓦瓦沙漠地区，常生长于砾石地及石灰岩的山丘边缘缝隙间。属名 *Epithelantha* 源自希腊文。字根 epi 意为在什么之上；thele 有乳头的意思，形容本属植物茎表面由许多小型的疣状突起组成；anthos 意为花开放在疣状突起之上，形容本属植物的花朵开在仙人掌球顶端。原为月世界仙人掌的变种之一，后独立为一个种。本属植物和乳突球属植物一样具有乳房状突起，只是花朵开放的方式不同。

形态特征

　　小人之帽为圆形或短圆柱形的小型仙人掌。株高仅 2 ~ 3 厘米。全株覆着灰白色、细致的刺座。灰白色小刺以放射状排列，中心处呈立体状堆叠。较月世界仙人掌触感细致。花期为冬、春季，粉红色或黄色花开放在球茎顶端，有黄色花药及花丝，可自花授粉。长形的红色浆果约 1 厘米长。

生长型

　　小人之帽为生长极缓慢的小型仙人掌，使用透气性及排水性佳的介质栽培为宜。夏季生长期间仅能定期给水，待介质干透后再浇水，过度浇水植株易徒长变形。冬季休眠期间不可浇水；在原生地休眠期间，植株会缩入或陷入土壤表层，待雨季的生长期间吸足水后，球体会再生长、突出地表。小苗期间要注意水分控制。常见使用嫁接方式繁殖，以缩短育苗期。

Epithelantha micromeris
月世界

异　　名	*Epithelantha micromeris* var. *micromeris*
英 文 名	button cactus, common button cactus
别　　名	明世界、细分玉、姬七七子、虞红丸
繁　　殖	播种、扦插

↑圆形的个体，球体顶部平坦、中心处略凹。小刺未立体状堆叠。

英文名以纽扣仙人掌或乒乓球仙人掌统称这一属的小型种仙人掌。广泛分布在美国亚利桑那州、新墨西哥州、得克萨斯州西部，墨西哥北部等海拔 500 ～ 1800 米的沙漠草原或疏林地区。常见群生成一小丛的状态，生长在奇瓦瓦沙漠山丘上的岩石及悬崖缝隙间或粗砾石地区。与月世界的变种或亚种——小人之帽及魔法之卵外形十分相似。

形态特征

月世界为灰白色的短圆柱形或球形的小型仙人掌。植株会突出在地表上，不半埋于土壤中。仙人掌球体茎顶平坦，心部略凹陷，并有白色毛状附属物生长；成株易生侧芽，呈现群生姿态。株高可达9厘米。全株细小的疣状突起以螺旋状排列，细小的灰白色刺座着生于突起之上。中刺不明显；灰白色的副刺长 0.2～0.5厘米，20～40枚不等，以放射状分布于刺座上；中心部略有黄褐色斑。花期为冬、春季，花小型，直立开放于茎顶丛生的毛状附属物中。花粉红色或白色，可自花授粉。红色浆果长条形。

生 长 型

月世界生长缓慢，可忍受 -12℃的低温环境。喜好通风环境，全日照、半日照及光线明亮处均可栽培，因根系敏感，建议使用排水性良好的介质。夏季生长期间可定期给水，或略施磷、钾比例较高的缓效肥，每年一次。冬季休眠期间则节水或保持介质干燥。可于春、夏季播种；或自成株上取下完整的侧芽，待伤口干燥后扦插。

夏型种

Epithelantha pachyrhiza
魔法之卵

异　名	*Epithelantha micromeris* ssp. *pachyrhiza*
别　名	魔法卵
繁　殖	嫁接

　　魔法之卵的中文名沿用日本名。仅局限分布于墨西哥北部地区，原为月世界仙人掌的一个亚种。因生长缓慢，苗期的管理及水分控制要得当，避免过度浇水造成小苗大量腐烂。亦可用嫁接的方式来缩短苗期，待球体够大后，再以接降方式育成。

↑刺座上的小刺排列较紊乱，末端呈黑色，部分朝茎顶部生长，呈旋涡状聚合。

形态特征

　　魔法之卵不易产生侧芽，常见单球生长，植株会生出地表，不半埋于土壤表层。随着植株生长，短圆柱形的茎部会由瘦小渐渐变肥大，常于基部具有类似颈部的构造。成株高达10厘米。具有明显的胡萝卜状主根，接降苗则无。刺座着生于疣状突起上。中刺不明显，灰白色副刺末端黑褐色，长短不一，着生方式较为紊乱，于茎顶呈旋涡状或陀螺状聚集。花期为冬、春季，花较大，开放于茎顶，花浅黄色或粉红色，花药与花丝为粉红色；可自花授粉。红色浆果长形。

生长型

　　栽植的盆器选用透气性佳的陶瓦盆为宜。光线充足有利于刺座的生长及株形的养成，栽培在全日照至半日照环境中为佳，但夏季需注意直射阳光，要有部分遮光。喜好通风环境，介质重透气性及排水性。栽种时不宜过深，因具有生出土表的特性，如栽植过深易引发烂根。夏季生长期间可定期给水，但切勿过多，水分过多株形会变长而失去观赏价值。若株形过长，因根茎部过长无法支撑植株时可选用深盆栽，于茎基部填入颗粒性介质。冬季休眠期间则保持干燥为宜。

Escobaria minima
迷你马

异　　名	*Escobaria nellieae / Coryphantha minima*
繁　　殖	播种、扦插、嫁接

迷你马仅少数分布在美国得克萨斯州奇瓦瓦荒漠草原地区，常见生长在风化岩石的碎屑环境中。中文名迷你马应译自种名。为小型种的仙人掌，易生侧芽、呈群生姿态，但生长缓慢。本种易播种繁殖，也可使用侧芽扦插或嫁接等方式繁殖。

↑紫红色的花大型，开放在茎顶端附近。

形态特征

迷你马为茎表皮浅绿色的短柱状小型仙人掌。株高约 2.5 厘米，直径 0.6 ～ 1.7 厘米。具有短胖的直根系。茎上疣状突起明显，宽 0.2 ～ 0.4 厘米。白色的刺着生在疣状突起之上，具中刺 1 ～ 4 枚，副刺 13 ～ 23 枚。花期为春、夏季。

生长型

迷你马生长缓慢，但栽培并不困难，喜好全日照至半日照环境。冬季休眠期保持介质干燥为佳；夏季生长期可定期给水，待介质干透后再给水。栽培首重透气性及排水性佳的介质。

→刺座上粗大的中刺伏贴，向四方呈辐射状排列。

■仙人掌科

Espostoa melanostele
幻乐

夏型种

↑全株外覆质地细致、羊毛或棉絮状的毛状附属物。

| 英 文 名 | snow ball, cotton ball cactus, old man of Peru |

| 繁　　殖 | 播种、扦插 |

　　幻乐原产自南美洲秘鲁安第斯山的高海拔山区。外覆白色绢毛，得名 snow ball（雪球）、cotton ball cactus（棉球仙人掌）和 old man of Peru（秘鲁老先生）。本属植物的最大特征就是外覆大量的毛状附属物，在原产地人们会使用白裳属植物的茸毛作为枕头的枕芯。幻乐与管花柱属的吹雪柱外观相似，但产地、花色及花的开放方式均不同。以扦插繁殖为主，切取茎部顶端 5 ~ 10 厘米长，待伤口干燥后扦插。去除顶部后的母株，会在切口附近的刺座上再生出小的仙人掌。

　　辨识重点：吹雪柱的毛状附属物为鬃毛状，质地粗，呈挺直状；幻乐外覆的毛状物为羊毛状，质地细致，呈卷曲状。

形态特征

　　幻乐为茎表皮浅绿色的柱状仙人掌，外覆大量羊毛状附属物。株高可达 60 ~ 90 厘米，但也有 1 米以上的个体。具 18 ~ 25 条棱；刺座紧密排列于棱上，外覆大量的羊毛状附属物。中刺 1 枚，毛状的白色副刺 30 ~ 40 枚。花期集中在春、夏季之间，白色花在夜间开放。果实为球形的紫红色浆果，内含细小的黑色种子。

生长型

　　幻乐生长缓慢，但生命力强，栽培容易。夏季生长期间可定期给水，待介质干透后再给水；冬季则保持介质干燥为宜。栽培时应以半日照至光线明亮的环境为宜，南向窗台的明亮光照环境即可栽培良好。本种易烂根，除浇水需十分注意之外，栽培应选用排水性佳的介质；至少每三年换盆或更新介质一次。毛状物上易积灰尘，导致外观脏污，可于生长期间使用温肥皂水喷洒后再以清水喷洗去污，如仍不干净可重复处理；过长的毛也可使用梳子轻轻地梳理。

■强刺球属 *Ferocactus*

夏型种

Ferocactus latispinus
日之出丸

英文名	devil's tongue barrel, crow's claw cactus, candy cactus
繁　　殖	播种

　　日之出丸原产自墨西哥中部及南部的干燥区域。强刺球属仙人掌的特征为球体上的棱突起明显，刺座大，着生的刺坚硬，中刺呈钩状、横带状等。英文名 candy cactus（糖果仙人掌），说明本种仙人掌的中心髓部经糖水浸渍后可制成甜点。种子可取自成熟的红色浆果，清洗晾干后于春、夏季生长期以撒播方式播种。

↑中刺较瘦长，红色至红褐色，大小不分明，呈倒钩状。

形态特征

　　日之出丸为中大型绿色球形或扁球形的仙人掌，不易增生侧芽。直径 25 ～ 45 厘米，株高可达 40 厘米。13 ～ 23 条棱。刺座平均分布于棱上，红色至红褐色中刺 4 枚，质地坚硬，下位中刺长约 4 厘米；副刺 6 ～ 12 枚，长度、大小一致，表面较为光滑。花期集中在秋、冬季之间，花漏斗状，长约 4 厘米；花紫色或浅黄色，约 3 厘米宽。卵形浆果鲜红色，长约 2.5 厘米。

生 长 型

　　春、夏季生长期应定期给予充足水分；冬天休眠时保持介质干燥，避免过于潮湿。浇水时应缓缓由盆缘倒入并避免于上午给水。如不慎弄湿球体，在全日照环境下易导致球体晒伤，产生结痂的斑块，严重时会引发真菌性感染造成植株死亡。

→本种生长缓慢，喜好排水性良好的介质及全日照环境。

夏型种

Frailea castanea
士童

异　　名	*Frailea asterioides*
繁　　殖	播种

　　士童原产自巴西南部至阿根廷的草原地区，为本属最常见的品种之一。种名 *castanea* 源自希腊语，意为士童茎表皮的深红褐色与栗子类似。本种易产生种子，可采收种子以撒播方式繁殖。母株四周或是盆缘处易生小苗，也可用移植方式繁殖。

↑ 为扁球状的小型种仙人掌。

形态特征

　　士童直径 4 ~ 5 厘米。8 ~ 15 条棱，有黑色、微小、蜘蛛状的刺座紧贴在棱上，刺向下弯曲。花期集中在春、夏季，花大型，直径近 4 厘米，但常呈花芽状，不常见开花；如适逢雨季或湿度高时会开放，开放时间在每天温度最高时，常见在中午或午后；花黄色，花开后即凋谢；可自花授粉。果实成熟后会干裂，易与植株分离。种子大型，有利于传播。

生长型

　　介质以富含有机质、多孔隙的土壤为基本材料较佳。生长期间可充分浇水，但介质干透后再浇水较有利于本种生长。全日照至光线明亮处均可栽培；光线越强，其外表色泽会越趋近红褐色，且株形呈扁球状。

→休眠期及干季时，植株会半埋在介质中；生长季充分浇水时，植株又会长出土壤表面。图中的士童心部已产生花苞。

Frailea pumila
虎之子

繁　殖 | 播种

　　虎之子原产自南美洲阿根廷一带的草原地区，在原生地常半埋在土壤表面。外国学者将本属以 hidden treasure（隐藏着的宝藏）来称呼。春、夏季为播种适期。本种易结果，会产生大量的种子，可收集种子后再以撒播方式播种；或注意母球的盆缘处，常可见实生小苗，移植亦可。

↑花期集中在夏季，花黄色，并不常开。

形态特征

　　虎之子长有浅绿色至深绿色的圆球状茎，直径约 3 厘米，株高不及 5 厘米。生长点凹陷，不易增生侧芽；但亦有实生变异，容易长侧芽形成群生个体，但不多见。13 ～ 20 条棱，具有微小疣状突起，但不明显，棱及突起上着生刺座。具黄色至金黄色的短刺，中刺 1 ～ 3 枚，副刺 9 ～ 14 枚。自花授粉，未见开花便已结果。花开季节如适逢雨季、空气湿度高时，花朵才会盛开。凹陷生长点上常见成熟裂开的果荚，果荚内含黑色种子，雨水喷溅时会将种子弹射到母球四周。

生长型

　　虎之子可栽培于半遮阴至光线明亮处。喜好排水性良好的介质，生长季可充分给水，冬季则节水或保持介质干燥为宜。虎之子生长缓慢，栽培3 ～ 5 年后茎的直径还不及 1 厘米。可将较细的饰石（化妆沙）覆盖于介质表面，较易凸显仙人掌球体。

→虎之子群生的变种。

夏型种

Frailea schilinzkyana
小狮丸

别　　名	小狮子丸
繁　　殖	播种、扦插

小狮丸原产自阿根廷及巴拉圭，分布于巴拉圭河沿岸的草原地区。属名 *Frailea* 意在纪念 19 世纪末美国农业部负责收集仙人掌的西班牙学者 Manuel Fraile 先生。果实易脱落且果皮薄，容易释放出种子。收集种子后，可撒播在浅盆中，用塑料袋套住保湿及提高温度，促进发芽。当小苗球体直径达 1 厘米后再行移植。扦插繁殖时，可自侧芽基部剪下，待伤口干燥后扦插，春、夏季间为适期。

↑花朵并不常开，常以闭花授粉的方式产生果实。

形态特征

小狮丸为茎表皮浅绿褐色的小型种仙人掌，具 10 ～ 13 条棱，有较明显的疣状突起。刺座着生于疣状突起上。中刺 0 ～ 1 枚，较副刺质地坚硬且短；黄色至褐色的副刺 10 ～ 12 枚，常紧密贴在球体上，刺常向下微弯。花期为夏、秋季，花黄色，常见花开放在中午及午后，黄昏后随即凋谢。具有闭花授粉现象，即便不开花也能结果产生种子。

生长型

小狮丸在多肉植物栽培业者的管理下，原本小型种的仙人掌变得较大。经肥培后，成株的小狮丸易生侧芽，以群生姿态生长。喜好生长于以有机质土壤为主要材料的排水性佳的介质中。全日照至光线明亮处皆可栽培，光线越充足球体越充实，常呈扁球状，色泽较深。

↑浆果成熟后易脱落，或纵向开裂，种子散落在球顶处。

■裸萼球属 *Gymnocalycium*

夏型种

Gymnocalycium baldianum
绯花玉

繁　殖｜播种

绯花玉栽培容易，生长迅速，花色艳丽，与牡丹玉同为花市常见的仙人掌品种。

原产自阿根廷中、高海拔地区。花色多，由播种到开花的时间短。本种不易增生侧芽，因此繁殖以播种为主，由播种到开花只需 1 年。

↑花期集中在夏季，花色常见以红紫色为主。

形态特征

绯花玉的茎表皮呈灰棕色或蓝绿色，有些个体表皮呈蓝黑色。直径最大可达 13 厘米，为小型种的扁球状仙人掌。具 9 ~ 10 条较宽厚的棱，棱上具明显的肋骨状突起。刺座深埋在突起上；中刺不明显，副刺 5 ~ 7 枚，刺浅棕色或灰色；刺的形态多变，有直刺或向球体弯曲的刺。花朵常开放在顶端，花大型，直径 3 ~ 4 厘米。花后如经授粉会结出纺锤状的果实，浆果成熟时为绿色。

生长型

绯花玉的栽培介质以排水性良好者为宜。生长期除了定期浇水外，可给予含钾量较高的缓效肥一次。冬季则保持介质干燥或节水。栽培环境由全日照到光线明亮处均可；生长期间，可移至光线更充足处，避免徒长以致球体变形。

↑刺基部常呈红褐色。市售时可能会多球合植，并非因增生侧芽产生的群生姿态。

401

夏型种

Gymnocalycium bruchii

罗星丸

别　　名	最美丸
繁　　殖	播种、扦插

　　罗星丸原产自南美洲阿根廷，广泛分布在各种环境中。易生侧芽，可于春、夏季自母株上剥离侧芽，待侧芽基部干燥后扦插即可。

↑罗星丸于春季开花，浅粉红色花清新宜人。

形态特征

　　罗星丸是茎表皮为红褐色或暗绿色的球形或扁球形仙人掌。茎直径约 4 厘米，株高 6 厘米；群生的植群可长到直径 15 厘米。中刺不明显，鬃毛状的副刺略弯曲。花期为冬、春季，花为浅粉红色或浅浅的薰衣草紫色，花大型，钟形，直径约 6 厘米。圆卵形的浆果呈绿色。

生长型

　　罗星丸适应性强，对低温忍受度很高，在 −15℃ 的环境中亦能生存。管理与牡丹玉等仙人掌相似，喜好偏酸性的介质，可栽培在以泥炭土为主要材料的介质中，调配时仍需注意排水性要良好。以在半日照至光线明亮处栽培为佳。夏季生长期间定期给水，冬季休眠期间保持介质干燥或节水。

↑暗绿色的表皮与刺座对比鲜明。易生侧芽，常见群生姿态。

Gymnocalycium damsii var.
丽蛇丸锦

繁　殖	播种、分株

丽蛇丸锦原产自南美洲巴西、玻利维亚及巴拉圭等地，常见生长在半遮阴或低矮疏林的开放环境；对光线的忍受度较强，可在半日照或遮阴环境下生长。介质以排水性佳的沙质土壤为宜。球体色彩丰富，十分好栽培。花期不定，全年都会开花。只要植株够强健就会开花，但常见于夏、秋季开花。易生侧芽。丽蛇丸的侧芽栽入介质中易生根。可挑选带有锦斑的个体进行繁殖。

↑用丽蛇丸锦上生长的侧芽繁殖的后代。仅少数能维持锦斑特性，多数因返祖现象，变回原本的丽蛇丸。

形态特征

丽蛇丸锦为绿色或浅绿色的扁球状仙人掌，最大可长到直径 15 厘米，株高约 10 厘米。球体上可见水平分布的暗色条纹。刺座上的刺长 0.5 ~ 0.8 厘米，最长约 1.2 厘米，球体心部的刺较不明显。

生长型

丽蛇丸锦的原生地雨季集中于夏季，因此夏、秋季为丽蛇丸锦的生长季节。生长期充分给水，介质干了就给水；冬季休眠时或生长缓慢时则保持介质干燥。本种生长快速，每年应更换介质或换盆一次，有利于生长。

→丽蛇丸锦，应为嵌合体造成。于红色球体上生长的侧芽已失去大部分的叶绿体，因此无法独立存活。

夏型种

Gymnocalycium damsii var.
翠晃冠锦

异 名	*Gymnocalycium anisitsii* var.
繁 殖	播种、扦插

翠晃冠锦原产自南美洲巴西、玻利维亚及巴拉圭等地，常见生长在遮阴及富含沙壤土的环境中。容易栽培，但开花期不定，易生侧芽。外观与牡丹玉相似，两种可杂交；但牡丹玉的棱脊较为干瘦，刺座侧方有横带纹。

↑翠晃冠锦，疣状突起状似下巴。

形态特征

翠晃冠锦为茎表皮橄榄绿色、绿褐色、灰绿色的球状或扁球状仙人掌。株高约 10 厘米，茎直径 8 ~ 15 厘米。具 8 ~ 13 条棱，棱脊圆润。刺座则着生于大型下巴状的疣状突起上。中刺不明显，具有长 1 ~ 1.2 厘米的副刺 5 ~ 8 枚。花期不定，全年都可开花。

生 长 型

翠晃冠锦喜好偏酸性及排水性良好的栽培介质，可使用以泥炭土为主的介质或在配方中加入部分泥炭土。因原生于疏林环境下方，可栽培在半日照及明亮环境中。本种根系生长需要较充裕的空间，建议每 2 年更新介质或换盆一次，有利于其生长。

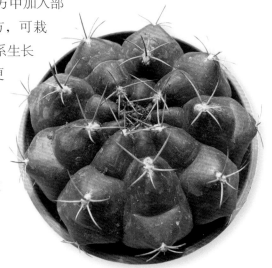

→翠晃冠与牡丹玉外观相似，但疣状突起较分明，刺座棱脊上无横带纹。

Gymnocalycium mihanovichii var.
牡丹玉锦

英 文 名	chin cactus, ruby ball, moon cactus
繁　　殖	播种、扦插、嫁接

　　牡丹玉锦原产自南美洲巴拉圭，常见分布于灌木丛下方，全年仅几个月会接受直射光的环境。裸萼球属属名 *Gymnocalycium* 源自希腊文，意为本属仙人掌的花芽（萼片）上不具有毛或刺。牡丹玉开花性良好，因容易缺乏叶绿素，可形成黄色、红色或者橙红色的锦斑变种。严重缺乏叶绿素的个体，苗期会因无法行光合作用而死亡，需以嫁接方式使其存活下来。

↑牡丹玉（*Gymnocalycium mihanovichii*）的棱上具有明显的横纹。

形态特征

　　牡丹玉锦为茎表皮橄榄绿色或紫色的扁球形小型仙人掌。株高 4 ~ 5 厘米，直径 5 ~ 6 厘米。具 8 条棱，棱上具明显横纹。刺座着生于棱上，中刺不明显，具小刺 3 ~ 6 枚。花期为夏、秋季，花白色、浅绿色或粉红色等。纺锤形浆果红色。

生 长 型

　　半日照至光线明亮的栽培环境皆可。夏季定期给水有助于生长，冬季则以节水或保持介质干燥的方式协助其度过休眠期。

←牡丹玉锦的色彩斑斓，观赏价值高；另有大型种，为适合初学者栽植的入门型仙人掌。

→这类具有锦斑的牡丹玉变种称为 moon cactus（月亮仙人掌）或牡丹玉锦。

405

↑副刺基部呈红褐色，刺座中央具红褐色斑。

Gymnocalycium quehlianum
瑞昌玉

英 文 名	rose plaid cactus
繁　　殖	播种

　　瑞昌玉原产自南美洲阿根廷，在原生地多见半埋在土壤中，生长于疏林及草原地区。外观与绯花玉相似，棱数较多且刺座细致、排列整齐。于春、夏季进行繁殖。种子可自成熟浆果中取出，经清洗、阴干后储存于冰箱中，翌年春暖后再播种。

形态特征

　　瑞昌玉的茎表皮极具特色，略呈橄榄绿色、红褐色或蓝绿色。本种为球形或扁球形仙人掌，生长缓慢，不易增生侧芽。茎直径可达7厘米。棱数8～16条，刺座上略有毛，整齐地纵向排列生长于棱上；中刺不明显；副刺短，6～8枚，朝下生长。花期为春、夏季，花白色或粉红色，直径达6厘米；花朵寿命长，可开放一周左右。卵形浆果绿色。

生 长 型

　　瑞昌玉生长缓慢，可栽培于半日照至光线明亮处，介质排水性要好。夏季生长期间可定期给水，冬季休眠期间可节水或保持介质干燥。每3年应换盆、换土一次，有利于生长。

→花瓣基部红色，使花芯处具有红斑或像具有咽喉一般。

Hatiora gaertneri
复活节仙人掌

异　　名	*Rhipsalis gaertneri*
英 文 名	Easter cactus, Whitsun cactus
繁　　殖	扦插

　　复活节仙人掌原分类在丝苇属（苇仙人掌属，*Rhipsalis*）中。原产自巴西东南部海拔 350 ~ 1300 米的山区。常见着生于树林间，较少见着生于石壁上。因花期在 3 ~ 5 月，适逢复活节而得名。与蟹爪仙人掌一样，取幼嫩的叶状茎 5 ~ 8 厘米长进行扦插，秋、冬季为适期。

↑花呈漏斗状，开放于茎端或近茎端节处，可成对开花。

形态特征

　　复活节仙人掌具扁平的叶状茎，宽约 2 厘米，长 3 ~ 5 厘米，边缘呈圆锯齿状。本种的根纤细呈须状，易自茎节处生出不定根以利于着生。花瓣 10 余枚，以放射状排列，花被不反卷。花色多变，粉红色最为常见。

生 长 型

　　复活节仙人掌的栽培介质以排水性良好的培养土为主，可混入颗粒性的介质如蛇木屑、蛭石等，增加介质的排水性及透气性。介质略干后再浇水，避免介质积水致使根部受损，让病菌有机会侵入造成烂茎。喜好半日照至光线明亮的环境；生长期间可增加光照，移至全日照环境中栽培；但盛夏时则应遮阴、节水，若光照过度叶片会晒伤。湿度高可促进生长，高温及过度干燥时则生长不良。

↑叶状茎圆锯齿状的缺刻处着生毛状附属物。

夏型种

Hylocereus undatus
火龙果

英 文 名	pitahaya, dragonfruit
别 名	红龙果、仙蜜果、芝麻果
繁 殖	播种、扦插、嫁接

　　三角柱属又名量天尺属。火龙果原产自美洲哥斯达黎加、危地马拉、巴拿马、厄瓜多尔、古巴、哥伦比亚等地，是著名的热带、亚热带水果。火龙果最早在 16 世纪由荷兰人引入中国台湾，当时引入的品种具自交不亲和特性，致结果性不佳。果实质量不良，花蕾能入菜。又称为三角柱仙人掌。

↑ 大型浆果外具有三角形或长卵形的鳞片。

形态特征

　　火龙果为多年生蔓性的多肉植物。深绿色的茎具 3 条棱，每条棱边缘呈波浪状，波浪状边缘凹陷处具刺座，褐黑色短刺 3 ~ 5 枚。蔓生茎粗壮，茎内部含大量薄壁细胞，以利于雨季水分的储藏。刺座内具有生长点，可以发育成叶芽或花芽。花期为春、夏季，但现在可使用延长光照的方式进行调节。花白色，由花苞到结果、成熟需 47 ~ 50 天。椭圆形浆果直径 10 ~ 12 厘米，花苞及浆果外具有鳞片。果肉内具芝麻状的黑色种子。

生 长 型

　　火龙果的栽培管理可粗放，对环境适应性强，栽培十分容易。但若想生产高质量的果实，需配合花后适当的修剪及合理的肥培管理技术才能达成。居家栽培以枝条扦插开始，约 1 年后可开花、结果。

→无主根，蔓生茎大量发生侧根及气生根，以利于着生。

■乌羽玉属 *Lophophora*

夏型种

Lophophora diffusa
翠冠玉

英 文 名	false peyote
繁　　殖	播种

种名 *diffusa* 为延伸、扩张的意思。翠冠玉仅局限分布在墨西哥南方纬度较高的荒漠地区，常见生长在干旱的荒漠灌木丛下方。其仙人掌球体内含的植物碱成分，可将人麻醉或使人迷幻，故英文名以 false peyote（假仙人掌）称之。以春播为佳，将种子撒播在干净的介质上，使用塑料杯倒扣或是加封保鲜膜等方式，催芽 7 ~ 14 天

↑花期为夏季，花白色或乳白色。

使其发芽；小苗期间要注意湿度的维持，不可过干，待小球球径至 0.1 ~ 0.2 厘米时，约略覆盖一层薄薄的沙砾，除协助球体向上或固定植株外，还可防止藻类滋生及调节湿度；待植株直径至 0.5 ~ 1 厘米时可进行第一次移植，以利于小球生长。

形态特征

翠冠玉的茎表皮黄绿色或灰绿色，为无刺的圆形仙人掌，可见单生或群生的个体，为乌羽玉属中较为原始的品种。株高可达2~7厘米，球体直径5~12厘米；部分种群直径20~25厘米。幼株5条棱，成株5~13条棱。疣状突起以不规则的螺旋状排列。无刺，刺座上着生毛状附属物；幼株则无毛或毛稀疏。无法自花授粉，需以人工授粉协助才能结果、产生种子。

生长型

翠冠玉具粗大主根、易腐烂，应使用排水性良好的介质。栽培时以通风环境为佳，可栽培在半遮阴至光线明亮处，忌阳光直射。不需经常浇水，生长期间仍应充分给水，介质干燥后或球体由绿色变成灰绿色时再给水；过度浇水球体易发生腐烂或直接烂根。冬季休眠期时应保持通风并节水，让介质干燥。

Lophophora fricii
银冠玉

异　　名	*Lophophora williamsii* var. *fricii*
英 文 名	peyote, cactus pudding, devil's root, dry whiskey, whiskey cactus
繁　　殖	播种、扦插

　　银冠玉原产自墨西哥北部，为乌羽玉的变种。株形较乌羽玉大，茎表皮略带白粉，呈灰绿色或灰蓝色。刺座上的毛状附属物较为明显。而翠冠玉（*Lophophora diffusa*）的茎表皮翠绿色，且易生侧芽。

↑银冠玉的茎表皮呈灰绿色或灰蓝色，常见类似白粉的物质。

形态特征

　　银冠玉较不易增生侧芽，常见呈单球状，实生苗具大型主根。刺座上易生毛状附属物。棱近似于乌羽玉及翠冠玉，棱数目不定，5、8、13 及 21 条棱的个体都有。花期为春、夏季，花以桃红色或粉红色为主，但也有白色花的变种（*Lophophora fricii* var. *albiflora*）。仅能异株授粉，无法自花授粉。

生 长 型

　　银冠玉的栽培管理与翠冠玉类似。

↑刺座上常具有毛状附属物，花粉红色或桃红色。

←长毛翠冠玉虽然外观与银冠玉相似，但翠冠玉的花为白色，且茎表皮颜色较翠绿，不具有灰蓝色的色调。

Lophophora williamsii
乌羽玉

英 文 名	peyote, mescal buttons, devil's root, whiskey cactus
繁　　殖	扦插、播种

↑外形可爱，花友以"乌鱼"称之。播种近3年的植株，就像一颗颗的纽扣。

　　乌羽玉原产自美国得克萨斯州西南部至墨西哥一带。常见单独或群落生长，分布在沙漠中、岩石坡地上及干燥的河床两侧。乌羽玉属植物为一种无刺、外形与纽扣相似的仙人掌，富含特殊生物碱，美国原住民在传统医疗及各类宗教仪式上使用。

　　属名中的 lopho 字根源自希腊文 lophos，形容球体上的疣状突起的外形与后颈、山峰及头盔相似。部分易生侧芽的个体可使用扦插方式繁殖。播种至成株、开花最快需3年时间。花后可从成熟的粉红色棒状浆果中取出种子，经清洗、阴干后以撒播方式播种。

形态特征

　　乌羽玉为翠绿色或深绿色的球形或扁圆形仙人掌。球体质地柔软。有明显的主根，肥大状似萝卜。幼株5条棱，成株7 ~ 13条棱。疣状突起常见直线排列。刺座上无刺，但着生浓密的毛状附属物；幼株则无毛或毛稀疏。可自花授粉。粉红色棒状浆果1 ~ 2厘米长，可食用，内含黑色种子。

生 长 型

　　乌羽玉的栽培与翠冠玉相似。肥大主根易腐烂，使用排水性良好的介质为佳。在半遮阴至光线明亮的环境下均可栽培。

↑花期为夏季，花粉白色或浅粉红色，具有红色中肋。

411

Lophophora williamsii 'Caespitosa'
子吹乌羽玉

| 繁　　殖 | 分株、扦插 |

子吹乌羽玉主要分布在美国得克萨斯州及墨西哥一带，生长于海拔 100 ~ 1500 米的沙漠疏林中。为乌羽玉的变种，变种名 Caespitosa 源自拉丁文，意为成簇生长。

随着株龄增加，增生的侧芽变多。因不易开花，种子取得不易，以分株方式繁殖；可于春季使用刀具直接将植群以等分的方式分株繁殖，或将植群里较大的球体切割下来后置于阴凉处，待伤口结痂或干燥收口后扦插繁殖。

↑生长季充分给水后，球体变大，色泽变绿。

形态特征

子吹乌羽玉与乌羽玉外观相似，为灰绿色或翠绿色的球形或扁圆形仙人掌。仙人掌球因易增生大量侧芽，球体直径较小。球体柔软，有软弹的触感。表皮外覆可防日光直射的白色粉末。因多为无性繁殖而来，没有明显肥大的主根。

生 长 型

子吹乌羽玉生长缓慢。除使用排水性良好的介质外，宜每 2 ~ 3 年更换介质或换盆一次。于生长期可充分给水，待介质表面干燥后再浇水，亦可当球体由绿色变成灰绿色时再补充水分；但冬季休眠期则应保持介质干燥。可栽培在半日照或光线充足的环境中，如光线不足球体会徒长变形；在阳光过强或全日照环境下栽培，球体会半缩或半埋在介质里。

↑子吹乌羽玉锦，为锦斑变种，黄色、红色的侧芽相间更具观赏价值。

夏型种

Mammillaria bombycina
丰明丸

英 文 名	silken pincushion
繁　　殖	扦插、分株、播种

丰明丸原产自美洲墨西哥东部，分布于海拔 2340 ～ 2500 米的地区。属名 *Mammillaria* 意为乳房，本属植物的特征为疣状突起状似乳房。扦插宜于春、夏季进行，可直接切取侧芽，待伤口干燥后扦插。种子可采收自浆果，清洗、阴干后，于春、夏季撒播繁殖。

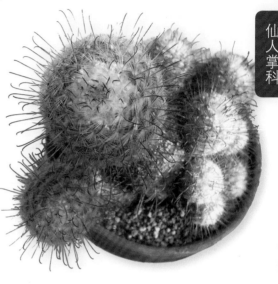

↑植株会增生侧芽形成群生现象。

形态特征

丰明丸为浅绿色或灰绿色的长球形仙人掌。球体由圆锥状或圆柱状突起呈螺旋状排列组成。全株密布白色毛状附属物。刺座上具有 30 ～ 65 枚白色毛状尖刺。中刺 3 ～ 8 枚，尖端色黑，下位的中刺最长近 2 厘米，略弯。花期集中在春季，花浅粉红色或白色，呈小漏斗状，于球体上半部呈环状排列开放，就像是戴上花冠一般。花后如经授粉，会产生绿白色浆果。

生长型

丰明丸植株强健，栽培于全日照或光线充足的环境下株形较佳。使用排水性良好的介质，生长期间可多给水，介质干透后再浇水；冬季休眠期保持介质干燥为宜。室外栽培时，冬季避免雨淋。每 2 ～ 3 年应更换介质一次，有利于植株生长。

→全株因刺座上的毛状尖刺，看似密布鬃毛一般。

Mammillaria carmenae
卡尔梅娜

别　　名	嘉汶丸、佳汶丸
繁　　殖	分株、播种

　　卡尔梅娜之称是由种名音译而来的。外形与杜威丸类似。分布在墨西哥中部及东部海拔 850 ～ 1900 米的地区，喜好生长于北向的岩石缝隙间。常以分株方式繁殖，播种则以春播为宜。

↑易生侧芽，形成群生姿态。

形态特征

　　卡尔梅娜为茎表皮浅绿色的球形或卵形仙人掌，单株株径约 3 厘米。棱不明显，全株的圆锥状疣状突起呈螺旋状排列。具有约 100 枚质地柔软、略呈星形排列的白色或黄色（金色）鬃毛状副刺。花期在冬、春季，花色有乳白色或粉红色，花瓣具有红色中脉；花径约 1 厘米；花后结绿色的圆形浆果。

生 长 型

　　夏季生长期间可充分浇水，冬季休眠期间则保持介质干燥。休眠期间可忍耐 −5℃的低温。栽培时以通风环境为佳。全日照及半日照环境均可，但以全日照环境为佳；亦可栽培在上午有直射光、下午遮阴的环境中。每 2 ～ 3 年应适时更换介质。于夏季生长期间施以钾肥含量高的缓效肥。

→另有红色刺及金黄色刺的个体，因生长较快，亦可扦插繁殖。

Mammillaria crucigera
白云丸

繁　殖｜播种

　　白云丸仅局限分布在墨西哥中部海拔 800 ~ 950 米的地区，常见生长在悬崖边上的石缝间，就像生长在石灰岩中。

↑ 虽只有拇指大小，却要栽培 10 年以上。

形态特征

　　白云丸的茎表皮呈橄榄绿色、灰绿色或紫褐色，为小型种的球形仙人掌，生长极为缓慢。由细小的疣状突起紧密地以螺旋状排列组成。刺座红褐色，具黄褐色中刺4 ~ 5枚；白色副刺22 ~ 30枚，细如针尖，刺总长度0.2厘米。花期为冬、春季，小型的粉红色漏斗状花开放在刺座之间。

生 长 型

　　白云丸的栽培介质应以排水性佳的矿物质为主。冬季非生长期间应保持介质干燥，不必给水。入夏后的生长期间除定期给水外，可适量给予钾肥含量较高的缓效肥。对光线的适应性强，全日照、半日照或只有部分阳光直射至光线明亮的环境都可栽培。

→成株后仙人掌球会具有二叉分枝的现象。

夏型种

Mammillaria duwei

杜威丸

繁　殖｜播种

　　杜威丸原产自墨西哥北部海拔1800～2200 米的山区，为 CITES 一级保育类植物。现今栽培的杜威丸多半是经园艺选拔后的栽培种。以播种繁殖为主，需异株授粉才能结果实。

↑阳光充足时，杜威丸植株会更致密，羽毛状的刺座表现良好。

形态特征

　　杜威丸为茎表皮浅绿色至翠绿色的小型种球状仙人掌，易生侧芽，形成群生姿态。植株的球状茎直径3～6厘米。中刺0～4枚，具有倒钩；羽毛状的副刺28～36枚，着生于刺座上。

生 长 型

　　杜威丸的栽培环境应以全日照至半日照环境为佳。使用排水性良好的介质有利于根系的生长。每2～3年应更新介质或换盆一次，有利于新生侧芽的生长，形成群生姿态。

↑花期为春、夏季，浅黄色的花开放在顶端的疣状突起间。

↑具中刺的个体，中刺末端呈钩状。阳光略不足时，疣状突起会有徒长的情况。

Mammillaria elongata 'Copper King'
金手指

英 文 名	lady fingers, golden star cactus
繁 殖	播种、扦插

　　金手指原产自墨西哥中部海拔1350 ~ 2400 米的高山荒原环境。种名 *elongata* 形容本种长圆柱形的肉质茎，与乳突球属植物常见的扁圆形茎及圆形茎不同。以扦插繁殖为主。

↑因肉质茎与手指相似，得名金手指。为地被型仙人掌，在原生地常以群生方式生长。

形态特征

　　金手指成株后会略呈匍匐状。茎上具 13 ~ 21 个圆锥状疣状突起，以螺旋方式排列。具中刺 1 ~ 2 枚，黄色至褐色，末端色黑，易脱落；金黄色或黄铜色的副刺 14 ~ 25 枚，状似星芒。花期为春、夏季之间，小型钟状花浅黄色或白色，开放在顶端，以环状排列。

生 长 型

　　金手指植株强健。生长季（春、夏间）定期浇水，休眠期保持介质干燥。使用排水性良好的介质。十分适合放置在光线明亮的窗台上。每年施肥一次，建议于春季回暖后施肥，以钾肥含量较高的缓效肥为佳。

变 种

Mammillaria elongata 'Cristata'
金手指缀化

　　在缀化的个体上易观察到因返祖现象而自基部生长出的正常个体。应将正常的金手指侧芽切除，避免因正常个体的生长势较佳，而淘汰掉缀化的变异。

→缀化的仙人掌，英文名常以 brain cactus 通称。

Mammillaria gracilis

银手球

| 异　　名 | *Mammillaria vetula* ssp. *gracilis* |
| 繁　　殖 | 播种、扦插 |

　　银手球原产自墨西哥海拔 1200 ~ 1850 米的地区，常呈植群姿态。除了播种繁殖以外，本种易生侧芽且侧芽易脱落，可于春、夏季自侧芽基部将其取下，待伤口干燥后扦插繁殖。

↑鬃毛状的副刺辐射状排列，刺座心部着生白色毛状附属物。

形态特征

　　银手球的茎直径约 3 厘米，由 5 ~ 8 个疣状突起排列组成。中刺不常见，末端呈褐色；白色鬃毛状副刺 11 ~ 16 枚。

生 长 型

　　至少应给予半日照环境。栽培介质以矿物性介质、排水性佳的介质为主。生长期定期浇水，冬季则节水保持介质干燥。

↑花期为冬、春季，黄白色的小花具有粉红色或浅褐色中肋。花朵开放在顶端侧方的疣状突起间。

←茎表皮绿色，为短圆柱状的仙人掌。

Mammillaria 'Arizona Snowcap'

明日香姬

　　明日香姬极可能是银手球的石化（monstrous form）品种。以扦插繁殖为主，春、夏季为繁殖适期；自基部取下侧芽，待伤口干燥后扦插。

　　明日香姬为茎表皮绿色、小型种的球状或柱状仙人掌。具 10 ～ 13 条棱。灰白色的中刺 2 ～ 3 枚，副刺 14 枚。易生侧芽，根系短，常见群生姿态。花期集中在冬、春季，筒状的小花白色至黄色，会在每日光线最强的时段开放。

　　栽培时宜使用矿物介质、排水性佳的介质。十分耐旱，耐强光照射，喜好全日照至半日照环境。虽然耐强光照射，但未经驯化过程，马上自光线明亮处移至全日照环境栽培时会发生严重晒伤。

↑刺座上着生大量白色的副刺及毛状附属物。

←夏型种。易于球体的顶端或侧方形成大量侧芽。

419

夏型种

Mammillaria hahniana 'Lanata'
玉翁殿

英 文 名	old lady cactus
繁 殖	播种

　　玉翁殿原产自墨西哥海拔 750 ~ 2200 米的地区，常见生长于石壁的缝隙间。因常以种子繁殖，个体间均具有些微的不同之处。本种在花市较为常见。

↑ 为圆球或短圆柱状的仙人掌，常见单球生长。

形态特征

　　玉翁殿的茎表皮鲜绿色，不易增生侧芽，或达一定株龄后于基部开始产生侧芽。具 13 ~ 21 个圆锥状疣状突起，呈螺旋状紧密排列，疣状突起间有 15 ~ 20 根白毛。新生刺座上除 1 枚中刺及 20 ~ 30 枚 0.5 ~ 1.5 厘米长的毛状副刺外，还会着生白色茸毛。

生长型

　　玉翁殿植株强健，可栽培在半日照及光线明亮的环境中。介质以排水性良好及富含矿物质的为宜。浇水时应避免浇到球体上的茸毛，应缓缓于盆缘处灌注，或以底部给水的方式补充。

→花期为春、夏季，红色至紫红色的小花会开放在球体顶端，排列成圈。

Mammillaria herrerae
白鸟

繁　殖	播种

　　白鸟原产自墨西哥海拔 1300 ~ 1920 米 的 山区，生长在草原和石灰岩交接地带；常见与金琥（*Echinocactus grusonii*）等其他仙人掌混生。花期集中在春季，栽种 5 ~ 7 年后会开花。粉红色的大型花朵开放在心部周边，以环状排列开放。

↑刺座的排列整齐、不毛糙。

形态特征

　　白鸟是茎表皮为深绿色的小型种球状仙人掌，由小型的圆柱状疣状突起紧密排列组成。不具中刺，却着生大量的白色副刺，等长的灰白色短毛状副刺 100 枚以上，由中心向外呈放射状整齐排列，着生在疣状突起末端。

生 长 型

　　白鸟生长缓慢，喜好通风环境。虽然夏季可定期浇水，但一定要介质干透了再浇，过度浇水常致使根部及球体发生腐烂而死亡。栽培时宜使用矿物性介质，避免使用以泥炭土或有机质为主要材料的栽培介质。以全日照至半日照环境为宜。冬季休眠期间，除了保持介质干燥外，可移至遮阴环境下，光照度约小于夏季的 1/4，有利于促进开花。

↑质地较为坚硬，雪白的外观和高尔夫球相似。

↑粉红色至紫红色的小花会开放在球体顶端侧方，以环状排列开放。

仙人掌科

Mammillaria humboldtii

春星

繁　　殖	播种、分株

　　春星原产自墨西哥海拔1350～1500米的山区。另有小型变种姬春星。易增生侧芽，常见呈群生状。春星球体质地较软，毛状副刺较不伏贴，不整齐。乳突球属的仙人掌常以播种为主要繁殖方式，但春星易生侧芽，可于春、夏季使用分株方式繁殖：以3～5球为单位，剥离下来待伤口干燥后再植入盆中。

形态特征

　　春星为茎表皮绿色的扁球状或球状仙人掌。全株由短柱状的疣状突起排列组成，疣状突起顶端着生羊毛状或鬃毛状的白色刺座。中刺无，白色鬃毛状副刺80枚以上。花期为冬、春季。浆果红色。

生长型

　　春星可忍受 –5℃的低温环境。易烂根，勿过度给水，待介质干透后再浇水；如过度浇水，基部及白色刺座外观会发黑。生长期间可施以钾肥含量较高的缓效肥一次。以全日照至半日照环境为佳，但避免夏日午后阳光直射。建议勿以小株植大盆，否则会因介质内含水量过多致使植株生长不良。

↑光线稍不足时，球体上的疣状突起会略微徒长，以致雪白的外观较不均匀。

Mammillaria marksiana
金洋丸

别　　名	黄金世界
繁　　殖	播种、分株

　　金洋丸原产自美洲墨西哥等地，分布于海拔 400 ～ 2000 米的地区，在原生地已十分罕见，常见生长于疏林环境。经人工栽培后，株形可大上一倍。如花期经人工授粉，可产生红色浆果。将种子清洗后阴干，于春、夏季时撒播为宜。

↑植株上密布锥形疣状突起，以螺旋状排列。

形态特征

　　金洋丸为浅绿色或偏黄绿色的扁球状仙人掌。疣状突起末端着生刺座，金黄色或褐色的短刺 5 根。具有腺体，不慎刺伤体表会流出白色乳汁状液体。成株后，心部突起的疣状物之间着生白色茸毛。花期集中在冬、春季，花鲜黄色，于球体心部附近呈环状排列开放。

生长型

　　金洋丸的栽培介质以排水性良好者为佳。喜好光线充足的环境，亦可栽培于半日照环境下；光线较强时，球体会偏黄，可促进开花。生长期可充分给水，避免过度浇水，造成根部腐烂；冬季则需限水，保持介质干燥。生长期可补充钾肥含量较高的肥料，有利于生长。

→环状花朵开放在突起间，可观察到枯萎宿存的花苞。

423

↑乳黄色的花开放时会环状排列，开放在茎顶侧方。

Mammillaria nejapensis
白蛇丸

异　　名	*Mammillaria karwinskiana* ssp. *nejapensis*
英 文 名	owl eyes cactus, royal cross
繁　　殖	播种、分株、扦插

　　白蛇丸原产自墨西哥南部，分布在海拔 850 ~ 1650 米的落叶树林中。白蛇丸和白云丸、大福丸一样具有二叉分枝（dichotomous branching）特性，因此英文名以 owl eyes cactus（猫头鹰眼仙人掌）统称。白蛇丸不具中刺，白色副刺 3 ~ 5 枚，以上短下长的方式排列，有如十字架一般，因此得名 royal cross（皇家十字）。

形态特征

　　白蛇丸为茎表皮蓝绿色或深绿色的圆柱状或短圆柱状仙人掌。棱不明显，植株由每圈 13 ~ 21 个的疣状突起呈螺旋状排列组成，疣状突起上着生白色毛状附属物及卷曲状的副刺。花期为春、夏季之间，成株后每年都会开花；乳黄色的花呈环状开放在茎顶侧方，花瓣具红褐色中肋。具艳红色的长卵形浆果。

生 长 型

　　以在半日照至光线明亮处栽植为佳，光线过强或置于未遮阴的全日照环境下易发生日烧，但若光线不足植株会有徒长情形。喜好定期性换盆，有利于生长，建议至少 2 年更换介质一次。生长期可适度给水，但仍以介质干了再浇为宜。

→茎顶会着生白色茸毛。

夏型种

Mammillaria perbella
大福丸

英 文 名	owl eyes cactus
别 名	最美丸
繁 殖	播种

大福丸广泛分布在墨西哥中部海拔 1500 ~ 2800 米的山区，常见生长在石灰岩壁的石缝间。具有二叉分枝的特性，即生长到一定大小后，仙人掌球会分裂成二叉的形态。具这类特性的仙人掌常称为 owl eyes cactus（猫头鹰眼仙人掌）。无法扦插繁殖，虽然老株会形成二叉状分株，但一经切割植株会死亡，仅能播种繁殖。

↑栽植达一定株龄后，由仙人掌球顶端开始分裂成二叉状，株形略呈圆柱状。

形态特征

大福丸由短圆柱状的疣状突起以螺旋状排列组成。幼株时为圆球形。疣状突起间具白色毛状物。短刚毛状的副刺 20 ~ 30 枚。花期集中在春、夏季，小型的短筒状花浅桃红色，可自花授粉，授粉后红色浆果需 7 个月时间才能成熟。

生 长 型

大福丸易栽培，但生长十分缓慢，栽培时应使用富含矿物质且排水性良好的介质。避免使用以泥炭土或有机质为材料的介质。本种虽然耐湿润，但仍以介质干了再浇水为宜。若能经常性移植，可避免幼株基部木质化，应每年或每 2 年更换介质或换盆一次。

↑具中刺 0 ~ 2 枚，末端为黑褐色。

Mammillaria plumosa
白星

英 文 名	feather cactus, feather ball
繁　殖	扦插、播种

白星原产自墨西哥北部，分布于海拔 780 ~ 1350 米的岩缝中或岩屑地区。种名 *plumosa* 源自拉丁文，为羽毛的意思，形容本种刺座上的毛状附属物像是轻柔的羽毛。分株适期为春、夏季之间，将侧芽自基部切下，待伤口干燥后扦插即可，扦插后发根速度很快；也可以撒播方式播种。

↑羽毛状软刺的主要功能是保护仙人掌球体避免遭受阳光曝晒。

形态特征

白星为茎浅绿色的小型种扁球状仙人掌球。常见以群生方式生长。全株外覆致密的白色羽毛状软刺。刺座着生于疣状突起末端，着生 40 枚毛状软刺，中刺有但不明显。花期为秋、冬季，乳白色或乳黄色的小花开放在心部侧方的突起间，环状排列开放，较不明显。

生 长 型

白星喜好全日照或局部遮阴的环境，切忌淋到雨水。浇水时不要浇淋到羽毛状的软刺上，以免发生集尘现象。冬季节水管理，但不能让介质过于干燥，会不利于白星生长。白星根部容易腐烂，除使用浅盆栽培外，还需使用排水性良好的介质。

→白星的花有浓郁的甜甜的香气。

Mammillaria prolifera
松霞

英 文 名	Texas nipple cactus
繁 殖	分株、扦插、播种

松霞主要产自美国南部至墨西哥等地，分布于温暖的草原环境，部分分布在海拔 3000 米的地区。以 Texas nipple cactus 通称松霞及金松玉（中刺为黄色的变种）等。可于春、夏季进行分株繁殖；切取下侧的侧芽，待伤口干燥后扦插于排水性良好的介质中。花后易产生红色浆果，取下成熟的半透明浆果，清洗、阴干种子，于春季播种。

↑本种易生侧芽，植株会群生成簇。

形态特征

松霞为小型种球形仙人掌。5～8 条棱，具有长锥形疣状突起，以螺旋状排列，于末端着生刺座。具有黑褐色中刺及多数的白色细毛状边刺。冬、春季开花。

生 长 型

松霞喜好明亮、通风及温暖的环境，可栽植于半日照处。适合盆植，喜好排水性良好的介质。生长季可充分浇水，冬季应限水或停止给水。春、夏季间可略施缓效肥一次。每 2～3 年更新介质一次，防止介质酸化。

→花浅黄色、乳白色或鹅黄色，略带粉红色中肋。

427

Mammillaria schiedeana

明星

繁　　殖	播种、分株、扦插

明星原产自墨西哥，分布于海拔700～1400米的地区，常见生长于岩石坡地或富含有机质的开放林地环境中。本种有3～4个亚种或变种。于春、夏季播种。种子可取自红色浆果，清洗、阴干后撒播即可。分株可于春、夏季进行；于丛生的植群中选取至少达母球 1/3 大小的侧芽，自基部切下，待伤口干燥后扦插。

↑植株单茎或以多茎植群方式生长。

形态特征

明星为绿色卵圆柱状的小型种仙人掌。圆柱状的疣状突起呈螺旋状排列，具有汁液。突起上方着生刺座，具有 16～21 枚黄色、白色或橙色的副刺，质地柔软似纤毛。中刺 1～2 枚，有时多达 5 枚。花期为冬、春季，在 2～3 月结束；花白色或浅黄色，中肋浅绿色，开放在心部外的疣状突起间。红色棒状浆果，内含黑色种子。

生长型

明星若栽培在户外环境中，春季可接受全日照，但盛夏时节，宜放置在午后没有光线直射的环境中。使用浅盆或较植群小一点的盆子栽培。植群建立后，每年冬、春季间可观赏花朵盛开的样子。

→白色花朵环状排列开放。

■龙神木属 *Myrtillocactus*

夏型种

Myrtillocactus geometrizans
龙神木

英 文 名	blue candle, whortleberry cactus
繁　　殖	播种、扦插

　　龙神木原产自墨西哥中北部地区。因暗红色的浆果味道甜美，得名 whortleberry cactus（越橘仙人掌）。常作为仙人掌嫁接时使用的砧木，如作为岩牡丹属和姣丽球属仙人掌的砧木。花期为春、夏季之间，株高需达 60 厘米后才具开花能力。花绿白色，花后会结出暗红色卵圆形浆果，可食。常见扦插繁殖，可于夏季切取带茎顶的 10 ~ 15 厘米长的茎段，待伤口干燥后扦插。扦插后需保持干燥，有利于根系萌发。或待切口上开始萌发新根时再植入盆中。

↑因全株带有蓝灰色的色调，得名 blue candle（蓝色蜡烛）。

形态特征

　　龙神木为易分枝的柱状仙人掌。茎表皮带有蓝灰色或蓝绿色质地；茎具 5 ~ 8 条棱，上着生刺座。中刺及副刺不明显，具 5 ~ 9 枚刺，刺黑色。

生 长 型

　　龙神木生命力强，但温度低于 −4℃时植株死亡；当冬季夜温低于 10℃时则应注意保暖。栽培时使用的介质需注意透气性及排水性。如为养成大型的植株，可地植或每年更换尺寸较大的盆器。幼株可栽培在光线充足至半日照环境中，但株形较大后，应栽培在半日照至全日照环境下为佳。

→市售的龙神木多为扦插繁殖的产品。刺座上具短棘状的刺 3 ~ 5 枚，着生于棱上。

429

Myrtillocactus geometrizans 'Cristata'
龙神木缀化

因自然突变的缘故，龙神木缀化的点状生长点变成线状后呈现出鸡冠的形态。龙神木缀化是缀化仙人掌品种中选拔出来的相对稳定的栽培种。生长极缓慢，但仍需注意，有返祖现象的部分应予以切除，避免缀化的特性消失。

Myrtillocactus geometrizans 'Fukurokuryuzinboku'
美乳柱

美乳柱又名玉乳柱。为龙神木的变异品种，是由日本园艺选拔出来的栽培品种。美乳柱为特殊的石化变异品种，因其特殊的疣状突起状似女性的乳房，故英文名以 breast cactus（乳房仙人掌）或 titty cactus（乳房仙人掌）称之。

美乳柱的繁殖以扦插为主，仅能于夏季繁殖，温度高的季节有利于发根。取下茎顶 10 ~ 15 厘米长，待伤口干燥后扦插即可，扦插后需保持干燥，较易生根；亦可将取下的茎顶放置到略发根后再植入盆中。

美乳柱具有 4 枚黑色短刺。花期为春季，但不常见开花，株高达 60 厘米后才具开花能力。绿白色的花紧贴在茎上开放。果实为暗红色浆果，味甜可食。

美乳柱为夏型种。冬季夜温低于 10℃时需注意防寒，若低于 -4℃时植株会死亡。栽培介质须排水性佳，可加入部分砾石或颗粒性矿物介质。盆植时应每年换盆一次。

→本属仙人掌具有蓝色或蓝绿色的茎表皮。

■帝冠属 Obregonia

夏型种

Obregonia denegrii
帝冠

别　　名	帝冠牡丹
繁　　殖	播种、嫁接

帝冠原产自墨西哥，常见生长于开放区、疏林中及山丘边坡上，植株常受雨水冲刷而裸露在地表之外。在原生地数量稀少，为 CITES 一级保育类植物。常见与龙舌兰、鸾凤玉、乳突球属仙人掌、岩牡丹属仙人掌等混生。属名为纪念墨西哥总统 Alvaro Obregon 先生而来。

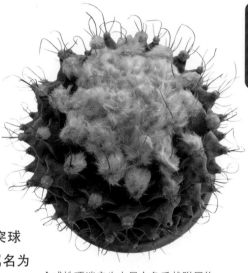

↑成株顶端产生大量白色毛状附属物。

含生物碱，与乌羽玉一样具有特殊的民俗用途。小苗初期生长缓慢，植株养成一定大小后，生长速度加快。栽培 7 ~ 8 年后可达开花的株龄。

形态特征

帝冠为茎表皮浅绿色或灰绿色的球形或扁球形仙人掌。刺座着生于瓣状或叶状的疣状突起末端。幼株上具有毛，中刺不明显，具褐灰色的副刺 2 ~ 4 枚，质地柔软，呈弯曲状。有明显肥大的主根。花期为夏季，白色钟形花于顶端群生的毛状附属物间开放。白色梨形的浆果着生在顶端的毛状附属物内，内含黑色种子。

生 长 型

帝冠生长缓慢，经常使用小苗嫁接，待球体够大后再以接降方式栽培。喜好排水性及透气性佳的介质，可使用大量矿物性介质，再加入少量泥炭土或腐殖土。喜好通风的环境，全日照至半日照环境均可。

→小苗生长缓慢，养至一定大小后生长速度加快，从播种到成株需 7 ~ 8 年的时间。

仙人掌科

Opuntia cochenillifera
胭脂掌

英 文 名	warm hand, velvet opuntia, wooly joint prickly pear
别 名	胭脂仙人掌
繁 殖	扦插

↑椭圆形至窄倒卵形掌状茎集合而生。

栽种胭脂掌来喂食胭脂虫（*Dactylopius* sp.，一种介壳虫），再将胭脂虫压碎制成染料，因而本种得名胭脂掌。原产自墨西哥，常见生长于低海拔的山坡地上。因本种是团扇属中少数掌状茎不带刺的品种，加上质地细致，得名 warm hand（温暖的手）及 velvet opuntia（天鹅绒仙人掌）。掌状茎可生食或煮食，亦可作为家畜饲料。取一段掌状茎扦插即可，春、夏季为繁殖适期。

形态特征

胭脂掌为灌木或小乔木，主干圆柱状，高可达 2 ~ 4 米。掌状茎边缘平整，基部和顶端圆形；新生的掌状茎可见小型的绿色叶片，早脱落，不具刺。花期长，集中于夏、秋季，花鲜红色；花瓣卵形至倒卵形，边缘平整或呈波状，顶端圆或尖锐；花丝粉红色。

生 长 型

胭脂掌管理可粗放，喜好全日照及通风良好的环境。以排水性良好的介质为佳，但因适应性强，可地植。

→花鲜红色，花后会结小型红色浆果。

Opuntia microdasys 'Angel Wings'
白桃扇

英 文 名	Bunny ears, polka dot cactus
别 名	白乌帽子
繁 殖	扦插

白桃扇是经园艺选拔的栽培品种。种名 *microdasys* 源自希腊文 mikros 和 dasus，意为小型和多毛。本种与其他团扇属仙人掌最大的不同点是芒刺不具倒钩状构造，栽培管理时不会被芒刺刺伤。春、夏季时，自成熟的掌状茎基部剪下，伤口干燥后扦插即可。

↑白桃扇的英文名意为邦尼兔的耳朵。

形态特征

白桃扇由小型的掌状茎组成。不具有刺，但刺座上丛生 0.2 ～ 0.3 厘米长的毛状芒刺。花期为夏季，柠檬黄色及绿色的柱头对比强烈，花开放在掌状茎顶端。果实为红色圆形浆果。盆植时不常见开花，但地植或栽培于开放地区时较易开花。

生 长 型

白桃扇植株强健，在全日照至半日照环境中栽培为佳。建议栽植时在介质中混入部分沙砾或矿物性介质。浇水时以介质完全湿透为宜，可将盆器浸入水中使其充分吸水；介质干透后再给水，如无法判定，可观察顶部的掌状茎，缺水时会下垂、呈现凋萎状。冬季休眠期间则应节水或保持介质干燥。

→团扇属仙人掌的新生掌状茎上约略可见绿色小叶，待掌状茎成熟后小叶会脱落。

Opuntia subulata

将军

异 名	*Austrocylindropuntia subulata*
繁 殖	扦插

将军原产自南美洲南部海拔3000米的地区。茎的形态与常见的团扇属仙人掌不太一样，为圆柱状的茎，另有学者将其归类于 *Austrocylindropuntia* 属，属名字根源自拉丁文 auster 与 cylindrus，分别意为南方与圆柱状。取嫩茎，待伤口干燥后扦插即可，夏季为繁殖适期。本种只在温暖的季节会长根。

↑茎表皮为绿色的树状仙人掌，略有分枝。

形态特征

将军由绿色的茎干组成，新生的侧枝略呈扁平状，一年生的茎干略呈半圆柱状。刺座上有肉质叶片，着生浅黄色的刺至少1枚；另可观察到毛状附属物。花期为春、夏季，花红色。果实为绿色浆果。种子大型，长约1厘米。

生 长 型

将军适应性佳，使用排水性良好的介质栽培即可。夏季生长期间定期浇水，介质干透后再浇水即可；冬季休眠期则需限水管理，地上部的茎叶不枯萎即可。植株应地植或用较大的盆器栽培，使根系有充分的生长空间；盆植时，每年应换盆、换土一次。

↑将军是一种长有叶子的仙人掌，造型很有趣。

夏型种

Parodia haselbergii
雪晃

异　　名	*Notocactus haselbergii*
英 文 名	scarlet ball cactus, white-web ball cactus
繁　　殖	播种、扦插

　　雪晃原产自南美洲巴西、乌拉圭等地，分布于高海拔的石灰岩地区。特征是雌蕊明显，高于雄蕊之上，花苞外覆浓密细毛，并着生在球体心部（生长点）附近的刺座上。以播种繁殖为主。

↑花期长达3周，花橘红色或砖红色，为重瓣花。

形态特征

　　雪晃为茎表皮浅绿色或翠绿色的扁球形或球形仙人掌，略呈倒水滴状。最多有30条棱左右，棱上纵向着生刺座，刺座上有白色毛状附属物；中刺不明显，副刺为鬃毛状软刺，末端黄褐色。花期为冬、春季。黄绿色球形浆果内含大量黑色的细小种子。

生 长 型

　　雪晃栽培容易，但十分喜好干燥环境。用排水性、透气性良好的介质栽培。不需全日照，明亮及部分遮阴处均可生长。春、夏生长季可以多浇水，但介质过湿易发生烂根现象。

↑果实由绿色开始转色时，即可采收。

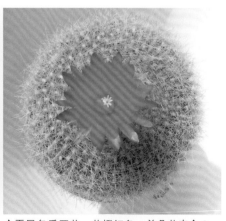

↑雪晃冬季开花，花橙红色，单朵花寿命3～5天；整个花季长达1个月以上。

↑全株外覆金黄色丝状的软刺，十分好看。

Parodia leninghausii
金晃丸

异　　名	*Notocactus leninghausii*
英 文 名	golden ball cactus, lemon ball, yellow tower
别　　名	金晃、黄翁
繁　　殖	播种、扦插

　　金晃丸生长环境干旱，能生存在冰点的环境中。因易生侧芽，常见以扦插方式繁殖；春、夏季为适期，取茎顶10～15厘米长，切下后置于阴凉通风处，待伤口干燥后扦插。将茎顶切下后，下半部植株自伤口周边的刺座上新生侧芽。

形态特征

　　金晃丸浅绿色、圆柱形的茎直立，具30条棱左右，随着株龄增加会变成丛生状。刺座于茎干上呈螺旋状排列，黄褐色的中刺3～4枚，质地软，略呈钩状；丝状的副刺约40枚。花期为春、夏季，花单生或以聚伞花序开放于茎干顶端；漏斗状的花呈黄色，具金属光泽。

生 长 型

　　金晃丸植株强健，可露地栽培。唯冬季休眠时需保持介质干燥，待气温回暖、恢复生长后再定期浇水。可适量给予通用性的缓效肥一次。喜好富含矿物质且排水性良好的介质。栽培环境以全日照至半日照环境为佳。

→中刺质地柔软。

Parodia leninghausii 'Cristata'
金晃缀化

英文名 | cristed golden ball cactus

因缀化是由体细胞变异而来的，无法通过种子保留这样的特性，只能以扦插及嫁接方式保留缀化特性。于春、夏季间，将其纵切分成 2～3 等份，待伤口干燥、形成褐色的愈合组织后再扦插，有利于发根。夏型种。喜好全日照至半日照环境，介质以排水性及透气性佳者为宜。应每 2 年换盆或更新介质一次，有利于金晃缀化仙人掌的生长。

↑生长点变成线状时产生的突变，状似鸡冠或脑部。

↑锦绣玉属仙人掌的花开放在顶端心部。芍药丸为本属中花形较大、可观花的品种。

Parodia scopa var. *albispinus*
白小町

异　　名	*Notocactus scopa* var. *albispinus*
英 文 名	silver ball cactus
繁　　殖	播种、扦插、分株

白小町原产自南美洲巴西南部、乌拉圭、巴拉圭及阿根廷北部等地，常见生长在草原地区。白小町为中刺白色的变种。异名的属名 *Notocactus* 字根源自希腊文 notos，为南方的意思；cactus 为仙人掌之意，其字根源自希腊文 kaktos，原指一种菊科蓟属（叶缘有刺）的植物，说明本属植物为产自南方的仙人掌。种名 *scopa* 为拉丁文，意为扫帚，形容白小町仙人掌长而排列紧密的刺座形态。

↑具有 25 ～ 30 条棱；棱上着生并排列着不明显的突起，突起上着生刺座及白色毛状附属物。

形态特征

白小町为茎表皮深绿色的球形仙人掌。具中刺 4 枚，但亦有 2 ～ 12 枚的个体；本种为中刺白色的变种，另有红褐色、紫红色及橘红色中刺的个体。具银白色或黄白色的刷状副刺。花期为夏季 6 ～ 7 月，花浅黄色。

生 长 型

栽植白小町时首重介质的透气性及排水性，可适度添加大颗粒矿物性介质，增强排水性及透气性。好光，不耐阴，栽培时应放置在全日照至半日照的环境中。对水分敏感，如过度给水易腐烂。休眠期间可耐 −5 ～ 0℃的低温。

→白小町与宝山属（子孙球属）的 *Rebutia albipilosa* 外观十分相似，但两种植物开花的方式不同：白小町的花开放在球体顶端，而宝山属的这种仙人掌的花则开放在球体侧方。

Parodia scopa var. *ruberrimus*

黄小町

　　黄小町又名红小町。为刺座红褐色或黄褐色的品种。在花市中，人们常将小町、白小町及黄小町的 6 厘米盆商品，在进行组合盆栽时做配色用。

←春季开花的黄小町，有一种温暖的感觉。鹅黄色的花与鲜红色的柱头形成强烈对比。

注 "小町" 的典故
小町，源自日本平安时代的小野小町之名。小野小町才貌出众、能歌善舞，和歌造诣高深，被誉为日本"六诗仙"之首；她还是当时的绝色美女，深得仁明天皇宠爱。

夏型种

Parodia werneri ssp. *werneri*
芍药丸

异　　名	*Notocactus uobelmannianus*
别　　名	堇丸
繁　　殖	扦插、播种

　　芍药丸原产自南美洲巴西，常见生长在农牧地区间的岩石地。外观圆润、具光泽，棱较为圆润饱满；球顶端的刺座上未长刺，有乳黄色的毛状附属物。成株后于顶端产生少数侧芽，可取下侧芽扦插繁殖。但繁殖以播种为主。

↑刺座中央不具褐斑，茎顶刺座上只有毛状附属物。

形态特征

　　芍药丸为茎表皮绿色的球形仙人掌，不易产生侧芽，常见单球生长。棱数常见为 12 ~ 16 条，棱上着生刺座，中刺不明显，黄褐色鬃毛状副刺 10 枚以上，具有乳黄色毛状附属物。花期为春、夏季，花大型，以紫色、红色为主，也有黄花品种，花开放于球体顶端。卵形浆果上有毛。

生 长 型

　　在原产地，芍药丸是濒临灭绝的保育类植物。栽培容易，可于半日照至光线明亮处栽培，全日照环境下栽培应遮光 50％。夏、秋季生长期可定期给水，冬季休眠期应节水处理。球体直径达 7 厘米后可每年开花。

→成株后刺少，茎顶端刺座上仅有毛状附属物。于球体上方及侧方易生侧芽。

夏型种

Pereskia bleo
月之蔷薇

异　　名	*Rhodocactus bleo*
英 文 名	rose cactus, wax rose, leaf cactus
别　　名	大还魂、木麒麟、玫瑰麒麟、七星针
繁　　殖	播种、扦插

↑冬季低温时叶片会凋落。

月之蔷薇是木麒麟仙人掌亚科的成员之一。月之蔷薇是有叶子的仙人掌，细观叶腋处，具有原始的刺座构造。作为中药时名为"大还魂"，在巴拿马全株都被用来治疗肠胃病，在印度则用来缓解肿胀、疼痛。东南亚一带称之为"七星针"；直接采取叶及茎干榨汁内服或捣碎后外用，可解毒，对于内、外伤都具有疗效，它更被认为是可治疗慢性病的药用植物。常见使用扦插法繁殖，于春、夏间剪取嫩枝顶梢或成熟枝均可，待枝条伤口干燥后扦插。

形态特征

月之蔷薇枝干健壮、直立，嫩茎表皮绿色、具光泽，成熟老枝则老化呈咖啡色或褐色。刺座大，常有数十枚褐黑色的针刺丛生。革质披针形叶片互生，具有波浪缘。花期为夏、秋季，花朵开放于枝梢，常见橘色或朱红色化。

生 长 型

月之蔷薇适应多种气候环境。仅因叶片较多，于生长期间需定期给水，缺水会导致落叶；冬季低温也会造成落叶现象。以在半日照或光线明亮处栽培为佳。虽然喜好高湿环境，但栽培介质仍以排水性良好者为佳；冬季则保持介质干燥。

→橘色的花开放于夏、秋季。

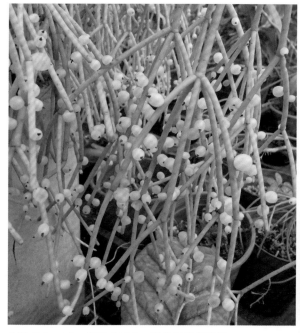

↑种名 *baccifera* 源自拉丁文，意为累累的浆果、着生着大量浆果。

夏型种

Rhipsalis baccifera
丝苇

异　　名	*Rhipsalis cassutha*
英 文 名	mistletoe cactus
别　　名	垂枝绿珊瑚、浆果丝苇
繁　　殖	扦插、播种

　　因丝苇的白色果实与槲寄生的果实相似，而以 mistletoe cactus（槲寄生仙人掌）称之。唯一一种分布在美洲以外的仙人掌，可能是候鸟传播带入或早期水手人为携入。常扦插繁殖，于春、夏季可剪取已长有不定根的枝条或取顶芽，待伤口干燥后扦插。种子容易取得，只是苗期长，生长缓慢。

形态特征

　　丝苇浅绿色或深绿色的细棒状茎下垂，为悬垂型仙人掌。成熟的茎光滑，刺座退化不明显，于茎枝顶端分枝。花期集中在春、夏季，其他季节也会零星开花。绿白色的小花，花瓣略半透明状，无梗，伏贴在退化刺座上开放。果期长，常见绿色枝条上满布白色圆形浆果，内含多数黑色种子。

生 长 型

　　丝苇可栽培在光线明亮及遮阴处，光线过量时枝条状的茎颜色会偏黄。夏季生长期间应充分浇水并保持环境湿润，会促进开花；每月可施综合性肥料一次。冬季休眠期可少量给水或节水。喜好弱酸性及排水性良好的介质，可以部分泥炭土、椰纤、水苔或腐叶土等为介质栽培。

→绿白色的花会吸引蚂蚁协助授粉。

Rhipsalis mesembryanthemoides
番杏柳

别　　名	女仙苇
繁　　殖	播种、扦插

　　番杏柳原产自南美洲巴西海拔600 米的山林间，与番杏科的多肉植物一点关系也没有。繁殖时剪取带有不定根的短枝盆植即可；或剪取成熟饱满的小枝，于春、夏季间进行扦插繁殖。

↑浅绿色或白色的小花开放在枝条上，具有淡淡的香气。

形态特征

　　番杏柳为丝苇属中少数在短枝上有小型刺座的品种，刺座上有毛状的短刺，使其看来像略有鬃毛一般。茎干上易生不定根，以利于着生。花期为冬、春季。白色圆形浆果。

生 长 型

　　番杏柳适应性强，栽培容易，避免阳光直射。夏季生长期间可充足给水，保持湿润有助于生长；休眠期间节水或减少给水即可。为着生型植物，可使用栽植兰花的介质如树皮、椰块、水苔等，但仍需注意介质的排水性。

→主茎干直立生长，上面密覆着许多不及 1 厘米长的小型短枝。

443

Rhipsalis pilocarpa
霜之朝

英 文 名	hairy rhipsalis, snow white mistletoe cactus
繁　　殖	扦插

霜之朝原产自南美洲巴西，生长在低地的热带及亚热带森林中，在原生地已不多见。枝条呈悬垂的姿态，耐阴性佳。与其他丝苇属植物最大的区别点在于，枝条状的茎上仍具有刺座，虽然不具刺，但着生毛状附属物，因而得名 hairy rhipsalis（毛茸茸的仙人棒）和 snow white mistletoe cactus（雪白色的槲寄生仙人掌）。

↑白色或略带粉红色的钟形或星形花开放在枝条顶端。

形态特征

霜之朝是茎表皮暗绿色或紫红色的枝条型仙人掌。生长期间，枝条上会轮生 3 ~ 6 根新生枝条。易丛生。花期为冬、春季，花开放在枝条顶端，萼片上有毛。

生 长 型

霜之朝栽培管理可粗放，耐阴性良好，可作为室内植物栽培，管理方式与其他丝苇属植物相似。可做吊盆植物，欣赏其悬垂的姿态。介质以排水性、透气性良好为原则。森林性仙人掌，可使用树皮或椰块等介质栽培。生长期间可充分给水，有利于生长。

→花后会结出粉红色或红色的浆果。

Rhipsalis salicornioides
猿恋苇

异　　名	*Hatiora salicornioides*
英 文 名	dancing bones cactus, drunkard's dream, spice cactus
别　　名	仙女棒、仙人棒
繁　　殖	播种、扦插

猿恋苇原产自南美洲巴西，分布在平原至海拔 1850 米的森林地区。因短茎外形像是一截截的骨头，又称为"跳舞骨头仙人掌"；又因外形像酒瓶，而有"酒鬼的梦"之称。兼具耐阴与耐旱特性。繁殖以扦插为主，可于春、夏季生长期间剪取枝条顶端 5 ~ 10 厘米长，待伤口干燥后扦插。

↑花期为冬、春季，鲜黄色的花开放在枝条顶端。

形态特征

猿恋苇下垂的茎长可达 45 ~ 60 厘米，由绿色酒瓶状或短截纤细的圆柱状茎组成。茎顶常有 3 ~ 5 个分枝。播种后的小苗的绿色茎枝上有毛，因刺座上着生毛状附属物之故。成株后，扦插繁殖的苗因刺座退化，茎枝光滑无毛。花期为冬、春季，花呈鲜黄色，开放于枝条顶端。

生长型

猿恋苇耐阴性佳，一般在半日照至光线明亮处栽培均可，忌强光。生长期间可充足给水、施肥，有利于生长。休眠期间则节水或少量给水。

→老茎木质化，光线较强时枝条略偏黄。

夏型种

Rhipsalis sulcata
趣访绿

繁　殖｜扦插

趣访绿原产自中南美洲。与丝苇及猿恋苇一样，为着生型的森林性仙人掌。茎上易生不定根，可取枝条扦插，全年皆可进行，但以春、夏季繁殖为佳；或于春、夏季取成熟的浆果，将种子清洗后直播，唯小苗生长缓慢。

↑花冠5枚，状似白色的小梅花。

形态特征

趣访绿为多年生草本植物，根部主要用来附着、攀附并将植株固定于树干上。茎下垂，呈匍匐状，茎顶处多分枝，结构与鹿角相似。茎扁平，但略呈棱状，草绿色或暗绿色。叶退化。花期为冬、春季，花着生于刺座上，花小而多，花冠5裂，花白色。种子黑色。

生 长 型

趣访绿喜好生长在富含有机质且排水性良好的介质中，可在介质中加入一份腐殖土及腐熟的堆肥，有利于生长。以吊盆栽植为佳。在通风良好及光线充足的环境下栽培即可，但应避开烈日。介质干了再浇水，可在蔓生的枝条上每日喷水以提高湿度，可避免红蜘蛛的侵害。

→浆果成熟时会呈现半透明状。

■蟹爪兰属 *Schlumbergera*

冬型种

Schlumbergera truncata
蟹爪仙人掌

异　　名	*Zygocactus truncatus*
英 文 名	holiday cactus, Thanksgiving cactus, Christmas cactus
繁　　殖	扦插

　　本种又以螃蟹兰称之。原产自巴西热带雨林，为森林性的着生型仙人掌。在原生地常见着生在树干上或较阴暗潮湿的石缝中。花期结束后或秋凉后为繁殖适期，可剪取顶端叶状茎2～3枚，长5～8厘米，待伤口干燥或略收口后，插入排水性良好的介质中。

↑光线明亮环境下开花状况较佳。因为感恩节至圣诞节期间开花，得名 Thanksgiving cactus（感恩节仙人掌）、Christmas cactus（圣诞节仙人掌）。

形态特征

　　蟹爪仙人掌的卵圆形叶状茎鲜绿色，扁平肥厚，具粗锯齿状缘；叶缘上的小刺不明显，或呈毛状。花期为冬、春季，花于新生的叶状茎顶端开放，每枚叶状茎上着生2～3枚花苞，营养状况好时可连续开放，但常见仅开1朵，其余的花会自然脱落。具有2层花瓣，花瓣会反卷开放。花色以红色、粉红色、橙色较为常见，另有双色品种。

生 长 型

　　介质以排水性良好及富含有机质的培养土为佳。主要在夏季休眠，应移入遮阴处并减少给水以协助越夏。另于早春花开后也会短暂休眠，但仅节水管理即可。在春、秋季，可从叶状茎是否具有光泽及是否产生新生叶状茎判定其是否生长旺盛。常见在秋季白天变短后开始形成花蕾，此时应避免修剪；否则会将带有花苞的叶状茎剪除，导致叶状茎生长旺盛而不开花。

↑叶状茎为一种变态茎，扁平状似叶片。光线过强或进入休眠期时，颜色会偏红。

仙人掌科

Tephrocactus articulatus var. *papyracanthus*
长刺武藏野

异　　名	*Opuntia articulata*
英 文 名	paper spine
别　　名	纸脊柱仙人掌
繁　　殖	扦插、分株

　　长刺武藏野曾归类在团扇属下，近年
则重新分类于纸刺属中。属名中的 tephro
字根源自希腊文 tephros，意为灰色的；cactus
也源自希腊文，为仙人掌之意：形容本属仙人掌
的茎表皮略带灰绿色，属名即灰色仙人掌之意。因
刺座上的刺特化成类似纸质的长矛状，得名 paper spine

↑茎表皮略带灰绿色。

（纸脊柱仙人掌）。种子发芽率不高，以扦插繁殖为主。
球果状的短圆柱状茎易断裂，可取其中一段扦插繁殖；易生侧芽，可以分株方式
繁殖，春、夏季为繁殖适期。

形态特征

　　长刺武藏野是茎节型仙人掌，由特化的状似小型球果的短圆柱状茎构成植
物主体。生长十分缓慢。短圆柱状的茎连接并不紧密，易脱落，可断裂再生，形
成一个新生的个体。依据刺的颜色、长短或有无，有不同的变种名或栽培种名，
如为有刺的个体，会以 var. *papyracanthus* 表示。花期为夏、秋季，花白色或黄色，
但不常见开花。花后会结 1 ~ 5 厘米长的褐色浆果。

生 长 型

　　长刺武藏野喜好全日照及通风良
好的环境。栽种时应使用排水性良好的
介质。需水量较少，休眠期则应限水。
春季开始生长，会长出新生的嫩茎。
若光线不足易徒长，且类似纸质的刺
会变得更薄。十分耐寒，可忍受 −9℃
的低温。

→短圆柱状的茎是不是很像松树
的球果呢？

■瘤玉属 *Thelocactus*

夏型种

Thelocactus hexaedrophorus
天晃

异　　名	*Echinocactus hexaedrophorus*
别　　名	六角仙人掌球
繁　　殖	播种

天晃原产自墨西哥，常见生长在石灰岩地区的缓坡及平原上。种名 *hexaedrophorus* 源自希腊文，字根 hexa 意为六，字根 hedra 意为平面的与坐落的等，字根 phoros 意为携带、拥有等，形容天晃上分布着多个不同角度的疣状突起。分布区域广泛，在原生地茎与刺座形态变异大。

↑多角的肥胖疣状突起，灰绿色的外表带点蓝灰色。

形态特征

天晃为灰绿色或橄榄绿色的扁球状或圆球状仙人掌，全株泛着蓝色光泽。常见单株生长。具 8 ~ 13 条棱，多角近圆的疣状突起末端会着生刺座。中刺 1 枚或不常见，副刺 4 ~ 5 枚。刺的颜色多变，常见的有粉红色略灰、红褐色或紫红色。直刺或末端略微弯曲。花期为夏、秋季，银白色的花开放在茎顶，略有香气。洋红色的浆果成熟后会干燥。

生 长 型

天晃生长缓慢，可忍受 −7℃ 的低温。春、秋季可定期给水，但切勿过度给水，以免烂根。宜使用排水性及透气性佳的介质栽植，冬季则保持介质干燥。栽培在全日照及半日照环境中为宜。

→银白色花十分硕大，略带宜人香气。

仙人掌科

夏型种

Turbinicarpus alonsoi
大花姣丽玉

别　　名	大花阿龙索
繁　　殖	播种

　　大花姣丽玉原产自墨西哥北部及中部，分布在干旱的沙漠地区。株形小，植株半埋在地表下，疣状突起明显，个体间的刺座与外形差异很大，花大，开放在顶端。

↑花呈洋红色或樱桃红色，中肋具浅红色条纹。

形态特征

　　大花姣丽玉扁平的茎直径 6 ~ 7 厘米，最大可达 11 厘米。棱不明显，植株由长约 1.5 厘米、基部宽约 1.3 厘米的三角形疣状突起以螺旋状分布组成。刺座上有灰色的毛状附属物，刺 3 ~ 5 枚。花期为春、夏季，花瓣约 22 枚。

生长型

　　大花姣丽玉栽培并不困难，但本种生长缓慢，且有粗大的主根，栽植时需用排水性良好的介质。冬季低温期节水，保持介质干燥及环境通风。

→刺末端呈黑色，不规则向内弯曲。

夏型种

Turbinicarpus pseudopectinatus
精巧殿

繁　殖｜播种、嫁接

精巧殿原产自墨西哥东北部中、高海拔地区，常见生长于干旱的荒漠草原及温带松柏林等地区，为 CITES 一级保育类的仙人掌。繁殖以播种为主，苗期对于水分的控制要格外小心，避免过度浇水造成小苗大量损失。如要缩短苗期，可以嫁接方式养成球体后，再以接降方式育成。球体直径达 1.5 厘米以上时就会开花。

↑ 副刺呈梳状排列，满布在茎表上。

形态特征

全株由小型的疣状突起以螺旋状排列组成，为茎表皮暗绿色的球状或短圆柱状仙人掌。单株生长，成株后易生侧芽。株高 3 厘米，直径约 4 厘米，常紧贴着地面生长。具有明显的主根，实生个体的主根比地上部的茎还硕大。刺座着生于突起末端，顶端着生白毛，中刺不明显。花期为冬、春季，花白色，具有红色或粉红色中肋，开放于茎顶。

生长型

精巧殿为生长缓慢的品种之一。应栽植于全日照至半日照的环境中。喜好排水性及透气性佳的介质，应选择以矿物性介质为主的配方，并混入部分砾石以增加排水性及透气性。夏季生长期间应定期浇水，待介质表面干燥后再浇水；冬季则保持介质干燥为宜。

→ 精巧殿于春季开花，白色的花瓣具有红色或粉红色中肋，十分精致。

中文名索引

学名索引

学名索引

学名索引

图书在版编目（CIP）数据

多肉植物图鉴 / 梁群健著. —郑州：河南科学技术出版社，2017.6
ISBN 978-7-5349-8712-0

Ⅰ.①多… Ⅱ.①梁… Ⅲ.①多浆植物—观赏园艺—图集 Ⅳ.①S682.33-64

中国版本图书馆CIP数据核字（2017）第067142号

出版发行：河南科学技术出版社
　　　　　地址：郑州市经五路66号　　邮编：450002
　　　　　电话：（0371）65737028　　65788613
　　　　　网址：www.hnstp.cn
策划编辑：刘　欣
责任编辑：葛鹏程
责任校对：张小玲
封面设计：张　伟
责任印制：张艳芳
印　　刷：北京盛通印刷股份有限公司
经　　销：全国新华书店
幅面尺寸：170 mm×240 mm　　印张：29　　字数：600千字
版　　次：2017年6月第1版　　2017年6月第1次印刷
定　　价：128.00元

如发现印、装质量问题，影响阅读，请与出版社联系并调换。